清华开发者书库

人工智能安防

AI

孙佳华 / 编著

清华大学出版社

北京

内 容 简 介

本书以安防弱电工程行业技术需求为导向，以人工智能（AI）和安防应用为主体架构，系统、全面地介绍了人工智能安防系统相关技术与行业应用案例。全书分为技术基础和行业应用案例两部分。技术基础部分详细介绍了前端设备（摄像机结构与性能参数、IP 网络高清摄像机、夜视摄像机、球形摄像机等）、视频传输技术（模拟视频传输、Intranet 网络视频传输、光纤视频传输及微波扩频无线传输）、后端控制设备、视频存储系统、综合人脸识别系统与视频监控显示系统（DLP 无缝拼接显示屏）等内容，基本涵盖了当今社会智能安防信息化系统的所有主流应用技术。行业应用案例部分精选了智能大厦、智慧银行、智慧校园、智慧社区、森林防火、电子警察、平安城市、天网工程以及雪亮工程共 9 个当今具有代表性的行业综合型应用案例，详细介绍了人工智能安防技术在各个领域的落地应用，从而将理论知识与具体应用有机地结合起来。

本书适合作为安防产品技术支持人员、安防技术实施人员、安防系统管理维护人员、安防产品销售人员以及弱电与物联网领域工作的相关人员的参考用书，也适合作为高等院校相关专业的教材。

图书在版编目 (CIP) 数据

人工智能安防 / 孙佳华编著. —北京：清华大学出版社，2020.4 (2024.8重印)
（清华开发者书库）
ISBN 978-7-302-54343-5

Ⅰ. ①人… Ⅱ. ①孙… Ⅲ. ①人工智能－应用－安全监控系统 Ⅳ. ① X924.3

中国版本图书馆 CIP 数据核字（2019）第 263229 号

责任编辑：盛东亮　钟志芳
封面设计：吴　刚
责任校对：梁　毅
责任印制：沈　露

出版发行：清华大学出版社
　　　　　网　　　址：https://www.tup.com.cn，https://www.wqxuetang.com
　　　　　地　　　址：北京清华大学学研大厦 A 座　　　　邮　　编：100084
　　　　　社 总 机：010-83470000　　　　　　　　　　邮　　购：010-62786544
　　　　　投稿与读者服务：010-62776969，c-service@tup.tsinghua.edu.cn
　　　　　质 量 反 馈：010-62772015，zhiliang@tup.tsinghua.edu.cn
印 装 者：三河市天利华印刷装订有限公司
经　　销：全国新华书店
开　　本：186mm×240mm　　　　印　　张：19.25　　　　字　　数：515 千字
版　　次：2020 年 4 月第 1 版　　　　　　　　　　　印　　次：2024 年 8 月第 6 次印刷
印　　数：6501～7500
定　　价：69.00 元

产品编号：084951-01

经过近 30 年的信息化建设，以宽带互联网、移动通信和企业信息化应用为代表的信息技术已经覆盖了社会生活的各个领域，我国已全面进入了信息化社会。2015 年之后，随着以大数据为基础的深度学习的快速发展，人工智能（AI）技术开始迅速在政府、交通、金融、电子商务、公共安全、移动互联网及商务楼宇等领域展开落地应用，这标志着社会开始由信息化向智能化迈进，AI 已成为了社会信息化的发展趋势。

在公共安全防范领域，以视频监控为主要应用的传统安防技术不断地向网络化、高清化与智能化方向发展，随着以平安城市为代表的社会重大公共安全防范系统工程的广泛建设及多年应用，使得在公共安全防范领域积累了海量的视频数据资源，对以大数据、深度学习为基础的人工智能应用提供了必要的支持。

2017 年是人工智能安防技术应用的元年，2020 年人工智能安防系统将在以平安城市、天网工程和雪亮工程为代表的社会公共安全领域获得全面应用，并将成为下一阶段社会安防系统建设的技术发展趋势。

当前，全国各地正在大规模开展智慧城市项目建设，其中智能安防是智慧城市项目中的一个重要的基础应用系统，而以图像识别为核心的 AI 技术则是目前智慧城市系统建设中唯一能够大规模落地的人工智能应用。其中，以阿里云 ET 城市大脑、腾讯超级大脑为代表的智慧城市人工智能技术成为了智慧云计算、智能交通和智能安防等领域的核心技术。

新一代移动通信技术（5G）将激发智慧城市的无限潜力，而智能安防在智慧城市热潮下将获得高速增长，"人工智能 + 安防"迎来了一个新的发展阶段。2022 年我国安防市场规模将高达万亿元级别，而以视频识别应用为代表的图像传感技术将开启一个智慧物联网应用的新时代！

随着智慧城市、平安城市、天网工程和雪亮工程等重大社会智能化信息工程的建设，以 IT 架构和软件平台应用为基础的人工智能安防系统已快速地向计算机网络、云计算、大数据、信息安全和人工智能等新兴技术领域全面渗透，智能安防技术从前端传输到后端，控制系统技术体系已经变得十分复杂，这就对行业从业人员提出了更高的要求。为匹配智能安全防范系统的技术要求，系统化的知识体系储备已经成为时代发展的要求。

在此背景下本书作者依托于华为、海康威视、大华股份、宇视科技和天地伟业等安防行业著名企业，以及商汤科技、旷世科技、依图科技和云从科技等新兴人工智能相关企业技术人员的大力支持，历时 2 年编写了这本《人工智能安防》并开发了与之配套的在线视频精品课程，希望能为行业人员的技术再升级及高校相关专业建设提供帮助。

本书特点如下：

（1）系统：内容全面覆盖了前端、传输与后端平台控制系统，也包含工程实施、国家标准与应用案例分析等，为行业人员提供完整系统的技术体系架构。

（2）精练：对本书及其视频教程内容进行了系统化深度浓缩，去除大量与实际应用关联不大的泛化浮沫知识，基本以"干货"为主，力图实现以极简篇幅涵盖人工智能安防行业的主流应用知识体系的目的。

（3）实用：本书及其配套在线视频课程的开发以智能安防领域的最新应用技术为基础，较少涉及纯理论化知识，内容主要围绕行业技术应用这个核心，以解决行业应用所需技术与相关知识为基础。

在线视频课程：为了便于广大读者提高学习效率，本书配套提供丰富的学习资源，扫描下方二维码就可以下载。

教学课件　　　　　　PPT 动画模板　　　　　　3D 图库　　　　　　安防综合方案

为了帮助读者更好地理解本书内容，作者团队以本书内容为基础同步开发了国内首套"人工智能安防"在线视频精品课程（目前在沪江网校 cctalk 平台发布），并在视频内容的表现形式上进行了重大创新，全套视频以"拟态化"形式开发。所谓"拟态化"就是视频内容从产品、系统结构到应用场景采用高清实物、形象图元以及 3D 场景来构建，配合逻辑动画与场景动画，使视频具有直观、清新、活泼的视觉特性，以达到降低视觉疲劳与知识理解难度的目的，让学习更轻松。

编著者
2020 年 1 月

CONTENTS 目 录

第 **1** 部分

技 术 基 础

本篇详细介绍了前端设备、视频传输技术及后端控制与显示系统，基本涵盖了当前社会智能安防信息化系统的所有主流应用技术。

注：为便于学习交流，本书作者建立了读者服务微信号：18301211301，通过此微信号可加入读者微信群，参与群内讨论，获取相关资料（包括 3D 图库、PPT 动画模版、安防国家标准、综合方案包等）及增值服务。

第 1 章
人工智能安防综述

近 30 年来，随着我国经济与城镇化建设的快速发展，人口的流动与规模化迁移成了社会的常态，社会治安因此变得日趋复杂，以电子技术与信息技术为代表的公共安全防范系统成了新时期的客观需求，随着它在社会与生活中获得了极其广泛的应用，逐渐形成了每年市场投入在千亿元级别的巨大产业，成为当前社会信息化应用领域中一个重要的子应用领域，并且成了智慧城市与物联网行业应用中一个非常重要的子应用系统。智慧城市物联网应用如图 1.1 所示。

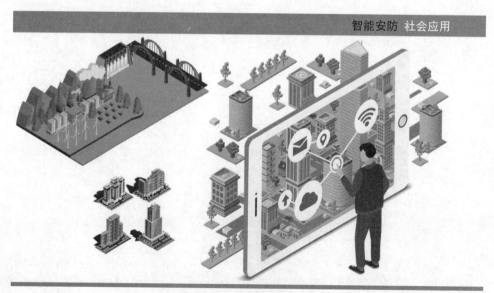

图 1.1　智慧城市物联网应用

最近几年，随着大数据、算力与算法三大条件的逐步成熟，以深度学习为基础的人工智能技术开始再次崛起。2017 年起，以图像识别技术为代表的人工智能技术在安全防范领域开始了快速地落地应用，在 AI 加持的基础上，安全防范领域迎来了新一周期的技术大升级，并将在未来 10 年形成一个更大、应用领域更广阔的市场。安防系统技术将成为智能社会（以云计算、大数据、物联网＋人工智能为驱动力的智慧城市）全场景、全业务覆盖的广义传感应用，即将成为今后社会中最普遍、最广义、最基本的传感应用系统。在所有的主流行业应用中，如智能工业、智能农业、智能交通、智能医疗、智能教育、智能安防、智能家居、智能物流及智能环保等领域，智能传感将成为最基础的应用。另外，随着 4K、8K、5G、VR 及 AR 等应用的到来，现场视频叠加虚拟化的应用将会给视频传感技术带来更大量级、影响更深远的裂变，未来可期，基于视频的智能传感应用将会迎来更加广阔的前景！

安防系统其实是一个多系统的组合，根据公安部及全国安防标委会制定的安防行业国家标准 GB 50348—2018《安全防范工程技术标准》定义，安防系统主要包括视频监控系统、入侵报警系统、出入口控制系统、电子巡查系统以及智能停车场管理系统 5 个子系统，如图 1.2 所示。其中，视频监控系统是社会应用最为广泛的安防子系统，它承担现场图像的实时监控、视频存储与取证以及人员与行为的智能分析与识别等功能，成为安防系统中首要及重要的构成部分。并与其他子系统紧密结合，如入侵报警系统、门禁控制系统等，它们在许多场所组合应用，才能构成一个严密的安全防范系统工程。

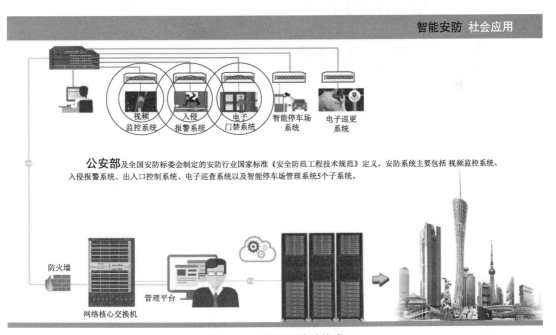

图 1.2　安防子系统的构成

1.1　智能安防系统的社会应用

　　近几年视频监控系统的建设十分迅猛,在各行各业以及人们的生活中获得了广泛的应用,视频监控随处可见,例如,在居民小区的入口、小区各主要干道及边界安装监控摄像机,物业中心可以随时监控记录小区人员的流动以及陌生人员的可疑行为;在银行营业大厅、每个营业窗口以及 ATM 取款机安装监控摄像机,实时记录着每个储户的存取款行为;商场的卖场空间及每个购物通道所安装的视频摄像机,监控记录着商场内所有商品的销售行为;医院的门诊部、住院大楼的安防监控,可对病房、监护室的患者进行 24 小时监控、监护,可以对危重急救病房与手术室的手术进行观摩学习;还可以进行医生的远程会诊、家属的远程探视等,如图 1.3 所示。在校园、图书馆、网吧与办公楼等公共场所,也存在很多视频监控。

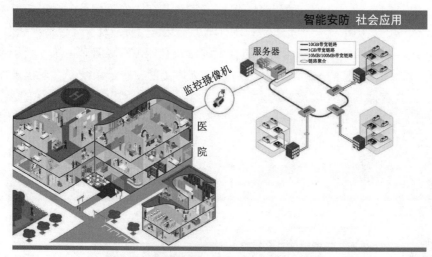

图 1.3　智能安防系统的社会（医院）应用

　　除以上企事业单位自建的安防系统外,由公安部组织与领导,在公共安全领域开展了三大著名的大安防工程建设:平安城市工程、天网工程以及雪亮工程,形成了覆盖城市、乡镇、农村的多层级安防监控网络。目前我国已成为世界最安全的国家之一,这些大公共安全工程的建设发挥了不可替代的重要作用。

　　平安城市工程就是通过三防系统(技防系统、物防系统、人防系统)建设城市的平安和谐。它是一个特大型、综合性非常强的管理系统,不仅需要满足治安管理、城市管理、交通管理和应急指挥等需求,而且还要兼顾灾难事故预警、安全生产监控等方面对图像监控的需求,同时还要考虑各系统之间的联动。

　　平安城市工程于 2004 年开始试点,2005 年在全国各省市开展全面建设,是目前国内最大的单项公共安全防范工程,它以视频监控网络为基础,综合运用报警联动技术、地理信息系统技术以及北斗/GPS 卫星定位系统,同时实现与交通、建委、环保、水利等政府公共部门的互联互通，形成一个资源共享的特大型公共安全综合管理平台，其结构与应用如图 1.4 所示。

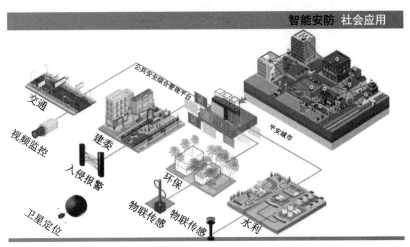

图 1.4　平安城市工程应用

由于平安城市工程建设较早，且安防行业技术尚处于模数混合时代，因此导致其建设技术标准（包括传输、平台、设备等）未能进行统一规划，从而无法形成自下而上的联网体系，妨碍了各地综治和公安部门的省市协同使用。因此公安部联合信息产业部（工信部）等相关部委共同发起建设天网工程，按照统一规划、统一标准、统一建设、统一管理的原则，及部级、省厅级、市县级平台架构部署实施，核心是建设省、市、县（区）一体化的监控联网体系，完成覆盖全省互联互通的监控系统，通过统一规范的专用平台和网络接口，能够比较快地部署和实施，从而做到统一监控、统一传输、资源共享，彻底解决跨地域监控联网和资源共享的问题，天网工程三级结构如图 1.5 所示。

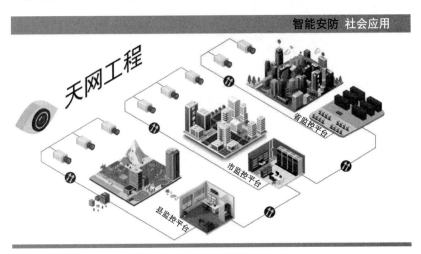

图 1.5　天网工程三级结构应用

　　天网工程通过在交通要道、治安卡口、公共聚集场所、宾馆、学校、医院以及治安复杂场所安装视频监控设备,利用视频专网、互联网、移动等网络把一定区域内所有视频监控点图像传输到监控中心(即"天网工程"管理平台),借助中心强大的云计算、大数据及人工智能等现代信息技术,可以实时监测区分出机动车、非机动车和行人,还能准确识别出机动车和非机动车的种类,以及可疑人物的年龄、性别、穿着。例如,贵阳的天网工程通过扫描照片比对,最快可以在 7 分钟内抓住潜逃嫌疑人,杭州城市大脑仅用 20 秒即可确认交通事故,通过天网工程的实时行人检测识别技术,对刑事案件、治安案件、交通违章及城管违章等事故的及时反应与处理提供可靠的技术保障。

　　第三大公共安全工程为雪亮工程,雪亮工程是以县、乡、村三级综治中心为指挥平台、以综治信息化为支撑、以网格化管理为基础、以公共安全视频监控联网应用为重点的"群众性治安防控工程",其三级结构如图 1.6 所示。通过三级综治中心建设把治安防范措施延伸到群众身边,发动社会力量和广大群众共同监看视频监控,共同参与治安防范,从而真正实现治安防控"全覆盖、无死角"。

图 1.6　雪亮工程应用

　　这三大工程的区别是平安城市是一个综合性的安防系统,包含子系统较多,而且随着信息化技术的发展在不断进化之中,例如,使用云计算、大数据、物联网、人工智能及移动通信等最新技术不断升级改造,使系统更加接近最初设计的目标。天网工程和雪亮工程则偏向于视频监控系统,三者都是分级建设,平安城市和天网工程主要利用政府资源,而雪亮工程鼓励警民结合、资源互补。三大社会公共安全工程的建设,从而形成了目前遍布城乡大街小巷的安防监控系统,而且未来三大系统将不断融合,为我国和谐平安社会的建设提供有力的技术保障。

1.2 智能安防系统的构成

典型的视频监控系统主要由前端摄像机，传输系统，以及后端的控制、存储与显示三大部分所组成，系统结构如图 1.7 所示。

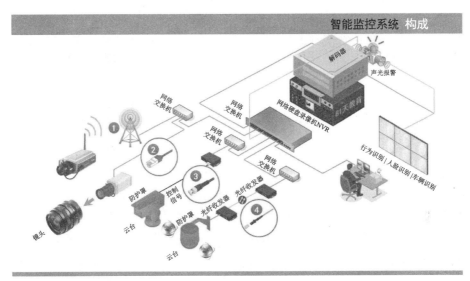

图 1.7 智能安防系统结构图

前端摄像机是监控系统的眼睛，它可以根据不同的监控距离和范围选配不同类型的镜头。例如，在摄像机上加装大倍率变焦距镜头，可以使摄像机的清晰成像距离在几米到几千米范围内调节；如果需要监视范围较广的空间，还可把摄像机安装在电动云台（机械转动装置）上，通过控制云台进行水平和垂直方向的转动来及时调节摄像机的监控范围；如果需要执行 24 小时的不间断监控，可以使用具有夜视功能的红外摄像机。在大多数的自然环境中，为了防尘、防雨、耐高低温、抗腐蚀等，摄像机及镜头还应加装专门的防护罩，甚至对云台也要有相应的防护措施。

传输系统是视频图像与控制信号的通路。根据前端监控点与控制中心距离的不同，视频信号的传输主要包括同轴电缆、光纤、无线传输以及网络传输 4 种类型与方式，传输系统中除图像与声音信号外，通常还包括对摄像机的镜头与云台以及对摄像机软件参数调整的反向控制信号。

后端的控制与记录部分主要负责对摄像机及其辅助部件，如镜头与云台的控制，例如，对云台的上下左右转动进行控制以及对镜头进行调焦变倍的操作；对视频图像的切换显示，以及对图像、声音信号进行存储记录及回放。目前，网络硬盘录像机 NVR 的技术发展得比较完善，它不但可以存储图像与声音信号，而且还包含了画面分割与切换、云台与镜头的控制等功能。如果用户需要对云台、镜头或高速球形摄像机进行控制，可以使用网络内终端计算机的键盘与鼠标进行控制。

目前，安防监控系统已经快速迈入了人工智能时代，整套安防视频监控系统除了具有记录、存储和回放功能外，借助人工智能技术，还可以实现主动预警功能，例如，可以在不需要人工干预的情况下有效识别可疑人员、人群的异常活动；识别车辆的颜色、车款与车牌；进行主动报警等。

显示部分一般由多台液晶显示器或数字化的 DLP 拼接屏所组成。在监控点数量不多的情况下，一般可以直接使用计算机的显示器显示即可；如果监控点的数量很多，监视墙也不能一一对应显示，则还需要使用视频解码器等设备来对多路视频信号进行分配与切换。

1.3　智能安防系统的技术发展

安防监控技术在我国经过近 30 年的发展，经历了第一代的模拟视频监控，第二代的模拟数字混合监控，第三代的网络视频监控，以及当前第四代的以机器视觉、图像识别技术为代表的人工智能系统共 4 个发展阶段。

20 世纪 80 年代早期，安全防范技术在我国民用领域率先兴起，视频监控成为当时最主要的技术防范手段之一。这一阶段的视频监控系统即为模拟视频监控系统，它由模拟摄像机、同轴传输线缆、多画面分割器、视频矩阵以及录像机和 CRT 监视器等模拟监控设备所构成，在监控点数量众多的系统中通过视频矩阵对大量视频图像进行切换显示和分配共享。这一时期的纯模拟视频监控系统也被称为闭路电视监控系统，即 CCTV 监控系统。注意，这里的 CCTV 并非指中央电视台台标，而是闭路电视监控系统的英文简写。

到了 90 年代中期，随着计算机网络的发展以及监控系统的普及，视频监控技术开始向数字化方向发展。数字化技术的运用主要体现在监控中心率先采用数字视频信号处理设备 DVR 硬盘录像机，它将前端模拟摄像机采集的视频信号进行数字化处理并压缩封装成网络数据包，并通过软件来完成前端云台镜头的控制、视频图像的分割与切换、周界报警系统的联动控制和视频图像的数字存储与检索等，即用一台设备就能取代模拟监控系统一大堆设备的功能。硬盘录像机 DVR 作为一台标准的计算机终端设备接入局域网或者互联网后，还可实现视频图像的远程传输以及网络远程控制等功能。另外，数字光端机传输设备、数字矩阵控制设备以及大屏幕数字显示设备在远距离、大规模的监控系统中也获得了广泛的应用，形成了前端模拟信号采集、模拟或者数字信号传输、后端数字信号控制与显示的模拟数字混合型监控系统，系统结构如图 1.8 所示。相比纯粹的模拟监控系统，模拟数字混合监控系统具有图像清晰、视频传输距离远以及控制与扩展灵活等优势，并且能够大规模组网，因此可以满足大多数中小企业以及铁路、石化、公安与交管等大型安全防范工程的需要。这种模数混合系统由于技术成熟、性能稳定以及性价比高等特点，因此成为安防应用普及时期社会各企事业单位的主要应用模式。

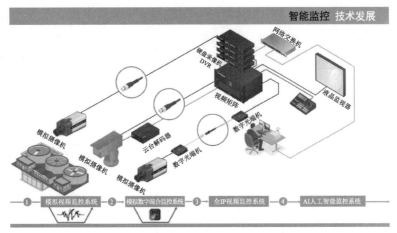

图 1.8　模拟数字混合监控系统结构图

2005 年之后，数字视频监控技术得到了广泛的应用，并很快从数字视频监控向 IP 网络视频监控的方向发展。在 2004 年公安部开展的平安城市特大型安防工程建设的推动下，并伴随着近几年我国电信网络基础带宽的大提升以及互联网宽带接入的普及，基于 IP 网络的远程视频监控系统就成了安防行业的发展趋势。将网络 IP 信号处理前移，摄像机集成网络模块直接输出 IP 信号并通过计算机网络传输成为一个自然的选择，这样整个视频监控系统从前端视频信号到传输以及后端控制全部实现了 IP 网络化管理。相对于模拟数字混合系统，IP 网络监控系统结构则更加简洁，它主要由前端网络摄像机、计算机传输网或者互联网以及网络控制主机平台所构成，系统结构如图 1.9 所示，并且具有组网方便灵活、可以进行远程网络监控与管理的优点，非常适合大规模远距离的视频监控传输系统，以及更多的家庭与个体的视频安防系统建设。视频监控技术在网络化基础上快速地向高清以及智能化方向发展。

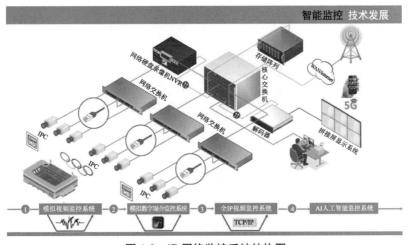

图 1.9　IP 网络监控系统结构图

在 2008 北京奥运会和 2010 年上海世博会的推动下，高清视频技术开始在视频监控行业获得快速的应用。IP 网络摄像机、百万像素摄像机及网络硬盘录像机 NVR 等代表了新技术方向的产品成了当时行业的焦点。随着新一轮视频监控工程的建设，以及早期系统的升级改造，高清视频监控开始在公安系统、法院、检察院以及银行等金融机构获得了大规模应用，基于高清、网络、夜视功能的视频监控系统开始大规模普及。

近年来，随着人工智能配套子系统的快速发展，如人工智能芯片、人工智能算法以及基于大数据深度学习技术的发展，视频监控系统已开始在网络化基础上向智能化快速进化，目前，安防领域已经成为全球人工智能技术最大、最成熟的落地应用领域。2017 年是人工智能在安防领域应用的元年，安防领域的巨头企业，如海康威视、大华电子、宇视科技、天地伟业，以及新兴的人工智能创新型企业，如旷世科技、商汤科技、云从科技、依图科技、华为等，都已开始主推基于人工智能技术的安防监控系统，人工智能安防系统结构如图 1.10 所示。2018—2020 年是人工智能型安防系统开始全面社会应用的新阶段，All in AI 即人工智能技术应用或改造所有领域已成为当前社会不可阻挡的发展趋势，人类社会即将由信息化进入智能化时代。

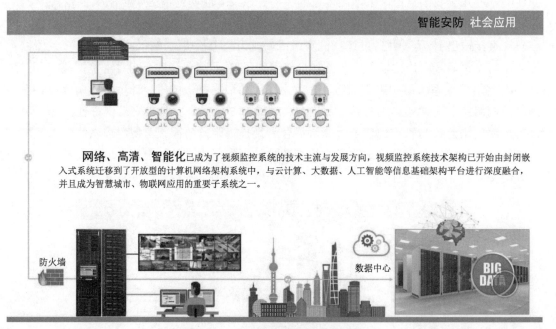

图 1.10　人工智能监控系统结构图

网络、高清、智能化已成为了视频监控系统的技术主流与发展方向，视频监控系统技术架构已经开始由封闭嵌入式系统迁移到了开放型的 IP 网络架构系统中，与云计算、大数据、人工智能等信息基础架构平台进行深度融合，并且成为智慧城市、物联网应用的重要子系统之一。

1.4　本章小结

本章主要介绍了智能安防系统的社会应用、智能安防系统的构成和智能安防系统的技术发展 3 个部分，即对智能安防系统进行整体的概述。

智能安防系统的社会应用：本小节内容重点为平安城市、天网工程与雪亮工程的概念及三者应用的侧重点。

智能安防系统的构成：内容重点为前端、传输技术类型与后端系统的关键构成及重点功能实现。

智能安防系统的技术发展：安防系统技术经过早期的模拟系统、模拟数字混合系统、IP 网络化系统的发展，迎来了当前的人工智能化发展阶段。人工智能时代前端安防传感技术结合后端云计算、大数据、人工智能平台型技术，已经成为智慧城市广义物联网应用的一个智能传感子系统应用。目前，安防大的厂商开始逐渐淡化安防的概念，重点投入云计算与大数据平台、物联网传感以及人工智能大脑建设，开始向新一阶段更为广阔的智慧物联网应用转型。

第 2 章
摄像机结构、性能参数与可调节功能

在视频监控系统中，摄像机为前端的视频图像采集分析设备，是视频监控系统中的核心设备，它的性能直接决定了视频图像的质量与视频图像的分析效果，本章主要介绍摄像机的结构、性能参数与可调节功能。

2.1　摄像机结构

摄像机是以图像传感器为核心部件，外加同步信号产生电路、DSP 数字信号处理芯片、图像编码压缩芯片以及内含图像识别算法的人工智能芯片等为代表的视频信号处理电路所构成，其结构如图 2.1 所示。图像传感器是一个感光器件，它的主要功能是将光信号转变成电信号，然后经过视频信号处理电路放大处理，并在同步控制信号的作用下复合输出一个标准的视频信号。图像传感器和 DSP 芯片在很大程度上决定了摄像机的图像质量。

图像传感器有 CCD 与 CMOS 两种类型。CCD 是电荷耦合器件的简称，它是模拟摄像机所普遍采用的传感器元件。生产 CCD 传感器的厂家主要包括日本索尼、松下、夏普以及韩国三星等公司。索尼公司的光电传感器技术一直处于行业领先地位，一般被用于 600 线以上清晰度的模拟摄像机，索尼 CCD 传感器主要有两种类型，分别为 Super-HAD CCD 与 Ex-View CCD。Super-HAD CCD 是一种高清晰度传感器，而 Ex-View CCD 则是具有夜视功能的低照度传感器，强调照度比 Super-HAD 更低，这两种 CCD 传感器是模拟摄像机所普遍采用的传感器类型。

CMOS 传感器是数字时代数码产品所普遍采用的图像传感器，CMOS 传感器比 CCD 传感器具有更快的响应速度，目前已经可以达到 300fps（每秒 300 帧）以上甚至更高的帧速率，非常适合高速运动物体的摄像；而且在实现更高分辨率的高清晰视频图像中具有更大的优势，可以达到数十倍乃至百倍于 CCD 的清晰度。因此被手机、平板电脑、数码相机、网络监控摄像机、影视摄影机等现代数码产品所普遍采用，成为取代 CCD 传感器的主流图像传感器产品。

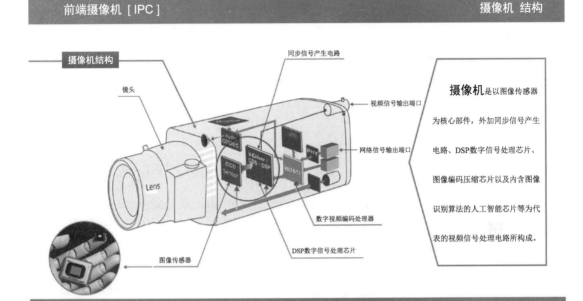

图 2.1 摄像机结构

CMOS 的制作工艺与芯片刻蚀工艺相同，因此也代表了一个国家的科技实力。目前能够大规模量产 CMOS 传感器的公司主要是日本索尼、韩国三星、海力士、美国 Aptina、中国台湾 PixelPlus、上海格科微电子、北京思比科微电子和昆山锐芯微电子等公司，我国在十二五期间全面发展芯片研发制造产业链，相信不久的将来会有我们自己更高品质的 CMOS 传感器产品。

目前摄像机已全面进入了高清网络智能化时代，网络 IP 摄像机在传统摄像机电路结构基础上集成了 CPU 处理器、运算内存以及嵌入式操作系统等，嵌入式操作系统在 CPU 与内存的运算配合下，能够执行更多的软件控制功能，如音视频编码压缩功能、数据包封装功能、软件设置调整控制功能等，成了一款标准的 IP 网络终端设备。

人工智能摄像机则是在 IP 网络摄像机基础上，集成了人工智能芯片，如图 2.2 所示。人工智能芯片是一款经过大数据平台深度学习训练、内置高精度图像识别算法的芯片，它的工作原理是对高清晰视频流中的人脸进行连续拍照，并在多幅照片中选取一幅清晰度最高、人脸特征最明确的图片传输给控制中心的智能后台，通过与后台照片库的比对即可识别出人员的身份。

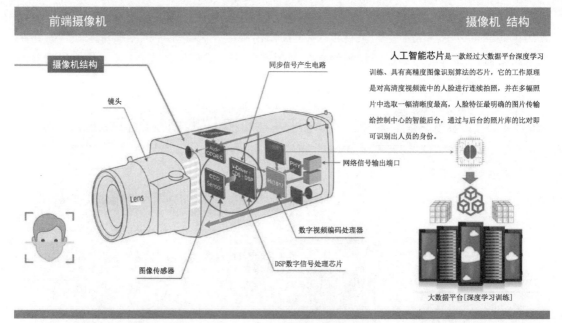

前端摄像机　　　　　　　　　　　　　　　　　　　　　　　　　　　　摄像机 结构

图 2.2　人工智能摄像机结构

　　目前模拟摄像机已经遭到了淘汰，主流安防企业仅销售个别类型的模拟摄像机，用于原有模拟监控系统在不方便重新布线情况下的升级。而 IP 网络摄像机与人工智能摄像机则是视频监控系统的主流，IP 网络摄像机与人工智能摄像机普遍采用的是 CMOS 传感器。

2.2　摄像机性能参数

　　衡量摄像机性能高低的参数主要有图像传感器尺寸、CMOS 传感器像素、摄像机分辨率、摄像机灵敏度以及信噪比等，除此之外其他参数还包括视频输出信号、镜头安装方式以及工作温度等。

2.2.1　图像传感器尺寸

　　图像传感器芯片已经开发出多种尺寸，主要包括 3/4 英寸、2/3 英寸以及 1/2 英寸，如图 2.3 所示。其中，1/2 英寸与 2/3 英寸是普遍采用的尺寸。1/2 英寸的靶面宽 6.4mm、高 4.8mm，对角线长度为 6mm；2/3 英寸的靶面宽 8.8mm、高 6.6mm，对角线长度 8mm；3/4 英寸的靶面尺寸为宽 18mm、高 13.5mm，对角线长度为 22.5mm。图像传感器尺寸越小感光性能就越差，但成本相对也越低。

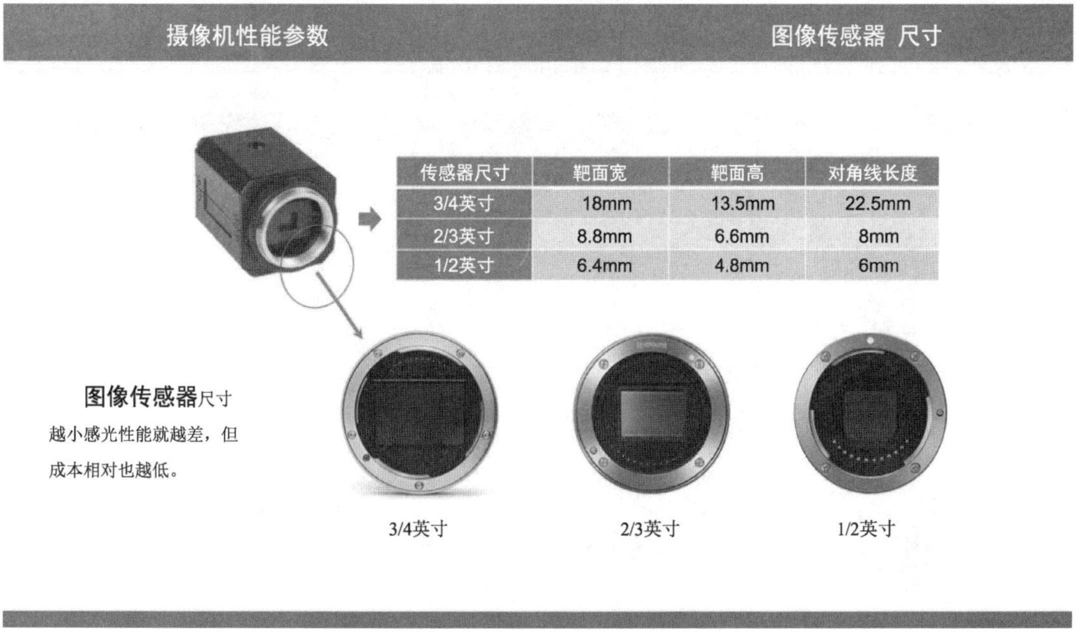

摄像机性能参数		图像传感器 尺寸		

传感器尺寸	靶面宽	靶面高	对角线长度
3/4英寸	18mm	13.5mm	22.5mm
2/3英寸	8.8mm	6.6mm	8mm
1/2英寸	6.4mm	4.8mm	6mm

图像传感器尺寸

越小感光性能就越差，但
成本相对也越低。

3/4英寸　　　　2/3英寸　　　　1/2英寸

图 2.3　不同尺寸规格的 CMOS 传感器

2.2.2　分辨率

分辨率是衡量摄像机性能的一个重要参数，模拟摄像机采用的是模拟电视系统的图像测量标准。它指的是当摄像机摄取等间隔排列的黑白相间条纹时，在模拟监视器上能够看到的最多线数，用 TVL 表示。分辨率有水平与垂直两种，在视频监控行业一般是指水平分辨率。模拟彩色 CCD 摄像机的水平分辨率目前主要有 650 线、700 线以及 960 线以上等不同档次。IP 网络摄像机采用的是高清数字电视标准格式，包含多个清晰度级别，从低到高依次为 720P、960P、1080P、2K、4K 及 8K，如图 2.4 所示。720P 为高清视频，英文简写为 HD 视频，水平与垂直分辨率分别为 1280×720，简称 720P；1080P 为全高清视频，英文简写为 FULL HD 或者 FHD，水平与垂直分辨率为 1920×1080，简称 1080P。2K 分辨率的标准为 2560×1440；4K 分辨率为 3840×2160，它是 2K 分辨率的 4 倍，属于超高清分辨率。在此分辨率下，观众将可以看清画面中的每一个细节，8K 分辨率为 7680×4320。

注意，720P 与 1080P 指的是垂直分辨率而非模拟监控系统的水平分辨率，因此水平分辨率为 600 ~ 700 线的模拟 CCD 摄像机也仅达到数字高清视频入门级标准 720p，遭到淘汰是必然的。

在 IP 网络监控系统中，随着社会的发展，720P 与 960P 逐渐被淘汰，1080P 已经成了目前网络高清的标准配置；在人工智能监控系统中，由于需要保证拍摄到的图像中人脸区域像素不小于 80×80 像素，因此，1080P 成了起步配置，而且将逐步过渡到 2K、4K 的超高清分辨率时代，从而为智能图像识别提供更好的支持。

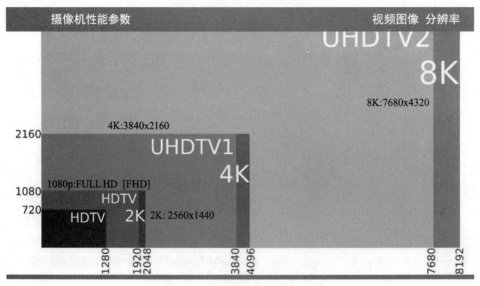

图 2.4 数字视频图像分辨率

2.2.3 图像传感器像素

像素是图像传感器的主要性能指标，它决定了视频图像的清晰程度，单位面积内像素越多分辨率就越高，图像细节的表现就越好。有些摄像机参数给出的是图像传感器水平与垂直方向的像素值，如 1920H×1080V；有些则直接给出了两者的乘积值，如 200 万像素。像素是决定摄像机图像清晰度的一个关键因素，但是摄像机整体图像的清晰度也还决定于电子信号处理等其他要素。采用 CMOS 传感器的 IP 网络高清摄像机，720P 高清视频像素为 1280×720，约等于 92 万像素，统称百万像素；960P 的高清视频为 1280×960，约等于 130 万像素；1080P 的全高清视频则是 1920×1080，在 200 万像素左右。目前 200 万像素级别的 1080P 摄像机已经成为监控市场的最低标准，主流安防产品厂家所推出的民用市场网络摄像机像素标准包括 200 万、300 万、400 万、500 万、600 万、800 万、1000 万至最高 1200 万。其对应的分辨率分别为 1080P、2K 和最高 4K 标准。

2.2.4 灵敏度

灵敏度指摄像机的最低照度，它是当被摄物体的光照度逐步降低时，摄像机输出的视频信号电平低于标准视频信号最大幅值一半时的景物光照度值，照度的单位为勒克斯（1x）。标注此参数时，还应注明镜头的最大相对孔径。因为不同孔径的镜头决定了不同的进光量。例如，使用 F1.2 的镜头，当被摄景物的光亮度值低到 0.04lx 时，摄像机输出的视频信号幅值为 350mV 时，即达到了标准视频信号最大幅值 700mV 的 50%，则此摄像机的最低照度为 0.04lx/F1.2。当被摄景物的光亮度值更低时，摄像机输出的视频信号幅值就达不到 350mV，反映在监视器屏幕上，将是一屏很难分辨出层次的灰暗图像。因此最低照度是在镜头光圈大小一定的情况下，获取规定信号电平所需要的最低靶面照度。

照度没有统一的国际标准，每个图像传感器制造商都有自己的测量方法。一个标注为 1lx/F10 的摄像机和标注为 0.01lx/F1 的摄像机灵敏度可能完全一样。因此最低照度值只能作为参考，实际效果还需要通过应用来确定。

2.2.5 信噪比

任何电路只要通电后都会产生电子噪声信号，包括元器件及线路本身所产生的噪声。噪声信号越小，画面看起来就会越干净，有用信号与噪声信号的比值即为信噪比，单位为分贝（dB）。在监控系统中，当环境照度不足时，信噪比越高的摄像机图像就越清晰。监控摄像机的信噪比若为 50dB，图像会有少量噪点，但视频质量良好，肉眼不易觉察；若为 60dB，则图像质量优良，不会出现噪点。

2.2.6 视频输出

模拟视频信号的输出值多为 1Vp-p，也就是 1 伏特（峰值对峰值）、阻抗为 75Ω，均采用 BNC 类型的接头，如图 2.5 所示；IP 网络摄像机输出的是标准的 TPC/IP 封装的以太网数据帧，通过 RJ45 网络接口输出。

2.2.7 镜头安装方式

有 C 和 CS 两种不同类型的接口方式，后面镜头部分会详细介绍。

2.2.8 摄像机电源

有直流 12V 与交流 24V 两种，但大多为直流 12V，即 DC12V 供电。

2.2.9 工作温度

−10 ～ ＋50℃是绝大多数摄像机生产厂家的温度指标，但我国北方冬季气温低至零下 30℃到零下 50℃，因此需要使用有温度保护措施的室外防护罩。

2.2.10　伽马校正

所谓伽马（γ）校正就是检出图像信号中的深色部分和浅色部分，并使两者比例增大，从而提高图像对比度效果。伽马校正系数即 γ 值，其典型值为 γ=0.45。现行摄像机大都采用这一固定的 γ 值。

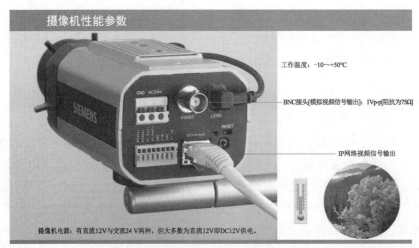

图2.5　摄像机接口、供电与工作温度参数图

2.3　摄像机外部可调节功能

为了适应各种光照条件差别极大的环境，增加摄像机的细节显示效果，摄像机还包括许多外部可调节功能，如图 2.6 所示。

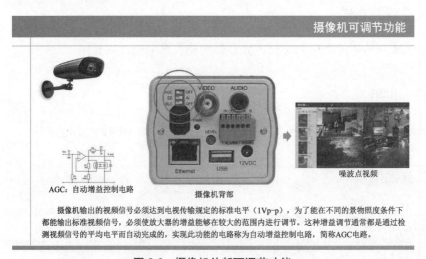

图 2.6　摄像机外部可调节功能

2.3.1　自动增益控制

摄像机输出的视频信号必须达到电视传输规定的标准电平（1Vp-p），为了能在不同的景物照度条件下都能输出标准视频信号，必须使内部电子放大器的增益能够在较大的范围内进行调节。这种增益调节通常都是通过检测视频信号的平均电平而自动完成的，实现此功能的电路称为自动增益控制电路（AGC ON/OFF），简称 AGC 电路。具有 AGC 功能的摄像机，在低照度时的灵敏度会有所提高，但此时图像的噪点也会比较明显。这是由于信号和噪声被同时放大的缘故。当 AGC 开关拨到左边 ON 位置时，在低亮度条件下可以获得清晰的图像；当开关拨到右边 OFF 位时，在低亮度下可获得自然而低噪点的图像。

2.3.2　电子快门

电子快门（Electronic Shutter ON/OFF）是参照照相机的机械快门功能提出一个术语，它相当于控制图像传感器的感光时间。由于图像传感器感光的实质是信号电荷的积累，感光时间越长，信号电荷的积累时间就越长，输出信号电流的幅值也就越大。电子快门的时间在 1/50 ~ 1/100000s 之间，摄像机的电子快门一般设置为自动电子快门方式，可以根据环境的明亮程度自动调节快门时间，使视频图像更清晰。有些摄像机允许用户自行手动调节快门时间，以适应某些特殊应用场合。

2.3.3　背光补偿

背光补偿（BLC ON/OFF）也称作逆光补偿，它能提供明暗对比强烈环境中目标的理想曝光，例如，窗外光线明亮，室内光线较暗，拍摄背靠窗户人的脸时。通常，摄像机的 AGC 工作点是根据整个视场的平均信号电平来确定的，所以人脸通常较不清晰。当引入背光补偿功能时，摄像机仅对视场中的一个子区域进行检测，通过此区域的平均信号电平来确定 AGC 电路的工作点。由于子区域的平均电平很低，AGC 放大器会有较高的增益，使输出视频信号的幅值提高，从而使监视器上的主体画面明朗。此时的背景画面也会更加明亮，但与主体画面的主观亮度差会大大降低。

当强大而无用的背景照明影响到中部重要物体的清晰度时，应该把开关拨到 ON 位置，即左边位置；当与云台配用或照明迅速改变时，建议把该开关放在 OFF 位置，即右边位置，因为在 ON 位置时，镜头光圈速度变慢；如果所需物体不在图像中间时，背光补偿可能不会充分发挥作用。

2.3.4　自动白平衡

所谓白平衡（ATW ON/OFF）就是彩色摄像机在任何光源下对白色物体的精确还

原，有手动白平衡和自动白平衡两种方式，调节开关如图 2.7 所示。自动白平衡使得摄像机能够在一定色温范围内自动地进行白平衡校正，其能够自动校正的色温范围在 2500 ～ 7000K，超过此范围，摄像机将无法进行自动校正而造成拍摄画面色彩失真，此时就应当使用手动白平衡功能进行白平衡的校正。开手动白平衡将关闭自动白平衡，此时改变图像的红色或蓝色状况有多达 107 个等级供调节。

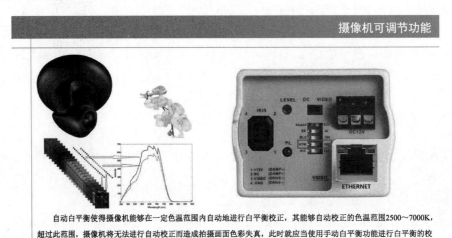

图 2.7　摄像机背部白平衡调节开关

2.3.5　自动亮度控制 / 电子亮度控制

当选择 ELC（电子亮度控制）时，电子快门根据射入的光线亮度而连续自动改变图像传感器的曝光时间，一般从 1/50 ～ 1/10000s 连续调节。选择这种方式时可以用固定或手动光圈镜头替代 ALC（自动亮度控制）电动光圈镜头。需要注意的是，在室外或明亮的环境下，由于 ELC 控制范围有限，还是应该选择电动光圈镜头。

2.3.6　细节电平选择开关

该开关用以调节输出图像是清晰（SHARP）还是平滑（SOFT），出厂时通常设定在 SHARP 位置。

2.4　摄像机后部接口

除参数调节开关外，摄像机背面有许多接口，如图 2.8 所示。接口介绍如下。
■ 模拟视频输出 BNC 接口。

- ANDIO 音频输入接口，表明此摄像机还带有现场声音采集麦克风。
- 电动镜头控制信号输出接口。
- ALARM 报警信号输入输出接口。
- RS485 总线控制接口。
- 电源指示灯。
- RJ45 网络视频信号输出接口。
- LEVEL 为电子快门调节旋钮。
- 12V 的摄像机直流供电接口。

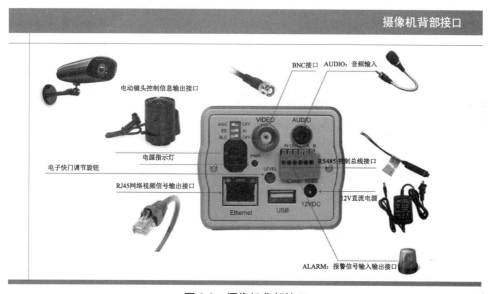

图 2.8 摄像机背部接口

最后对摄像机上的常见英文简写做个小结，如表 2.1 所示，便于加深读者对本书内容的理解。

表 2.1 常见英文简称对照表

序号	英文标识	中文名称	备注
1	CCTV	闭路电视	英文简写
2	ELC	电子光线控制	英文简写
3	BLC/ALC	背光补偿	英文简写
4	W/B	白平衡	英文简写
5	S/N	信噪比	英文简写
6	LCD/LED	液晶显示器	英文简写
7	DSP	数字信号处理器	英文简写
8	AGC	自动增益控制	英文简写

2.5 本章小结

本章详细介绍了摄像机结构、摄像机性能参数以及摄像机可调节功能 3 个部分内容，呈现前端摄像机技术的全貌，下面分别进行总结。

（1）摄像机结构：摄像机构成的重点包括图像传感器、DSP 数字信号处理芯片、图像编码压缩芯片以及内含图像识别算法的人工智能芯片等，随着智能时代的到来，内置人工智能芯片与算法将成为今后主流摄像机的标准配置，摄像机将成为一台前端图像智能分析的重要设备。

（2）摄像机性能参数：摄像机主要性能参数包括图像传感器尺寸、CMOS 传感器像素、摄像机分辨率、摄像机灵敏度以及信噪比等，这些参数是了解一个摄像机性能的基本要素。本节重点内容为传感器像素、摄像机分辨率以及两者之间关系。

（3）摄像机的可调节功能：为了适应各种光照条件差别极大的环境，增加摄像机的细节显示效果，摄像机包括许多外部可调节功能。随着电子技术与软件功能的发展及摄像机智能化程度的提升，摄像机外部需要手动调节的功能将会越来越少，其许多功能将通过内部的软硬件智能化来自动实现。

第 3 章
镜头

镜头（Lens）是各种光学成像设备成像不可缺少的重要部件，如监控摄像机、数码相机、手持式 DV、电影摄影机、带拍照功能的智能手机、平板电脑、深空望远镜以及太空光学侦测卫星等都必须有镜头，镜头的作用是将外界景物光线聚集到图像传感器靶面而成像，其功能如图 3.1 所示。如果没有镜头，光学成像设备输出的图像将是白茫茫的一片。镜头决定各种光学成像设备的监控距离与成像清晰度，不同焦距的镜头可以使监控的距离从镜头的前面两三厘米延伸到数千米远，因此镜头一般独立于摄像机，以适应不同的监控环境。

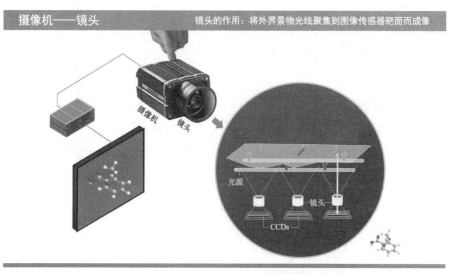

图 3.1　摄像机镜头功能示意图

镜头是一套复杂精密的光学设备，一般由多个或十多个不同类型的镜片所构成，镜片的类型包括凸透镜、凹透镜以及非规则曲面镜片等，配合精密的机械组件可以进行焦距、光圈以及聚焦的调节，其结构如图3.2所示。有些镜头还带有精密的电动机，可以根据外界光照环境的变化自动调节，以获得最佳的成像效果。因此，高端镜头是一套非常精密的光学机械工业产品，广泛应用于民用、工业以及国防等领域。光学镜头的加工制造能力某种程度上反映了一个国家的工业制造水平，能够制造和生产精密光学镜头的国家目前主要包括德国、日本、美国以及中国等少数几个国家，而在民用领域则主要以日本、德国为主。我国在精密高端太空光学镜头的研制能力处于世界最前列，但在民用领域还非常弱，国内市场基本以德系、日系产品为主，而主流安防产品厂商的镜头则多是OEM产品。

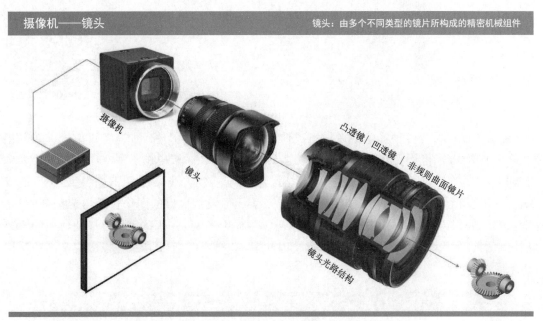

图3.2 镜头的结构

3.1 镜头的可调节参数

镜头包括3个重要的调节参数，分别为焦距、光圈与聚焦，下面分别进行介绍。

3.1.1 焦距

当一束平行光沿着凸透镜的主轴方向穿过时，在凸透镜的另一侧主轴上会被汇聚成一点，这一点就叫作焦点，焦点到凸透镜光心的距离被称为该凸透镜的焦距。焦距与镜头的视角成反比关系，通常镜头的焦距越短，视场角度就越大，但视场距离也越近；而镜头的焦距越长，视场角度就越小，但视场距离也随之变远。如图 3.3 所示为一款鱼眼镜头不同焦距所对应的不同视角的关系图。

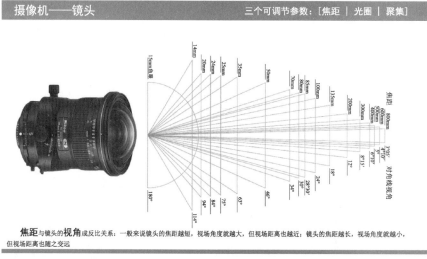

图 3.3　一款鱼眼镜头焦距与视角的关系图

通常所说多少毫米的镜头就是指镜头的焦距长度，例如，图 3.3 中镜头上所标注的 6mm 即表示该镜头的焦距为固定长度 6mm。而一些中高端的镜头通常是由多块不同的镜片所构成的复杂聚光系统，焦距长度可以在一定范围内进行调节，这种镜头被称为变焦镜头。通过改变焦距的长度就可以改变视场的距离。变焦倍数越大，能拍摄场景的调节范围就越大。如图 3.4 所示变焦镜头的焦距标示为 "f=4.5-13.2mm"，表示该镜头的焦距范围为 4.5~13.2mm 可调节。

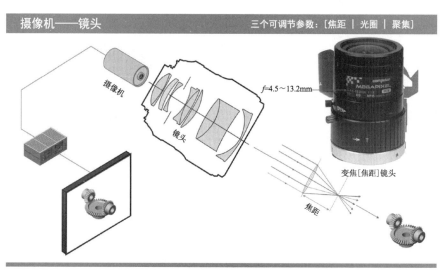

图 3.4　变焦镜头的焦距标识

摄像机的变焦有光学变焦与数码变焦两种类型，光学变焦就是改变镜头的焦距，而数码变焦实际上是画面的电子放大，即把原来图像传感器上的一部分像素使用插值的处理手段来放大，但图像的清晰度会有一定程度的下降，所以数码变焦并没有太大的实际意义，真正具有实用价值的是光学变焦。

有些摄像机会标注镜头的变焦倍数，所谓变焦倍数指的是最大焦距与最小焦距的比值，即光学变倍。图3.5中某一体化摄像机即自带变焦镜头的摄像机机身标准为22X，即表示摄像机镜头的光学变焦倍数为22倍，大多数普通监控镜头的光学变焦倍数在12～37倍。有些一体化摄像机所标注的放大倍数是指光学变倍与数码变倍的乘积，如220倍变焦即是指22倍光学变焦与10倍数码变焦的乘积，而标注倍数在180以上的通常为光学变倍与数码变倍的乘积。

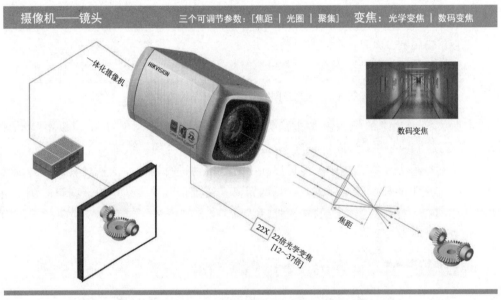

图3.5 某22X光学变焦一体化摄像机

镜头的尺寸应与摄像机的CMOS图像传感器尺寸一样或者更大。例如，1/2英寸CMOS的摄像机可以使用1/2英寸或者3/4英寸的镜头，但不能使用1/3英寸的镜头，否则会阻挡CMOS传感器的感光面积。

3.1.2 光圈

镜头有一个控制透光量的装置即光圈。光圈开得大透光量就大，光圈开得小透光量就小，镜头光圈结构如图3.6所示。镜头焦距f与光圈直径D的比值被称为光圈系数F（F=f/D；f=焦距，D=镜头的有效孔径）。光圈越大或者F值越小，到达传感器靶面的光通量就越大，视频图像就会越清晰。而直径不同的镜头只要光圈系数相同，到达CCD靶面上的光强度就会一样。镜头的光圈系数都已经标准化，包括 F1.4、F2、F2.8、F4、F5.6、F8、F11、F16、F22、F32 等不同的规格。

　　光圈的作用有两个：控制通光量与调节景深。如果镜头的光圈为可调节型光圈，F 值就会有一个调节范围。在最小 F 值情况下，即使是较暗的景物镜头也可以通过较多的光量；而在非常明亮的环境下则需要调高 F 值，减小达到图像传感器靶面的光通量。此外，F 值也会影响到拍摄环境的景深，景深是指焦点前后可以清晰对焦的区域。景深较深是指从景物到镜头之间在一个较大的范围内均可以清晰对焦，景深较浅可以清晰对焦的范围就较小。一般来说，同一镜头光圈系数 F 值越大景深就越深。

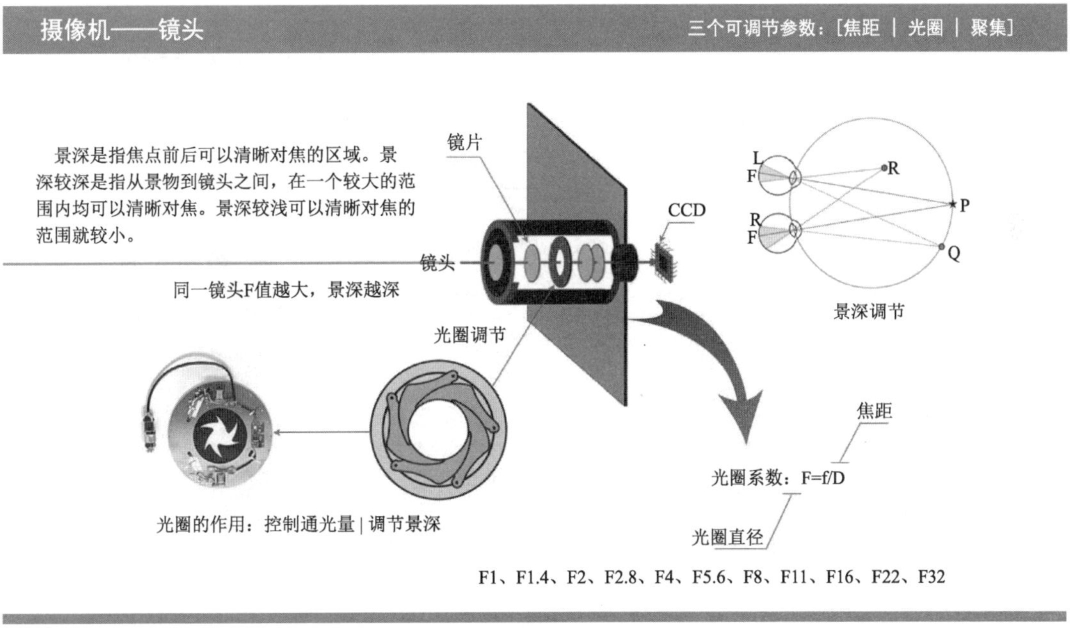

图 3.6　镜头光圈结构图

3.1.3　聚焦

　　一般镜头有聚焦环，当摄像机初始安装镜头图像模糊时就需要调节聚焦环，即调节焦距到图像传感器靶面的距离从而使成像清晰。焦距、光圈及聚焦调节环调节完成后分别通过紧固螺栓扭紧固定。

3.2　镜头的接口类型

　　摄像机与镜头的接口有 C 与 CS 两种类型，如图 3.7 所示。其中，CS 型镜头接口比 C

型短 5mm，是摄像机与镜头的常用接口。CS 型接口的摄像机可以使用 C 与 CS 两种类型的镜头。但是在使用 C 型接口镜头时，需要在摄像机和镜头间加装 5mm 厚垫圈，即图 3.7 中所示的转接环，否则在安装的过程中可能会挤坏图像传感器靶面。C 型接口摄像机由于其物理上无法将镜头靠近 CCD 平面，所以不能使用 CS 接口镜头。

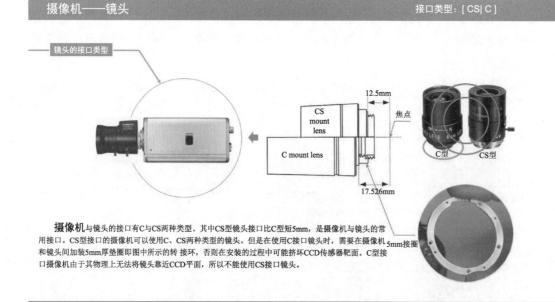

摄像机与镜头的接口有C与CS两种类型。其中CS型镜头接口比C型短5mm，是摄像机与镜头的常用接口。CS型接口的摄像机可以使用C、CS两种类型的镜头。但是在使用C接口镜头时，需要在摄像机和镜头间加装5mm厚垫圈即图中所示的转 接环，否则在安装的过程中可能挤坏CCD传感器靶面。C型接口摄像机由于其物理上无法将镜头靠近CCD平面，所以不能使用CS接口镜头。

图 3.7　镜头的接口类型

了解了以上镜头的参数意义后就可以看懂镜头上所标注的参数和字符。例如图 3.8 中各种字符和参数的含义如下。

- 12-36mm：镜头的焦距为 12~36mm 可调。
- 1:1.28：光圈系数 F 值的变化范围为 1~2.8。
- 2/3：镜头的大小为 2/3 英寸。
- C：镜头的接口类型为 C 型。
- T/W：聚焦调节环。
- ∞/N：焦距调节环，无穷大方向即顺时针方向为长焦方向，N 方向或逆时针方向为短焦方向。
- OPEN/CLOSE：光圈调节环，其中。OPEN 方向为扩大光圈口径，CLOSE 方向为缩小光圈口径。

焦距：12-36mm
镜头尺寸：2/3英寸
∞/N：焦距调节；
∞：长焦/N：短焦

光圈系数F：1:2.8
镜头接口类型：C型
T/W：聚焦调节
OPEN：扩开/CLOSE：缩小

图 3.8　镜头的参数标注

3.3　镜头后焦的调整

在某些应用场合即使将镜头对焦环调整到极限位置时仍不能清晰成像，此时首先必须确认镜头的接口是否正确，如果确认无误就需要对摄像机的后焦距进行调整。根据经验，大多数配接电动变焦镜头的摄像机，往往都需要对后焦距进行调整。后焦距调整步骤如下。

（1）将镜头正确安装到摄像机上。

（2）将镜头光圈尽可能开到最大，目的是缩小景深范围以准确找到成像焦点；然后通过变焦距调整将镜头推至望远状态，拍摄 10m 以外的一个物体的特写，再通过调整聚焦使特写图像调清晰。

（3）进行与上一步相反的变焦距调整，将镜头拉回至广角状态，此时画面变为包含特写物体的全景图像，但此时不能再做聚焦调整。注意，即使此时图像模糊也不能调整聚焦，而是准备下一步的后焦调整。

（4）将摄像机前端用于固定后焦调节环的内六角螺钉旋转放松，然后旋转后焦调节环直至画面最清晰为止，对没有后焦调节环的摄像机则通过直接旋转镜头带动其内置的后焦环，然后暂时旋紧内六角螺钉。

（5）重新调节镜头焦距至望远状态，观看刚才拍摄的特写物体是否仍然清晰，如不清晰再重复上述第（1）、（2）、（3）步骤直至图像清晰为止，然后旋紧内六角螺钉，将光圈调整到适当的位置，通常只需一两次就可完成后焦距的调整。

目前厂家主推一体化摄像机，一体化产品自带镜头，不再需要用户单独选配安装调试镜头，这减少了施工的工作量并提高了安装的质量。但如果用户要求自行选配不同厂家的镜头以节约成本，就需要进行安装调试。

3.4　镜头的类型

根据应用环境以及可调节参数的不同，摄像机镜头有多种不同的类型。按可视角度来划分可分为鱼眼镜头、标准镜头以及针孔镜头3类，如图3.9所示。

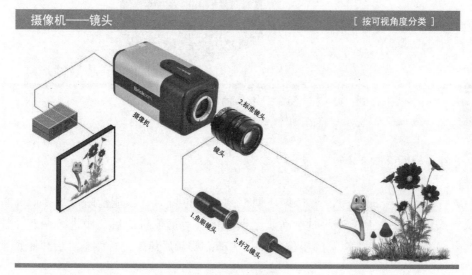

摄像机——镜头　　　　　　　　　　　　　　　[按可视角度分类]

图 3.9　镜头的类型

3.4.1　鱼眼镜头

鱼眼镜头也被称为广角镜头，焦距一般较短，在15mm以下，视角在90°以上，因此观察范围较大，但图像有变形，一般应用在特殊场所。

3.4.2　标准镜头

标准镜头是视频监控中应用最为广泛的类型，有短焦、中焦与长焦等各种不同的规格，焦距范围从2~1200mm不等。其中，焦距长度在2 ~ 35mm的为短焦镜头；焦距长度在38 ~ 90mm的为中焦镜头；而焦距长度在100mm以上的为长焦镜头。

根据工程应用经验，镜头监控范围内人脸清晰成像的距离一般是镜头焦距的2000倍，即2mm镜头的人脸清晰成像距离为4m，1200mm镜头人脸的清晰成像距离则达到了2400m，如图3.10所示，因此，不同焦距镜头的有效监控距离可以从近距离到数千米不等。

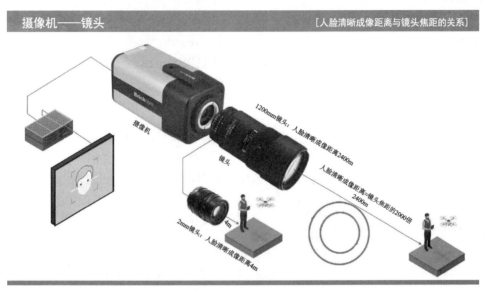

图3.10 镜头焦距与人脸清晰成像距离

标准镜头的焦距与视角关系如图3.11所示：2.5~6mm焦距的镜头，其视角在60°~100°；工程中应用最为广泛的8~12mm镜头，其视场角度在30°~40°，焦距越长视角越窄；60mm以上焦距的镜头其视角范围则在5°以内。

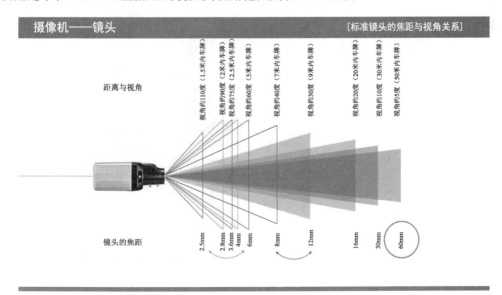

图3.11 标准镜头的焦距与视角关系图

根据焦距、光圈以及聚焦调节方式的不同，标准镜头又可分为如图 3.12 所示的 6 种常见类型，下面分别进行介绍。

1. 固定光圈定焦镜头

固定光圈定焦镜头是指光圈的大小与焦距固定不可调节的一种简易结构镜头，常见焦距有 4mm、6mm 、8mm、12mm 以及 16mm 等多种不同的规格，一般应用在光照变化不大的室内环境。由于价格相对较便宜，所以工程用量极大。固定光圈定焦镜头一般通过调节接口的螺纹距离来调节后焦距，以使摄像机清晰成像。

2. 固定光圈手动变焦镜头

固定光圈手动变焦镜头是指光圈大小固定而焦距长度可以手动调节的镜头，常见的镜头焦距调节范围为 2.5~15mm，因此清晰成像的距离为 5~30m。由于焦距在较大范围内变化，所以一般还需要聚焦调节配合，以便不同的焦距都能清晰成像。固定光圈手动变焦镜头一般适合光照变化不大的各种室内环境。

3. 手动光圈手动变焦镜头

手动光圈手动变焦镜头可以根据监控环境的亮度与范围来调节光圈的大小与成像的距离，使视频成像明亮清晰，然后保持该状态固定不变，通常在镜头上有焦距、聚焦与光圈 3 个调节环。手动光圈手动变焦镜头适合不同光照亮度且光照变化不大的室内环境。

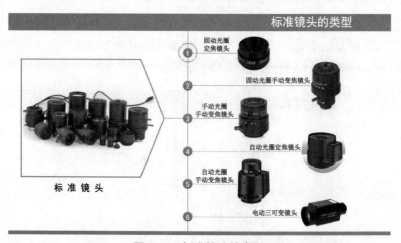

图 3.12 标准镜头的类型

4. 自动光圈定焦镜头

自动光圈定焦镜头可以根据环境亮度的不断变化自动调节光圈的大小，光圈孔径通过电机驱动由 AGC 电路控制自动调节，适合监控场景固定而光照变化较大的室外环境。

5. 自动光圈手动变焦镜头

自动光圈手动变焦镜头的光圈孔径由摄像机根据光照的变化自动调节，而镜头焦距的调节范围一般在 2~16mm，根据监控距离手动调节至清晰成像，然后保持焦距参数固定不变，这种镜头适合光照变化较大的室外环境。

6. 电动三可变镜头

电动三可变镜头由电机驱动调节镜头的焦距、聚焦以及光圈从而使摄像机清晰成像，这类镜头通常是一种大变倍率的中远距离监控镜头，如图 3.13 所示。镜头的变焦范围通常分为 100mm 以内、300mm 以内以及 300mm 以上几种，下面分别进行介绍。

（1）100mm 以内通常有 6 ~ 48mm、6 ~ 60mm 以及 6 ~ 90mm 等多种规格的变焦镜头，其变焦倍数一般为 6 倍、8 倍、10 倍以及 15 倍不等，清晰成像距离一般在 200m 以内。

（2）300mm 以内的变焦镜头其清晰成像距离一般在 15~600m，常见规格有 8 ~ 120mm、10 ~ 200mm 以及 10 ~ 300mm 等多种，其变焦倍数有 15 倍、16 倍、20 倍、22 倍以及 30 倍不等。

（3）300mm 以上的大变倍镜头有些焦距甚至达到或超过 1000mm，特别适合超远距离监控，其规格有 15 ~ 375mm、30 ~ 750mm 以及 20 ~ 1000mm 等多种，变焦倍数通常有 30 倍、33 倍、50 倍以及 100 倍不等。

焦距在 100mm 以上的长焦镜头通常分为 3 级：135mm 以下称为中长焦距，135 ~ 500mm 称为长焦距，500mm 以上的则称为超长焦距。它们的清晰成像距离可从百米以上到远达数千米。例如，15 倍长焦镜头，焦距的调节范围在 80~1200mm，其清晰成像范围为 150~2000m。而其长度则达到了 445mm，质量达 3.8kg，外加摄像机的整体长度则达到了 500~1000mm，体积十分巨大。长焦镜头一般应用在森林防火、城市高空监控、海洋渔业船舶监控、边防及油田监控等领域。

摄像机——镜头　　　　　　　　　　　　　　　　　[长焦大变倍 镜头]

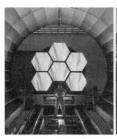

图 3.13　长焦距大变倍率镜头

大倍率的电动变焦镜头是一种集光、机、电于一体的精密工业产品，具有很高的技术含量，特别是在一些特殊领域的高端镜头，如太空侦察、空间探索方面的光学镜头更是一国光学实力的代表。大倍率的电动镜头在开发过程中需要解决很多光学问题，如纵向色差的问题及聚焦不实的问题等，具有较高的技术门槛，因此并不是每一个手动变焦镜头的厂商都可以做电动变焦镜头。在长焦镜头认知时容易产生以下两个误区。

（1）认为倍数越大可以看到的距离就越远，这是一个错误的概念。光学变焦倍数只是表明一个镜头焦距的相对变化范围，而不能说明一个镜头的绝对焦距指标。例如，一款焦距为 5.5 ~ 187mm 的 34 倍镜头和一款焦距为 10 ~ 330mm 的 33 倍镜头，虽然前者是 34 倍的镜头，但其远端焦距只有 187mm 与后者的 330mm 在远端监控距离上相差较大。

（2）只看长焦端的焦距而忽略广角端的焦距。例如，一款 1/2 英寸 10 ~ 500mm 的镜头，在其广角端 10mm 焦距时的视场角约为 35°；另一款 1 英寸 23 ~ 506mm 的镜头，在安装到 1/2 英寸摄像机上时其广角端 23mm 焦距却只有约 15° 的视场角。在实际使用中两者的效果就会完全不一样。这款 22 倍的镜头只能用于在某个定点方向上的监控，而 50 倍的镜头既可以监控非常大的场景范围，又可以做到对其细节拉近观察。

以森林防火行业为例，如图 3.14 所示，一般来说会在几个制高点上安装监控摄像机配合大倍数电动变焦镜头，用最少的监控点来覆盖周边 5 ~ 10km 范围内森林的情况，由于地貌的限制，制高点的数量是有限的。如果采用 50 倍的镜头可能只需要 5 ~ 10 只就可以完成周边 10km 范围内的监控；而采用 22 倍的镜头就必须要安装 20 个以上监控点才可以不留死角，所以广角的重要性就不言而喻。

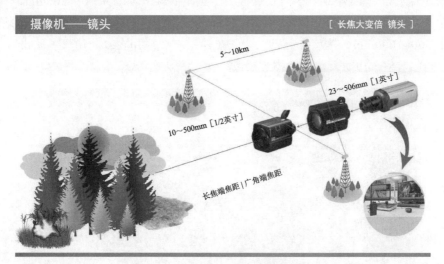

图 3.14　长焦距大变倍率镜头应用

3.4.3　针孔镜头

针孔镜头是一种隐蔽型镜头，与大多数的公开视频监控不同，它主要用在刑侦、暗访等特殊场所。针孔镜头也容易被别有用心者用于不法窥探，例如，宾馆床头、电视机面板、电源开关面板及卫生间等隐蔽环境所安装的针孔摄像机，会导致用户的隐私泄露。常见针孔镜头的焦距规格从 2 ~ 70mm 不等，如图 3.15 所示，有效监控距离在 4~15m。

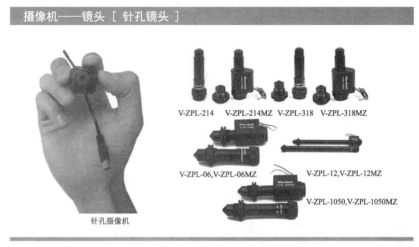

图 3.15　针孔镜头

除普通的白光镜头外还有一种适用于夜视环境的红外镜头，其镜头上一般会标注符号 IR。专业红外镜片的各项性能指标远远超过普通镀膜玻璃，能把红外波段内的所有光谱聚集到传感器靶面上，使得摄像机白天色彩饱满，夜晚的成像更加明亮清晰。

在高清视频监控的发展趋势下，许多厂家开始推出各种规格的百万像素高清镜头，以配合百万像素的高清摄像机。如图 3.16 所示，镜头标识符号 HD 即为高清镜头，这种镜头在清晰度、透光率以及色彩还原等方面比普通镜头有着更好的表现。目前，市场的主流需求为 200 万像素的 1/2 英寸、2/3 英寸和 3/4 英寸规格的全高清镜头，其次是 300 万像素的全高清镜头，而 500 万像素的机器视觉镜头在交通领域有着更好的表现。

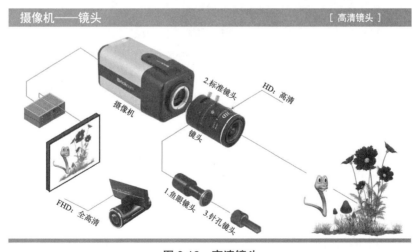

图 3.16　高清镜头

3.5　镜头厂家

目前，民用高端的技术及产品基本掌握在大多数日本厂商手中，如日本 Computar、日本精工（AVENIR）、日本图丽（Tokina）、日本柯瓦（KOWA）、日本富士能（FUJINON）、日本腾龙（TAMRON）及日本宾得（PENTAX）等，全球高端民用监控镜头市场几乎被日本品牌所垄断，而电动变焦镜头特别是大变倍的镜头更是如此，且电动变焦镜头的价格一般都比较贵。

国内也有个别的厂商，如凤凰光学生产的电动变焦镜头，如图 3.17 所示，是由原来的光学研究所转制过来的。虽然我国能够研发制造太空航拍以及深空探测等方面的精密高端镜头，但在民用领域，如数码相机、数码摄像机以及视频监控领域的精密镜头研发实力还比较薄弱，知名厂家十分欠缺。面对这一巨大的市场，需要我国企业更大的研发投入，以期在民用精密光学镜头市场改变日德企业的垄断局面。

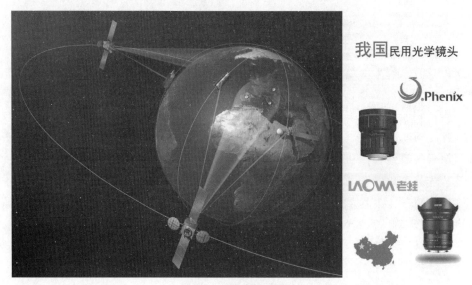

图 3.17　国产镜头厂家

3.6　本章小结

本章主要介绍了摄像机镜头的功能结构、镜头的可调节参数与镜头的类型 3 个部分，重点内容包括镜头的可调节参数与镜头的类型，这部分内容是指导实际产品选型的基础，下面分别进行总结。

（1）镜头的可调节参数：主要包括焦距、光圈与聚焦。其中焦距决定了视场的清晰成像距离，实际应用中估算法（适用于 4mm 以上的镜头）如表 3.1 与表 3.2 所示，如果某人距离摄像机 10m，则：

- 看清人脸，选用 20mm 左右的镜头。
- 看清人体轮廓，选用 10mm 左右的镜头。
- 监控人的活动画面，选用 5mm 左右的镜头。

表 3.1　人体各部位清晰成像与标准镜头的选择

镜头选择	看清细节特征（人脸等）	看清体貌特征（人体轮廓等）	看清行为特征（人物活动）
X	焦距：2X（mm）	焦距：X（mm）	焦距：X/2（mm）

表 3.2　人体各部位清晰成像与球机的选择

镜头倍率	看清细节特征（人脸等）/m	看清体貌特征（人体轮廓等）/m	看清行为特征（人物活动）/m
标清 10 倍	20	40	80
标清 18 倍	30	70	140
标清 22/23 倍	40	80	160
标清 26 倍	45	90	180
标清 30 倍	50	100	200
标清 36 倍	60	120	240
130 万像素高清 18 倍	80	160	320
200 万像素高清 20 倍	160	320	640

（2）镜头的类型包括鱼眼镜头、标准镜头和针孔镜头，其中标准镜头根据焦距、光圈以及聚焦调节方式的不同又分为固定光圈定焦镜头、固定光圈手动变焦镜头、手动光圈手动变焦镜头、自动光圈定焦镜头、自动光圈手动变焦镜头、电动三可变镜头共 6 种类型。由于现在摄像机都实现了红外夜视功能，具有 24 小时不间断监控的能力，因此，具有自动光圈功能的镜头成为摄像机应用的主流。

镜头选型与使用注意事项如下。

- 相同的焦距，定焦镜头的清晰度一般要比变焦镜头的好。
- 镜头表面如果有少量灰尘或者手印不要乱擦。一般来说并不会影响成像，乱擦反而会破坏镀膜；如果污染非常严重可以用一些中性液体，最好是专用的镜头清洗液加滤纸来清理。
- 不要盲目迷信焦距和光圈的数值，并不是这些参数好，效果就一定好，一般要看实际效果。
- 由于目前红外夜视功能成为摄像机的标配，为了适应昼夜相差极大的光照变化，自动光圈镜头成为市场的主流。

第 4 章
防护罩、支架与电源

在视频监控系统中，防护罩、支架与电源是重要的辅助器材，如图 4.1 所示，这些辅助器材为摄像机的稳定运行提供必要的支持。

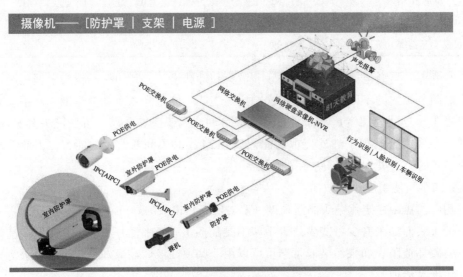

图 4.1　摄像机防护罩与支架

4.1　防护罩

防护罩的作用是使摄像机能在灰尘、雨雪、高低温等情况下正常使用。在室内环境中，灰尘会使摄像机镜头模糊，而镜头的洁净维护则可能使镜片机械刮伤。防护罩根据应用环境的不同可分为室内防护罩与室外防护罩两种类型。室内防护罩一般为铝合金轻型防护罩，其主要作用是防尘，所以也被称为防尘罩。这种防护罩结构简单，价格便宜，具有美观轻便等特点。另一类为室外防护罩，由于强风、雨雪、高低温等恶劣自然条件，室外防护罩一般采用较厚重的铁皮材料，而且为了内置摄像机与各种长焦镜头，室外防护罩的体积都比较大，这同时也有利于散热。在防护罩的构造上，顶层一般采用有一定间距的双层结构，用于防暴晒与遮阳，并有利于通风与散热。由于我国地域辽阔，南北自然气候条件相差较大，例如，北方严冬气温能够低至 –50 ～ –30℃；而沿海地区又有强台风，夏季太阳暴晒下气温能够达到 60℃以上。所以室外防护罩必须重点考虑密封、加热以及降温等技术，以使摄像机能够有一个正常的工作环境。所以中高端室外防护罩内置有温度传感器，以及简易的加热片与风扇散热器等装置，如图 4.2 所示，在环境温度高于或者低于摄像机正常工作温度时，就会自动启动散热或加热装置，以保持罩内温度在摄像机正常工作的温度范围内。另外，有些室外防护罩还自带雨刷，在大风雨以及灰尘条件下可以通过监控中心启动雨刷，以保证摄像机的视野清晰。

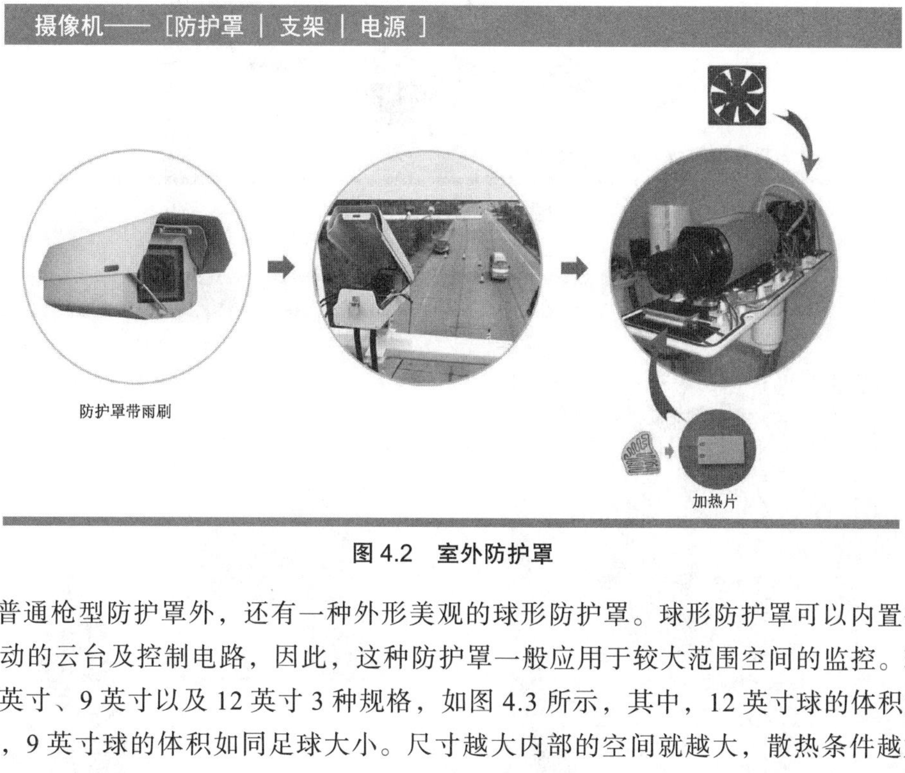

摄像机——［防护罩｜支架｜电源］

防护罩带雨刷

加热片

图 4.2 室外防护罩

除普通枪型防护罩外，还有一种外形美观的球形防护罩。球形防护罩可以内置摄像机与可转动的云台及控制电路，因此，这种防护罩一般应用于较大范围空间的监控。球罩体积有 6 英寸、9 英寸以及 12 英寸 3 种规格，如图 4.3 所示，其中，12 英寸球的体积如同篮球大小，9 英寸球的体积如同足球大小。尺寸越大内部的空间就越大，散热条件越好；尺寸较小就相对越美观，制作要求就越高。球形防护罩也分为室内与室外两种类型，室内防护罩有全球与天花板安装的半埋式球罩，半埋型球罩能较好地与环境融为一体；而室外型考虑的重点仍然是密封性、降温散热、加热除霜等技术。

　　另外，还有一种特殊环境使用的防爆型防护罩，如图4.4所示，例如，石油化工行业、高粉尘空间及军事单位等，其特征为将常规的普通摄像机放在高强度不锈钢制成的外壳内，该外壳具有将壳内电气部件产生的火花和电弧与壳外爆炸性混合物隔离开的作用，并能承受进入壳内的爆炸性混合物被壳内电气设备的火花、电弧引爆时所产生的爆炸压力，外壳不被破坏。

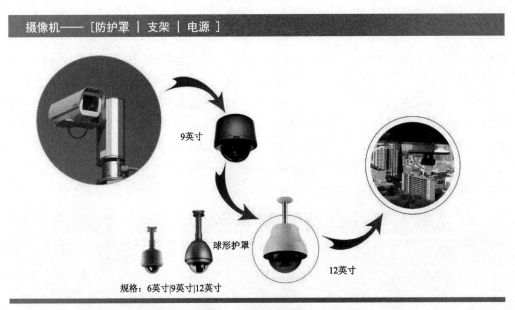

图 4.3　球形防护罩

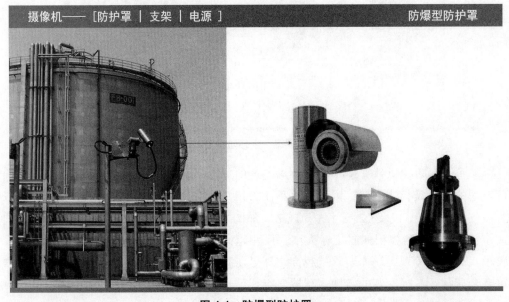

图 4.4　防爆型防护罩

在 IP 网络监控时代，安防厂家的摄像机产品主要都是自带防护罩的一体型摄像机，如图 4.5 所示，不再需要独立的防护罩，这种一体型摄像机外观美观、密封性好、安装简洁方便，因此在企业、厂区等条件相对平稳的环境获得了广泛使用，但是在一些特殊环境还需要配置独立防护罩，如温度极低与极高的室外环境，还有就是需要选配长焦镜头的环境等。

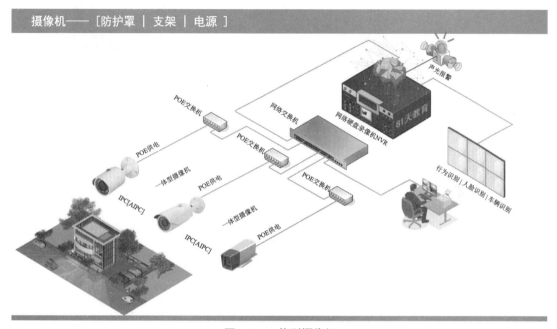

图 4.5　一体型摄像机

4.2　支架

支架是固定云台与防护罩的安装部件，分为室外防护罩支架、室内防护罩支架与球形防护罩支架 3 种类型。室内支架一般为美观的铝合金轻杆支架，有各种不同的尺寸，如图 4.6 所示，工程中最常用的是长度为 20cm 的支架，60cm 以上的长杆支架主要用于层高较高的空间，如卖场或仓储等环境，一般采用吊式安装；而 15~20cm 长度的普通支架，则采用墙壁侧装与吊装两种方式亦可。室内支架的前端螺纹尺寸是一种通用尺寸，可以安装所有的裸露摄像机或者室内防护罩。而前端的球珠结构可以进行 360° 的调整，角度调整合适后再通过旋钮固定。

室外支架一般由铸铁制造，被称为重型支架，配合万向调节器可以方便地进行方位与角度的调整，安装方式主要为侧装，如图 4.7 所示。球形摄像机也有吊装支架与壁装支架两种类型，由于球机的重量较重，所以普遍采用的是重型支架。

室内支架

墙壁侧装

前端螺纹
球珠结构

图 4.6 室内防护罩支架

摄像机──[防护罩 | 支架 | 电源]

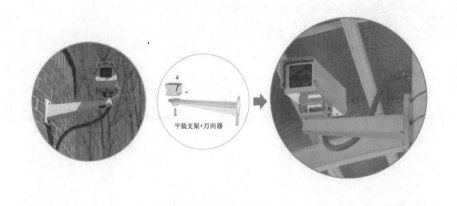

平装支架+万向器

图 4.7 室外支架

4.3 摄像机电源

电源是摄像机能否正常工作的重要条件，供电干扰或者电压不足都会对摄像机的成像质量造成影响。目前的网络摄像机普遍都支持 POE 供电，不再需要配置独立电源。

4.3.1 POE 供电

POE（Power Over Ethernet）指的是利用以太网 5 类标准布线基础架构在传输数据信

号的同时，还能为此类设备提供直流供电的技术，也被简称为以太网供电，如图4.8所示。其原理是网线有8芯线，在数据传输速率低于千兆以下时，只使用了其中的一、二、三、六芯网线传输数据，四、五、七、八芯线被闲置，而监控系统即使是2K的超高清信号，其传输速率也仅6～8MB/s，POE供电就是使用其中闲置的网线作为电源线使用，由支持POE供电功能的网络交换机供电。

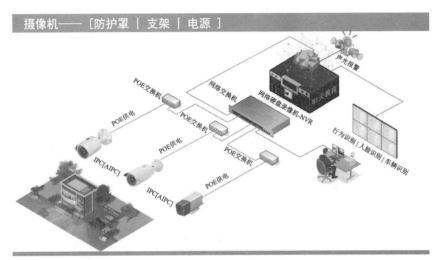

图4.8　POE供电

实际工程应用中某些特殊情况可能要用到独立电源，例如，某路摄像机的传输距离超过100m，按照网络数据传输规范，综合布线的长度不应超过100m，否则数据传输速率不能达到标准的百兆或者千兆。但由于IP视频监控数据传输速率每秒才几兆，所以使用规格较高的网线，如6类网线则可以使视频线号的传输距离达到160m，这种情况下，由于传输距离过长，POE供电衰减较大则无法使用，因此需要配置独立的电源供电。

普通枪机一般都是直流12V供电，12V电源供电是将交流220V的市电拉到前端摄像机1.5m距离内，然后接上12V电源给摄像机供电。注意，直流12V的衰减较大，所以供电距离一般都在2m的范围内。

4.3.2　UPS供电

在中大型或重点安防工程中，为了保证在市电中断后视频监控系统还能正常运行，一般采用机房UPS电源在后端集中供电。UPS为不间断电源系统，它由主机机头与铅酸蓄电池两个部分构成。主机机头接入市电后，它一方面将市电进行稳压滤波，再输出平稳纯净的交流220V电压；另一方面给蓄电池充电，市电供应中断后蓄电池会立即接手继续供电，如图4.9所示。主机机头体积越大负载能力就越强，在工程应用中需要根据关键设备的总功率之和来选配合适负载的UPS主机，例如，计算前端摄像机、接入交换机、后端交换机、服务器以及存储设备的总功率之和，然后预留 20%~30% 的裕量来选配 UPS 主机的总功率。供电时间的长短由蓄电池的组数来决定，在工程应用中，一般提供 6~8 小时的后续供电，当然根据当地市电中断的实际情况，也可以适当延长到 12~24 小时。后续供电时间越长，蓄电池的组数就越多，工程造价也就越高。

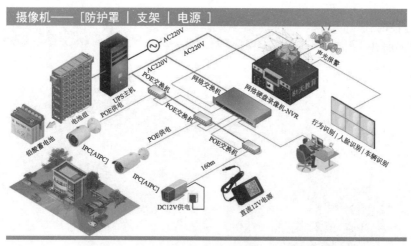

图 4.9 UPS 供电系统

目前，市场上知名的 UPS 品牌主要包括美国伊顿爱克赛、美国艾默生、美国施耐德旗下的 APC 与梅兰日兰及美国山特电源等，如图 4.10 所示。爱克赛主要提供 2kW 以上的大功率精密主机系统，艾默生主要提供中高功率的精密主机系统，而山特电源则主要定位中小功率的 UPS 主机系统。

UPS 电源系统是现代 IT 通信系统普遍配备的辅助电源系统，在中大型企业信息中心是必备的电源子系统，为企业 IT 信息系统的安全稳定运行提供可靠的保障。

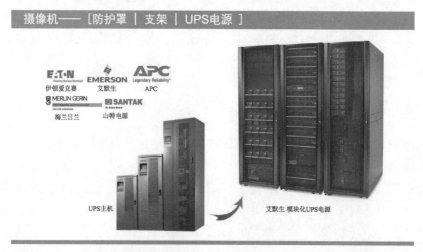

图 4.10 UPS 主机

4.4 本章小结

本章主要介绍了摄像机的辅助部件——防护罩、支架以及电源系统。防护罩与支架部分做一般性了解，重点内容为 POE 供电技术与 UPS 供电系统，下面分别进行总结。

（1）POE 供电：POE 供电相比独立的电源供电更加稳定，并且简化了布线系统，因此，在 IP 网络监控时代，逐步淘汰了独立电源供电设备，成为前端 IP 摄像机供电的事实标准，并且在物联网时代为前端智能传感设备提供更加广泛的支持。

（2）UPS 供电系统：UPS 供电系统是后端中心机房设备稳定运行不可或缺的辅助电源系统，并在中大型安防监控系统中为前端部分重要监控点位提供供电支持。

第 5 章
摄像机的类型

针对不同的应用环境，摄像机发展出了多种类型，从外形上划分，常见的有枪式摄像机、一体化摄像机、半球形摄像机及球形摄像机等，如图 5.1 所示；从技术类型上又分为模拟摄像机、HD-SDI 数字摄像机、IP 网络摄像机及人工智能摄像机等类型。除此之外，还包括针孔摄像机以及无线摄像机等特殊环境应用摄像机。

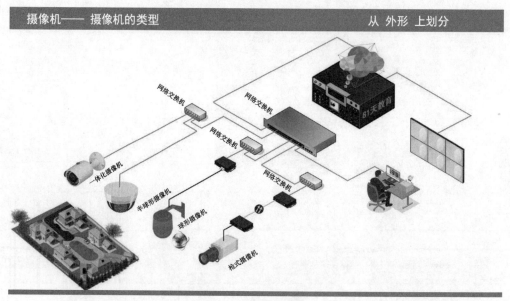

图 5.1　摄像机类型

枪式摄像机是安防监控工程中使用量最大的摄像机类型，其特点是方便配接各种不同焦距的镜头，能够最大限度地满足各种环境的需要。在安防监控技术发展的早期，枪式摄像机主要以黑白摄像机为主，随着技术的发展以及人们视觉要求的提高，20世纪90年代中期，彩色摄像机开始逐渐取代黑白摄像机，成为社会视频监控应用的主角，其历史意义如同彩色电视机取代黑白电视机一样。在目前网络与智能监控系统时代，安防厂家推出了型号丰富的自带防护罩、内置枪机的一体型摄像机，并获得了广泛应用。另外，有一类迷你型摄像机，小型迷你摄像机相对普通枪机不仅体积更小巧，而且在CMOS尺寸、清晰度等性能指标上往往比较高，主要应用于远程医疗、工业实验室等特殊环境，如给手术进行摄像、对工业操作进行远程清晰观察等。

半球形摄像机是一种体积比较小巧的摄像机，通常内置焦距较短的镜头，主要用在空间狭小的环境，如电梯、走道、门口及面积较小房间等。

球形摄像机是一种精密的机电一体化摄像机，球机内置有可转动云台及可调节焦距的镜头，因此可以进行接近360°的旋转，还可以调节监控的距离，主要用在十字路口、广场、小区出入口等空间较开阔或者车流、人流较密集的环境。在大多数监控环境中，主要以定点的固定监控为主，因此，枪机、半球、一体机使用最普遍，而球机则相对较少。由于球机结构及技术较复杂，后面有专门的章节进行详细介绍。

目前企业推出的高清摄像机产品在技术上主要分为模拟高清、HD-SDI高清和IP网络高清3种类型。

5.1 模拟高清摄像机

模拟高清摄像机是指摄像机采用高分辨率的CCD传感器，将采集到的现场图像经过内部DSP芯片进行数字化处理，最后再输出高清级别的模拟视频信号。在视频监控行业有效像素达到976×582，即56万像素，常规分辨率达到650线，即650TVL，经过数字强化可以达到700线的模拟摄像机被称为模拟高清摄像机。

模拟高清摄像机中最具典型代表性的是采用960H技术方案的高清摄像机，960H方案是由索尼定义和开发的，其中，前端模拟摄像机采用索尼 Effio™方案，后端DVR控制存储设备则需采用模拟高清A/D解决方案的产品，模拟高清系统结构如图5.2所示。

960H摄像机的关键技术在于其CCD与DSP的品质，索尼Effio™方案是由960H CCD传感器和Effio™ DSP芯片所组成。960H CCD采用第二代的HADCCD Ⅱ和EXviewCCD Ⅱ，其图像分辨率到达了650线以上，升级后的模拟高清摄像机分辨率则达到了700TVL、750TVL、950TVL等多种规格。而早期索尼的模拟高清摄像机普遍采用的是一代HADCCD和EXviewCCD，即所谓的760H CCD，图像清晰度一般在480线以上，最高只能达到540线。

虽然960H摄像机相比原有的模拟摄像机在性能上有较大的提高，但960H只能达到60万像素级别，与200万以上像素的数字高清视频相比还是有很大的不足，基本到了淘汰的边缘，主要应用在原来已建有模拟监控系统，而又不方便重新布线的环境，只进行清晰度的升级。当然前端摄像机与后端控制设备都需要升级到统一的清晰度设备，而仅仅只保留原来的传输线路。

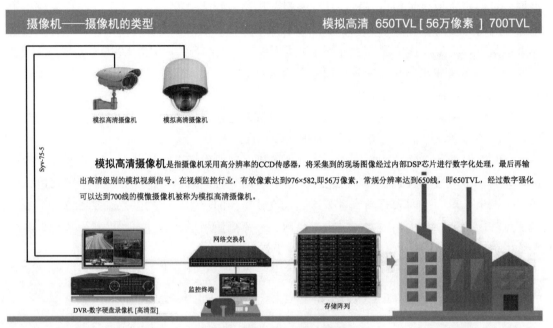

图 5.2　模拟高清系统结构图

5.2　HD-SDI 高清摄像机

SDI 是数字串行接口的英文首字母缩写，如同 DP、DVI 一样是一个数字接口标准，由美国电影电视工程师协会 SMPTE 所定义，目前这一技术主要应用在广播电视领域。SDI 接口的标准有 5 种，在监控行业的应用则以 HD-SDI 与 3G-SDI 这两种传输速率最高的标准为主。HD-SDI 是高清串行数字接口的简写，数据传输速率为 1.485Gb/s；而 3G-SDI 的数据传输速率则更高，达到了 2.97Gb/s，即 3Gb/s，因此被称为 3G-SDI，这两种标准成了 HDcctv 联盟所极力推动的标准格式，因此被监控行业所采用。如图 5.3 所示为 HD-SDI 数字高清监控系统的结构图。

HD-SDI 系统的数据流不是通常的视频压缩编码信号，而是将并行的视频分量信号转换为串行顺序的数字流，因此传送的是非压缩的高清数字视频信号，由于 HD-SDI 数据传输速率高达 1.5Gb/s，几乎能实现零延时的传输，所以传送的高清视频具有不失真、无抖动、实时性非常好的优点。也可以在 SDI 信号中嵌入数字音频信号，与数字分量视频信号同时传输。

HD-SDI 标准规定视频传输介质采用 SYV 同轴电缆，以 BNC 接头作为接口标准。整套系统的构造由前端设备 HD-SDI 高清摄像机。传输介质（采用同轴线缆或者 HD-SDI 光端机）、中心设备 SDI 视频矩阵、SDI 高清硬盘录像机和 HD-SDI 的大屏显示设备等组成。在将已有的传统模拟监控系统升级为高清监控系统的过程中，无须重新布线，只需更换前端摄像机和后端控制部分，这将为工程节省巨大的时间成本和人力成本。

图 5.3　HD-SDI 数字高清系统结构图

HD-SDI 非常适合对实时性有着特殊要求的高清视频监控领域，HD-SDI 的无压缩视频信号虽然具有实时高保真的优点，但是视频流量巨大，这也为数据的传输及存储来了非常大的压力。HD-SDI 的视频同轴电缆理论有效传输距离为 100m，但在实际应用中由于大多数接口和线缆的质量无法达到 HD-SDI 的要求，传输距离最多只能达到 60～70m。有些厂家通过将 HD-SDI 设备的速率降到 300Mb/s 左右，从而将视频信号传输到 300m 远的距离，这就在很大程度上解决了 HD-SDI 工程实际传输的问题。但是如果要进行更远距离的传输，则需要使用成本更高的光纤传输系统，HD-SDI 光端机数字信号的传输距离可以达到 30～70km。此外，HD-SDI 系统庞大的存储数据使得许多单位不敢大面积部署这类监控设备，担心被繁重的存储压力拖垮。

HD-SDI 庞大的非压缩视频数据，使之不适合于网络传输，因而远程监控与网络集成能力低下，这同时也影响着 HD-SDI 设备智能化水平的提升。因此，监控系统的网络化成了社会的主流，基于网络的 IP 监控系统能更方便地集成到大物联网、智慧城市等智慧大系统中，视频监控系统的高清化、网络化和智能化是主流的发展趋势，而模拟高清与 HD-SDI 走向淘汰是时代发展的趋势。

5.3   IP 网络高清摄像机

网络摄像机是传统摄像机与网络视频技术相结合的新一代产品，也被称为 IP 摄像机，英文简称 IPC，它在传统摄像机的基础上增加了嵌入式的网络模块，使摄像机成为一台视频信号处理的特殊计算机终端。

5.3.1   IP 摄像机信号处理过程

网络摄像机的信号处理过程为：光电传感器将光信号转变为电信号后，再经过 DSP 数字信号处理芯片将模拟的图像和声音信号转换成数字信号，数字信号经过嵌入式网络芯片的编码压缩，使之成为适合网络传输的低码流视频信号，最后再将压缩后的数字视频信号进行网络数据封装，最终成为标准的 OSI 二层数据帧，通过摄像机的网络 RJ45 接口输出，IP 网络摄像机的信号处理流程如图 5.4 所示。当然输出的网络信号中不仅包括视频信号，还可以包括音频信号以及云台镜头的控制信号。

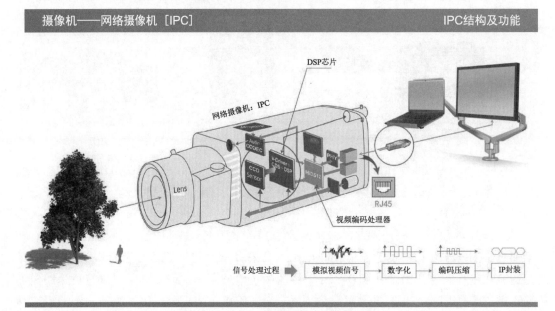

图 5.4   IP 网络高清摄像机信号处理流程

5.3.2   视频信号编码压缩标准

IP 网络高清视频的核心是图像的高效编码压缩技术，由于数字化后的原始高清视频码流数据量非常巨大，所以必须经过压缩，使视频图像在不同的等级之下尽量减少数据流，以降低对网络带宽的占用。例如，一路原始高清视频图像数据率在 6MB/s 左右，而在保持高清视频图像规格不变的前提下，经过高效压缩可以达到每路 2MB/s 左右。网络视频压缩编解码技术主要有 MPEG4、H.264、H.265 以及 H.266、SVAC 等几种，如图 5.5 所示。

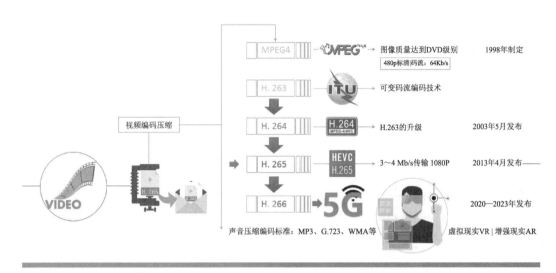

图 5.5 数字视频编码压缩标准

1. MPEG4 编码压缩标准

MPEG4 是国际标准化组织——运动图像专家组 MPEG 于 1998 年制定的基于互联网视频传输的高效图像编码压缩技术。MPEG4 视频数据的压缩率可以达到 450 倍，即 480P 标清视频图像等级，而每秒的数据码流则仅为 64K 左右。

2. H.264 编码压缩标准

H.264 是由国际电信联盟 ITU 与 MPEG 组成的联合专家行动组所共同制定的优秀视频编解码标准，于 2003 年 5 月发布。在 ITU-T 体系内被称为 H.264，在 ISO/IEC 体系内则被称为 MPEG4 part10 - AVC，所以通常被称为 H.264/AVC 或者简称 H.264，它是前一个版本 H.263 标准的继续发展。H.264 相对于 MPEG4 标准在节约 30% 码率的前提下提供质量相当的图像，同时具有更强的抗误码特性，可以适应丢包率高、干扰严重的无线信道中的视频传输。因此，在安防领域逐渐淘汰 MPEG4 标准，H.264 成为网络摄像机的首选视频编码压缩标准。

3. H.265 编码压缩标准

2013 年 4 月，国际电信联盟 ITU-T VCEG 批准了第三代视频编码压缩标准 H.265，又称 HEVC，它比 10 年前发布的 H.264 标准在同样的图像质量下，视频编码效率提高了 67%，而带宽要求缩减到 1/3，因此可以利用 3 ~ 4Mb/s 的速率实现 1080P 全高清视频图像的传送，H.265 目前已经成为视频编码压缩的事实标准，被各安防厂家广泛采用。而声音的压缩编码标准也有 AAC、MP3、G.723 及 WAV 等多种格式。

4．H.266 编码压缩标准

随着 5G 技术的普及，视频将更多以虚拟现实 VR、增强现实 AR 的形式出现。视频的体积越来越大，给视频的存储和传输带来了更大的压力，这就需要压缩性能更高的视频编码技术。国际电信联盟和国际标准化组织已于 2018 年 4 月，正式开始下一代视频编码标准 H.266 的标准化工作，计划于 2020—2023 年发布，H.266 将比 H.26 在性能上进一步提升 40% 以上。

5．SVAC 编码压缩标准

已发展 6 年的编码标准 H.265，呈现专利许可混乱局面，专利费用非常高，大大影响了产业的发展。目前我国拥有全球最大的安防市场，2011 年 1 月，正式发布了由国内著名的多媒体芯片供应商中星微电子与公安部共同制定的国家视频安防监控标准——SVAC 标准，并于 2011 年 5 月 1 日正式实施。SVAC 标准已经在山西、河北等多个地区和公共安全、城市管理等行业开展了大规模应用，并于 2017 年 6 月发布与实施了最新的 SVAC2.0 版本，如图 5.6 所示。在国家加强自主创新政策的引导下，SVAC 标准将会获得更多的应用。

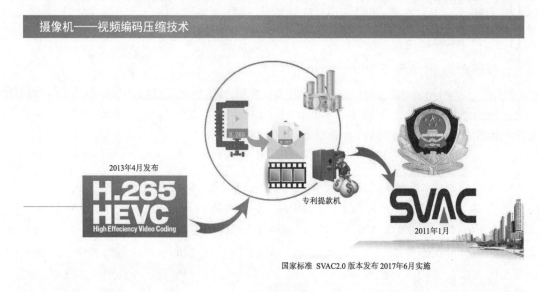

图 5.6　SVAC 视频编码压缩标准

5.3.3　视频图像等级

在模数混合时代，国际标准化组织对视频图像定义了不同的等级，下面简单进行介绍。

视频清晰度从低到高依次为 QCIF、CIF、2CIF、DCIF、FCIF、D1 等，如图 5.7 所示。其中，QCIF 的分辨率为 176×144=2.5 万像素；CIF 的分辨率为 352×288=10 万像素；2CIF 的分辨率为 704×288=20 万像素；DCIF 的分辨率为 528×384=20 万像素；FCIF 的分辨率为 704×576=40 万像素；D1 也被称为 4CIF，图像分辨率为 704×576=40 万像素。这些都是低分辨率视频，其中 D1 的视频图像清晰度最高，在实时监控时可以较清楚地看清人脸，在模数混合时代称为高清视频，但录像回放与打印照片人脸却不清晰；其他分辨率视频，例如，常见的 CIF 视频实时监控时只能看清人或物体的轮廓。

在网络视频进入了 1080P、2K、4K、8K 全高清及超高清时代，这些低清晰度的编码压缩标准已经被淘汰。

图 5.7 模拟视频图像清晰度等级

5.3.4 IP 摄像机网络服务功能

网络摄像机内置的网络芯片，一般采用嵌入式的 Linux 操作系统，它除了对数据进行网络封装外，同时还内建多种网络服务功能，如 WEB 服务功能、DHCP 服务功能、UPNP 功能、MAC 地址绑定功能以及数据的加密与授权服务功能等。

1. DHCP 功能

DHCP 是一个局域网的网络协议，主要作用是集中的分配 IP 地址与管理 IP 地址，使网络环境中的主机可以动态地获得 IP 地址、网管地址、DNS 服务器地址等信息，并能够提升地址的使用率。

2. WEB 服务功能

WEB 服务功能即 IP 网络摄像机内置 B/S 访问功能，用户可以通过浏览器来方便地访问 IP 摄像机，并进行各种功能及参数的设置与配置。

3. UPnP 功能

UPnP 即通用即插即用功能，缩写为 UPnP。UPnP 规范基于 TCP/IP 协议和针对设备彼此间通信而制订的新的 Internet 协议。

4. MAC 地址绑定功能

MAC 地址指网络设备网卡的物理地址或者硬件地址，具有唯一性。网卡的物理地址通常是由网卡生产厂家固定在网卡的 EPROM 芯片中，它存储的是局域网内传输数据时发出数据的网络设备和接收数据网络设备的物理地址。每个网络适配卡具有唯一的 MAC 地址，为了防止非法用户的仿冒，可以将 MAC 地址与 IP 地址绑定，从而可以有效地规避非法用户的接入，以进行网络物理层面的安全保护。

以上功能是 IP 网络摄像机常见的功能，在许多环境中都有应用。此外，IP 摄像机还具有单独的安全机制，可以对操作摄像机的用户进行分级的权限验证。而视频监控信号则通过局域网、Internet 或无线网络传送至终端用户，授权用户能够通过浏览器在本地或者远程观看、存储和管理视频数据；而且还可以通过网络来控制摄像机云台和镜头的动作。由于是一台标准的网络功能设备，所以一般都支持 RTSP、RTP、RTCP、HTTP、UDP 以及 TCP 等标准的网络传输控制协议。

5.3.5 ONVIF、PSIA 与 HDcctv 协议

为了不同品牌网络视频设备之间的互联互通，或者说相互兼容，视频设备包括前端 IPC、后端的控制设备与平台等需要遵守共同的协议，协议就如同人与人之间交流所遵循的共同语言。其中，ONVIF 协议是目前获得不同厂商支持最广泛的通用协议，该协议包括装置搜寻、实时视频、音频、元数据和控制信息等内容。所有支持 ONVIF 协议的第三方平台、设备就可实现互联互通。另外，安防著名厂商如海康威视、大华股份等由于产品线齐全，资金与技术实力雄厚，它们的网络视频产品通常都开发有自有通信协议，同一个厂商的产品之间可以通过自有协议实现相互间的通信，但为了与其他厂商的产品兼容，通常还支持 ONVIF 协议。

除 ONVIF 协议外，PSIA 与 HDcctv 协议也是由不同组织或联盟所制定的开放协议，如图 5.8 所示。PSIA 与 HDcctv 协议实现的目标和 ONVIF 一样，其中 ONVIF 协议的影响力最广，PSIA 协议次之，HDcctv 协议则最少。

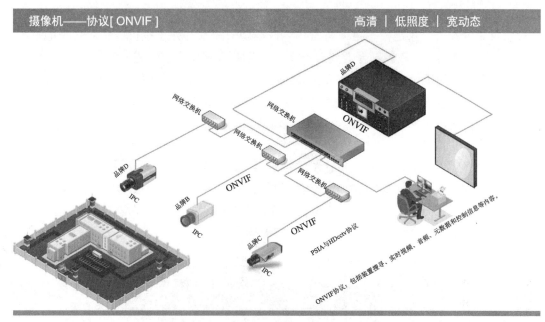

图 5.8 ONVIF、PSIA 与 HDcctv 协议

5.3.6 IP 摄像机高级特性

目前网络摄像机普遍具有高清晰、低照度、宽动态、强光抑制等高级性能特征，这些特征为摄像机在不同苛刻环境下实现清晰稳定的视频提供可靠的保障。

1. 低照度技术

普通彩色摄像机在光线充足的白天能够清晰成像，但在夜晚低光照或零光照的情况下则无法成像。低照度型摄像机是一种高灵敏度摄像机，它在白天能够形成清晰的彩色成像，而到了光照低的夜晚成像色彩就会由彩色转为黑白，所以也称为日夜转换型摄像机。

目前市场上标榜的低照度摄像机，对低照度的定义并没有统一的标准，彩色摄像机从 0.0004 ~ 11x 均有。照度能低到多少不仅要看镜头的光圈 F 值，更要看是在什么条件限制下所达到的标示值，例如，光圈越大 F 值就越小，所需的照度就越低；另外，自动增益控制是否打开，单一画面累积帧数为多少等，否则并不能指导实际应用。

低照度摄像机技术的发展经历了 3 个阶段，分别是普通的日夜转换摄像机（DAY&NIGHT）、低速快门（SLOWSHUTTER）以及超感度摄像机（EXVIEW/HAD），下面分别进行介绍。

（1）普通的日夜转换摄像机采用单一的彩色 CCD 设计，在白天光源充足时为彩色摄像机，当夜晚光照不足时，利用数字电路将视频信号中的彩色信号消除以提高灵敏度，从而成为黑白影像；且为了搭配红外线，也拿掉了彩色摄像机不可或缺的红外滤波片，导致白天监控画面有些偏红。由于受 CCD 感光度的限制，只能利用线路切换及搭配红外光的方式将灵敏度提升，这是模拟摄像机时代一些杂牌低成本红外夜视摄像机所采用的技术。由于技术粗糙、简化，夜晚图像会相对模糊，还会有严重不一的噪波点。

（2）低速快门摄像机又称为画面累积型摄像机，它运用低速快门来调整摄像机的光照度，将连续几个因光线不足而较模糊的画面累积起来，成为一个影像清晰的画面，此类型低照度摄像机适用于禁止红外线、紫外线破坏的博物馆，夜间军事海岸线监视，夜间生物活动观察等环境。

（3）超感度摄像机是指采用超感图像传感器（如 CMOS 传感器），并且运用数字信号处理技术，即 DSP 芯片的高灵敏度彩色摄像机，从而达到更低照度的要求，如图 5.9 所示。在搭配红外灯条件下，即使在漆黑的夜晚，即 01x 照度的情况下也能清晰成像，超感度摄像机技术是目前数码时代所普遍采用的夜视技术。

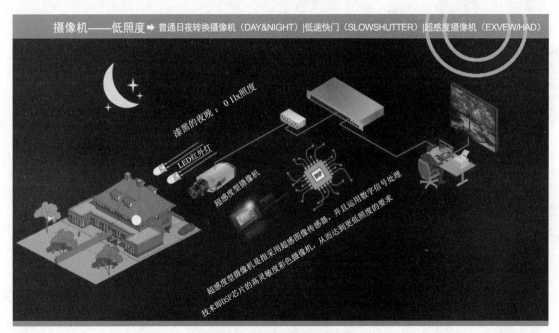

图 5.9　超感度夜视型摄像机

2. 宽动态技术

普通摄像机在逆光环境中会形成前景目标偏暗的画面，无法识别目标。目前主流的摄像机都具有背光补偿的功能，在逆光环境中通过对画面进行亮度补偿从而看清前景。宽动态技术是在有强烈光照对比环境下能够清楚成像而运用的一种技术，宽动态摄像机使用 DPS 数字信号处理技术，控制监控区域中不同明暗景物的每一个像素采用不同的快门优化曝光，然后对生成的图像合成，从而获得图像暗处的细节，同时防止图像的明亮处过于饱和，从而使得宽动态摄像机比采用背光补偿技术更为鲜艳的彩色图像。宽动态范围是指图像能分辨最亮信号与最暗信号的比值，通常以倍数或者 DB 来表示，传统的摄像机只具有 3 ：1 的动态范围，动态值为 10dB 左右，而宽动态摄像机的动态范围从 50~120dB 不等，目前品牌摄像机的宽动态范围基本在 120dB 左右，超出传统摄像机数万到数十万倍。即使在最苛刻的光照条件下，也能生成清晰逼真的高质量图像。如图 5.10 所示为开启背光补偿与宽动态功能的两种图像效果。

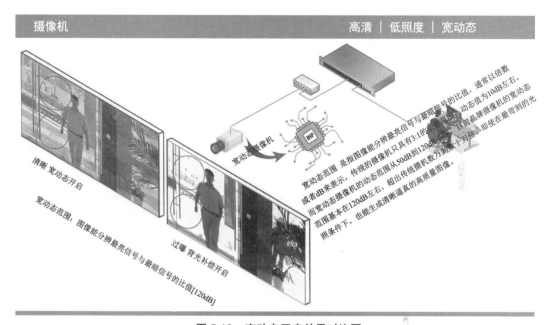

图 5.10　宽动态开启效果对比图

3．强光抑制功能

强光抑制摄像机是一种道路监控专用摄像机，俗称电子警察。夜间车辆在行驶中都会有车头强光，普通摄像机在强光照射下根本无法清晰地看到车牌号码。强光抑制摄像机则采用超高清图像传感器与 DSP 数字信号处理技术，首先对车头强光进行抑制过滤，然后通过补光再配合高速电子快门以及数字图像处理技术，就能清晰抓拍到运动中车辆的车牌。

5.3.7　IP 摄像机高级软件功能

IP 网络摄像机是一台内置 CPU 与嵌入式操作系统的智能网络终端设备，因此相较于传统模拟摄像机具有更多的功能，尤其是更强大的软件控制功能，常见的包括多码流技术、SMART IR、活动检测提醒、遮挡报警、越界侦测、区域入侵侦测、DHCP 功能、MAC 地址绑定功能等，下面分别进行介绍。

1．多码流技术

码流是 IP 摄像机一个非常重要的参数，它指的是记录画面时每秒钟的数据量。为了方便 IP 视频流在各种不同网络带宽条件下传输，IP 摄像机通常支持双码流或三码流技术，下面分别进行介绍。

（1）双码流技术也称为主码流与子码流技术，其中主码流通常是高码率的码流用于本地存储，子码流通常是低码率的码流，适用于图像在低带宽网络上传输。双码流技术同时兼顾本地存储和远程网络传输。

（2）三码流技术指的是 3 种码率，三码流采用一路高码率的码流用于本地高清存储，例如，H.265 编码的 1080P 或 2K 超高清视频；一路低码率的码流用于网络传输，例如，720P 编码高清视频；另一路超低码流用于 4G 网络传输手机观看，例如，D1 标准视频，三码流同时兼顾本地存储和远程网络传输，其应用如图 5.11 所示。

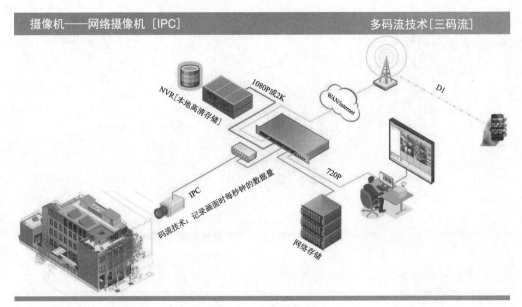

图 5.11　多码流技术

2. 移动侦测功能

移动侦测功能是指通过摄像机采集得到的图像会被软件按照一定算法进行计算和比较，得出的结果指示系统自动做出相应的处理。例如，当画面有变化时，有人走过、镜头被移动等会有相应的结果产生。移动侦测功能通常被用于较少人员活动的场所，如工厂、库房或夜间预警等环境，当被监控场景无人员或物体活动时，摄像机采集监控场景的码流是固定不变的，当监控场景中有人员活动时，摄像机采集的视频流会有变化，这时就可以通过检测这种变化来预警。

3. SMART IR 功能

SMART IR 功能就是采用智能图像处理技术检测图像多区块亮度来智能调整亮度曲线，从而防止某区块图像过曝或者某区块图像曝光不足等现象，例如，可解决近距离红外灯过曝问题。

4. 活动检测提醒功能

活动检测提醒功能是在移动侦测基础上增加 PIR 人体感应的因素，即两个条件同时具备才会触发报警，这在一定条件下减少了窗帘、树叶等的误报，其应用如图 5.12 所示。PIR 人体感应指的是被动式红外探测器或身体感应器。人是恒温动物，红外辐射也最为稳定。之所以称 PIR 探测器为被动红外探测器，是因为探测器本身不发射任何能量而只被动接收、探测来自环境的红外辐射。当人体红外线辐射进来，经光学系统聚焦就使热释电器件产生突变电信号，从而发出警报。被动红外入侵探测器形成的警戒线一般可以达到数十米。

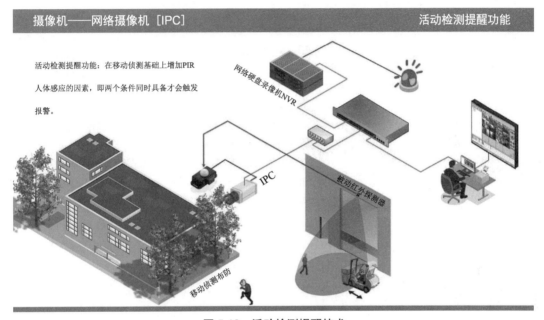

摄像机——网络摄像机［IPC］ 　　　　　　　　　　**活动检测提醒功能**

活动检测提醒功能：在移动侦测基础上增加PIR人体感应的因素，即两个条件同时具备才会触发报警。

网络硬盘录像机NVR

IPC

被动红外探测器

移动侦测布防

图 5.12　活动检测提醒技术

5. 遮挡报警功能

顾名思义，遮挡报警功能指摄像机或摄像机防护罩被灰尘阻挡或人为恶意遮盖，导致视频图像质量下降到不能辨别的程度，摄像机内的程序通过算法会及时做出报警提醒。注意该报警无录像联动功能。

6. 越界侦测功能

越界侦测功能指通过设置虚拟围篱来对周界进行侦测，当发现可疑人员或者物体穿越围篱即会触发报警。越界侦测功能通常应用在厂区重点区域围墙、学校住宅区围墙、看守所围墙等环境。

7. 区域入侵侦测功能

区域入侵侦测功能指通过在画面上设置对某一区域（可设置任意形状）为警戒状态，当有物体非法闯入警戒区后即会触发报警，并同时对闯入物体进行分析，例如，当有人或当汽车进入警戒区时即会报警，其应用如图5.13所示。区域入侵侦测功能可应用在某些重点保护区域，如银行金库、景点区域、易发生危险地带、军事禁区、博物馆、码头、医院等。

图5.13　区域入侵侦测功能

8．延时拍摄功能

延时拍摄是指每隔一个固定的时间拍下一张照片，然后以较短的时间播放画面，呈现出平时用肉眼无法察觉的精彩景象。

5.4　本章小结

本章主要介绍了模拟摄像机、HD-SDI数字摄像机与IP网络摄像机技术，模拟摄像机与HD-SDI数字摄像机是上一阶段安防监控技术的代表，做一般性了解即可，IP网络摄像机则是本章内容的重点，下面分别对重点内容进行总结。

（1）视频信号编码压缩标准：在上一个5年IP网络监控普及阶段主要以MPEG4与H.264压缩标准为主，目前，在AI摄像机即将普及阶段，主流安防厂家的IP摄像机普遍升级到了H.265压缩标准，每一代的视频压缩标准都会比上一代标准有50%左右的压缩率提升。

（2）视频图像等级：IP网络监控时代视频图像主要以720P标清（100万像素）、960P标清（130万像素）以及1080P（200万像素）全高清视频为主，AI摄像机为了能够识别人脸的细节则对清晰度的要求更高，将会逐步过渡到2K与4K超高清晰度为主；而在VR

与 AR 应用阶段，8K 清晰度则会成为起步要求。

（3）IP 摄像机网络服务功能：IP 网络摄像机内置的软件提供了许多实用化的网络服务功能，如 IP 地址配置、WEB 服务应用、DHCP 服务等，这些功能是标准的 TCP/IP 网络服务功能，也将会成为物联网时代前端 IP 网络传感设备所具有的普适性功能。

（4）IP 摄像机高级软件功能：IP 网络摄像机内置的软件提供了更多的智能化功能，如移动侦测功能、遮挡报警功能、越界侦测功能、区域入侵侦测功能等，这些智能化的功能相比基于深度学习的智能化，只是一种浅层次的智能化应用，是在人工智能普及前的一种智能化应用拓展。

第 6 章
夜视摄像机

随着电子技术的发展，具有夜视功能、能够实现 24 小时的不间断监控已经成为摄像机的标准配置。目前，在民用领域具有夜视功能的摄像机主要有 3 种类型，分别是日夜转换型摄像机、红外一体化摄像机与长距离监控的激光夜视摄像机；除此之外，在军事领域还有尖端的微光夜视仪与红外热成像仪。红外夜视摄像机应用示意图如图 6.1 所示。

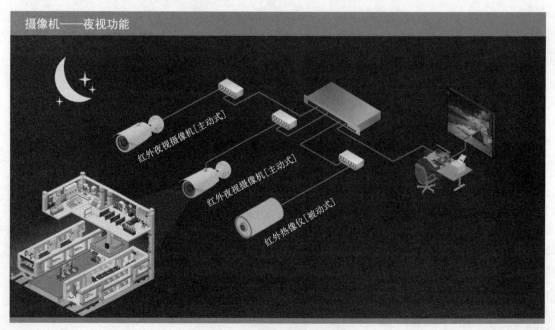

图 6.1　红外夜视摄像机应用

6.1 星光型摄像机

前面曾经介绍过，日夜转换型摄像机可以在夜晚微弱光照环境下成像，也被称为星光型摄像机。此类型摄像机适用于禁止红外线与紫外线破坏的博物馆、夜间生物活动观察、夜间军事海岸线监视等环境。当然也可以配合红外灯实现在漆黑一片的夜晚即0lx的照度环境成像。

6.2 主动红外摄像机

在夜视监控环境中，常规的办法是利用可见光照明，但这种方式不能隐蔽、容易暴露监控目标，因此较少使用。目前普遍采用的是主动红外夜视技术，主动红外摄像技术成熟稳定、性价比高，成为夜视监控的主流。

主动红外一体化摄像机简称红外摄像机，它将摄像机、镜头、红外灯以及光照传感器等封装在一起，当环境光亮度低到一定值时，光照传感器就会自动开启红外灯，利用LED红外发光二极管作为辅助光源去照射景物和环境，然后通过反射回来的红外光成像，并转换到黑白图像的夜视监控状态，因此被称为主动红外摄像机。

光是一种电磁波，它的波长区间为几纳米到1mm。人眼可以看到的只是其中的一小部分，我们称之为可见光，可见光的波长范围在380~780nm，波长由长到短分别为红、橙、黄、绿、青、蓝、紫7色光，波长比紫光短的称为紫外光，而波长比红光长的则称为红外光，因此红外光是人眼看不到的一种光，可见光与红外电磁光谱如图6.2所示。

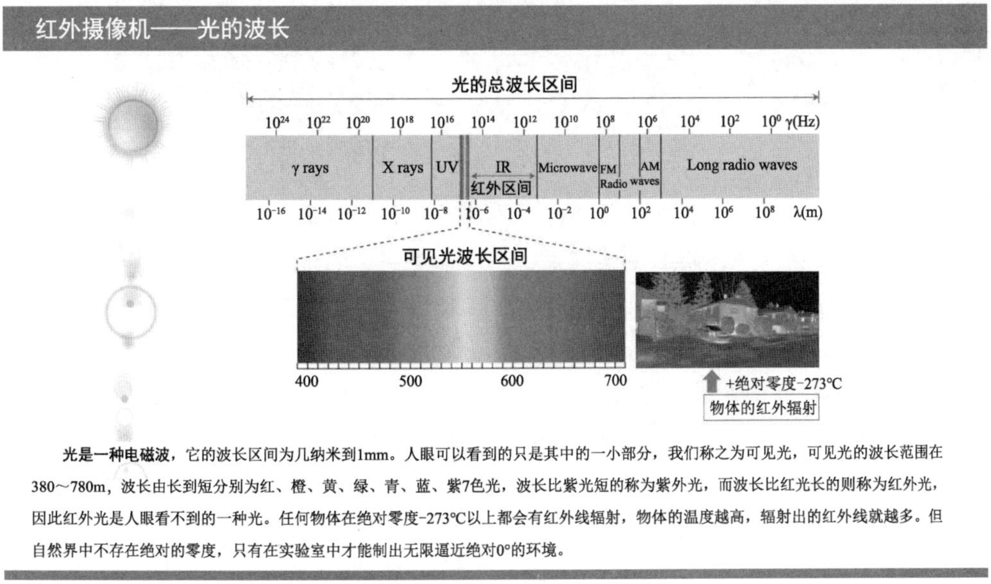

红外摄像机——光的波长

光的总波长区间

| 10^{24} | 10^{22} | 10^{20} | 10^{18} | 10^{16} | 10^{14} | 10^{12} | 10^{10} | 10^8 | 10^6 | 10^4 | 10^2 | 10^0 γ(Hz) |

γ rays   X rays   UV   IR 红外区间   Microwave   FM Radio waves   AM waves   Long radio waves

10^{-16} 10^{-14} 10^{-12} 10^{-10} 10^{-8} 10^{-6} 10^{-4} 10^{-2} 10^0 10^2 10^4 10^6 10^8 λ(m)

可见光波长区间

400   500   600   700

+绝对零度-273℃
物体的红外辐射

光是一种电磁波，它的波长区间为几纳米到1mm。人眼可以看到的只是其中的一小部分，我们称之为可见光，可见光的波长范围在380~780m，波长由长到短分别为红、橙、黄、绿、青、蓝、紫7色光，波长比紫光短的称为紫外光，而波长比红光长的则称为红外光，因此红外光是人眼看不到的一种光。任何物体在绝对零度-273℃以上都会有红外线辐射，物体的温度越高，辐射出的红外线就越多。但自然界中不存在绝对的零度，只有在实验室中才能制出无限逼近绝对0°的环境。

图6.2 可见光与红外线光谱

红外夜视摄像机普遍采用红外LED灯＋感红外彩色CMOS图像传感器技术，如图6.3所示。决定红外摄像机优劣的关键点主要包括CMOS灵敏度、镜头、LED红外灯以及密封与散热等工艺问题。

质量好的红外摄像机普遍采用高灵敏度的CMOS图像传感器与DSP数字信号处理技术，配合自动切换滤光片镜头，即双滤光片红外镜头，白天在可见光条件下挡住红外线进入，夜间无可见光时移开红外滤光片，红外线在夜间虽然是好助手，但在白天条件下却是一种杂光，会降低摄像机的清晰度与色彩还原，而滤光片能阻止红外线参与成像。质量好的红外摄像机选用光线均匀效率高的新一代阵列式红外灯，因此产品品质好、性能稳定、寿命较长。

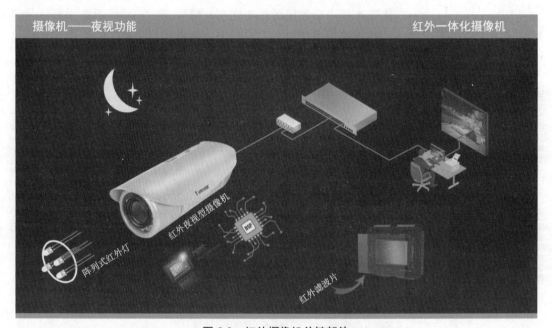

图6.3　红外摄像机关键部件

杂牌红外摄像机通常使用普通的感红外图像传感器以及简单地去红外滤光片镜头，使白天彩色图像效果变差，并使图像偏红色；另外，为了节省成本采用发光效率较低的普通LED红外灯，为了增加红外光的照射距离往往通过加大电流的方法来提高LED的发光亮度，这会大大降低LED红外灯的寿命，所以这类红外摄像机使用一段时间后视频清晰度就会随之下降，并可能伴随噪波点。

除高质量的传感器、镜片及LED灯外，红外摄像机的密封性与散热也是一个关键因素。在电子电器行业，产品的外壳密封性防护等级有一个以IP为代码的国际标准，如图6.4所示。例如，摄像机标识IP65，就表示产品可以完全防止粉尘进入以及可用水冲洗无任何伤害；IP66表示产品可以完全防止粉尘进入及向外壳各方向强烈喷水无有害影响；IP67则表示产品可以完全防止粉尘进入及短时间浸水外壳不得有进水造成有害影响，目前，品牌安防厂家摄像机的外壳防护基本都达到了 IP67 级别。

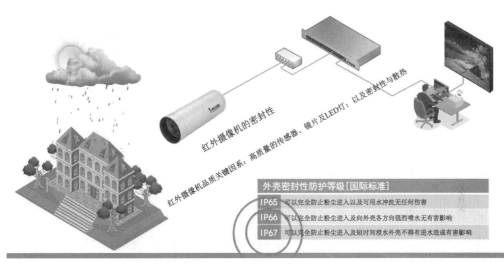

图 6.4　红外摄像机的密封防护等级

由于雾雪等自然环境以及昼夜温差的变化，容易在摄像机内部及防护罩视窗外形成雾气。为了防止内部出现雾气，除了良好的密封性外，有些摄像机还在内部充氮气，而防护罩视窗玻璃外面所形成的雾霜则通过先进的电子除霜电路来自动清除，或者使用具有排斥水、灰尘以及雪花功能的隐形雨刷视窗玻璃。

另外，红外灯在启动一段时间后，在摄像机前部会有热量集中，如果不能均匀散热会影响摄像机的正常工作。高品质的红外摄像机会使用强制散热及制冷作用的自动冷暖空气调节，以保证在 −40℃ ~ +70℃ 的室外自然环境下正常工作。

通过以上介绍可以看出，红外摄像机的技术要求其实非常苛刻，这也导致了市场上产品质量的参差不齐，因而价格差异也较大，所以在选购产品时建议选择品牌厂家产品，虽然价格相对较高但品质能有稳定的保障。

红外摄像机根据红外灯及镜头的不同，其有效夜视距离有 20m、40m、60m、80m 以及 100m 等多种规格，最多不超过 150m。距离越远红外灯就越大，红外摄像机的体积也越大。

6.3　激光夜视摄像机

红外摄像机由于 LED 灯在照射距离、功耗以及效率等方面都有的一定局限性，夜视距离一般在 150m 以内，最远只能达到 200m，而采用激光作为辅助光源配合超长焦镜头则可以实现更远的夜视距离。普通红外 LED 灯的波长一般为 850nm，激光红外的波长则有 808nm 和 940nm 两种，典型的激光夜视摄像机由激光照明系统、大变倍长焦距镜头以及低照度摄像机或微光夜视摄像机等主要部件所构成，夜视监控范围可以达到数千米。由于长焦镜头的体积比较大，再加上辅助光源系统，所以激光摄像机的整体外形也比普通摄像机大得多，如图 6.5 所示。

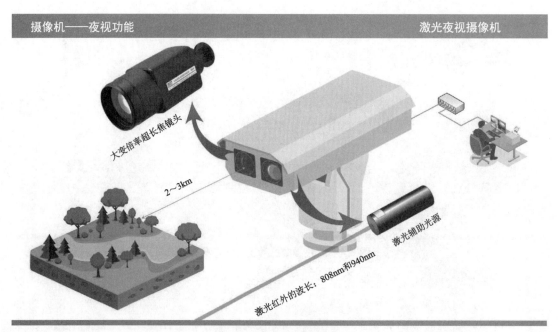

摄像机——夜视功能　　　　　　　　　　　　　　　　　　　激光夜视摄像机

大变倍率超长焦镜头

2～3km

激光辅助光源

激光红外的波长：808nm和940nm

图 6.5　激光夜视摄像机

下面介绍激光摄像机的特点。

- 系统选用红外波段进行特殊镀膜处理的大变倍长焦镜头，保证了在可见光和红外波段的高透光性。
- 特殊设计的激光变焦照明系统，可远程实时对照明光斑的照射角度和光照射强度进行调整，实现了近距离大视场大光斑照明和远距离小视场小光斑照明的无盲区夜视。光轴微调系统可保证成像系统在全变焦过程中与照明系统画面保持一致，光斑不会跑偏或跳动。
- 为方便用户的使用，成像镜头的变焦、聚焦、激光照明的光斑大小与光强度及云台位置均可预置和联动。实现一键操作，解决了多点监控的切换问题。
- 夜间监视时有时会遇到比较复杂的光照环境，如汽车、火车、轮船、飞机的大灯，探照灯，闪烁的警灯等，系统需具备防强光功能，从而能够获得相对清晰的图像，避免出现摄像机饱和、画面一片白、看不清目标等现象。
- 激光器密封抽真空并充氮气，工作状态下还考虑了散热和风冷降温，从而保证激光器的使用寿命。

■ 护罩保护玻璃除了镀可见光波段的多层硬膜外，还加镀了红外波段的多层硬膜，保证系统的夜视和透雾效果。护罩附加散热片保证激光器长期稳定工作，并可根据地理气候订制特殊恒温系统。

激光夜视监控系统是目前国内适合远距离监控的理想夜视设备。监视距离有多种规格，下面分别进行介绍。

■ 1600 ～ 2000m，最远可达 3000 ～ 5000m 的超远距离。
■ 1200 ～ 1500m，最远可达 1800m 的远距离。
■ 1000 ～ 1200m，最远可达 1500m 的中远距离。
■ 500 ～ 700m，最远可达 1000m 等规格。

激光夜视摄像机广泛应用于森林防火、油田油库、边防海防夜视监控；防汛远距离监控、城市环境监测、输油管道监控；海事远距离监控及渔政管理、铁路及火车机车、城市制高点监控以及军事基地等需要远距离夜视监控的场所，如图 6.6 所示。

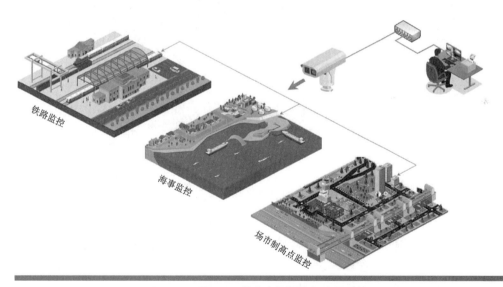

图6.6 激光夜视摄像机应用环境

国内激光夜视仪龙头企业为北京高普乐光电科技有限公司，海康威视和大华股份自身并不生产激光夜视仪，主要 OEM 高普乐的产品，高普乐为全球激光夜视系统的领导者。

除日夜转换型摄像机、红外一体机以及激光摄像机 3 种夜视摄像机外，在军事领域还有微光夜视仪以及红外热像仪两种夜视器材，微光成像技术和红外热成像技术已经成为夜视技术的两大中流砥柱。

6.4　微光夜视仪

微光夜视技术是一种在夜间微弱光照环境下的成像技术。微光夜视技术的核心是微光图像增强器，它是一个由光电阴极、电子光学部件、荧光屏 3 大部分组成的电真空器件，如图 6.7 所示。其工作原理是：景物反射的微弱可见光和近红外光汇聚到光电阴极上，光电阴极受激向外发射电子，实现把景物的光强分布图像变成与之对应的电子数密度分布图像；在电子光学部件中输入一个电子，可以输出成千上万个电子，因此光电阴极的电子数密度分布图像就被成千上万倍地增强了，最后，经过倍增的大量电子轰击荧光屏就得到了增强微光图像。

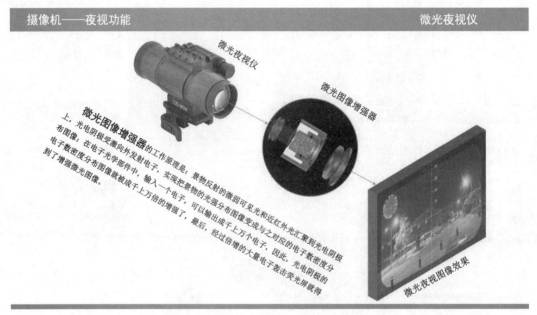

图 6.7　微光夜视仪

迄今为止，微光图像增强器已有三代半产品，其发展方向是进一步延伸新一代产品的红外响应和提高器件的灵敏度。目前可以实现 800 ~ 1000m 范围内目标的有效观察。

微光夜视的原理与 CRT 显像管成像原理比较像，只不过采用的是绿色荧光粉或者黑白荧光粉，所以输出的是绿色图像或者黑白图像，图像轮廓和灰度分布与昼间景物的黑白电视图像类似，景物的视觉形象逼真，基本符合人的视觉习惯。而热像仪产生的视觉形象有时与人的视觉习惯不完全一致。

6.5　红外热像仪

红外摄像技术分为被动红外摄像和主动红外摄像技术两种。被动红外摄像技术是利用物体或景物自身的红外辐射成像，典型的产品就是红外热像仪。任何物体在绝对零度即 −273℃以上都会有红外线辐射，物体的温度越高，辐射出的红外线就越多。但自然界中不存在绝对零度，只有在实验室中才能制造出无限逼近绝对零度的环境。

始于 20 世纪 50 年代的红外热成像技术也发展了三代，它以接收景物自身辐射的红外线来进行探测，是一种被动红外探测技术。由于人体的温度恒定在 37° 左右，在夜间环境下与周围环境温差较大，而温度越高红外辐射就越强，因此红外夜视效果比较明显，如图 6.8 所示为红外热成像仪的成像效果图。与微光成像技术相比，红外热成像技术具有穿透烟尘能力强、可识别伪目标、可昼夜工作等特点。

夜视器材——红外热像仪

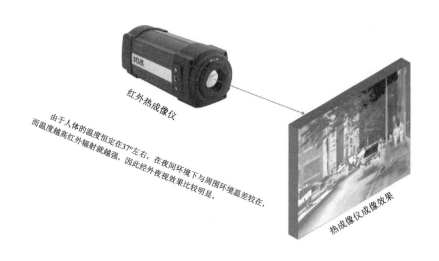

红外热成像仪

由于人体的温度恒定在37°左右，而温度越高红外辐射就越强，因此经外夜视效果比较明显。

热成像仪成像效果

图 6.8　红外热像仪

红外热像仪的技术难点是如何保证传感器对不同温度、不同质地的物体辐射出来的频谱实现正确的感应，因此市场上可以做好被动红外夜视系统的厂家寥寥无几，而且价格十分昂贵，一般应用在军队、边防、缉私监察、博物馆展厅、环境监视、动物活动观测、军队弹药库、枪械库、油库等全黑暗的安保环境。

6.6　本章小结

本章主要介绍了夜视功能的几种代表性产品及技术，包括主动红外夜视产品、激光光源夜视产品、被动红外夜视产品、星光型夜视产品及微光夜视产品等，下面对主要内容进行总结。

（1）主动红外夜视产品：是当前民用领域最为普及的夜视产品，主动红外夜视产品的关键部件包括高感光 CMOS 传感器、DSP 数字处理芯片、高质量红外阵列灯等，其清晰成像距离普遍在 100m 以内，能够满足大多数民用场景监控的需要，因此成为了当前摄像机的标准配置技术产品。

（2）激光光源夜视产品：是一种高技术标准的特殊夜视产品，具有长焦（超长焦）、高清、夜视的特点，其有效监控距离可达到 2～3km。这类产品由于所构成的部件选型严苛高端，因此价格昂贵，价格普遍在 10 万元以上，主要应用在森林防火、油田监控、海岸边防监控、城市制高点监控等长距离大范围监控应用场景。

（3）被动红外夜视产品：是一种在军事领域广泛应用的产品，近年来由于经济的发展逐步在向民用领域渗透，主要应用于对火灾热源的探测，例如，在森林防火与雪亮工程的秸秆燃烧监控等方面获得了应用。

第 7 章
球形摄像机

球形摄像机（简称球机）是一种内置摄像机、云台与解码器，能够调整监控角度与监控距离的精密机电一体化摄像机，具有外形美观、安装方便等特点，除超远距离特殊监控环境外，已经逐步取代传统的云台防护罩。

7.1 球形摄像机结构

球形摄像机的构成重点主要包括摄像机、机芯、防护罩以及密封与散热等工艺，结构如图 7.1 所示，下面分别进行介绍。

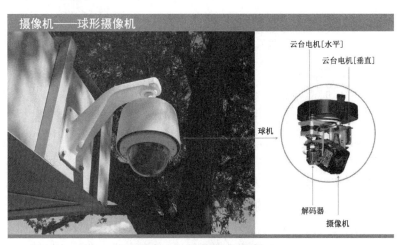

图 7.1 球形摄像机结构

7.1.1　一体化摄像机

球机内的摄像机是一种内置可变焦镜头的一体化精密摄像机，它将电动三可变镜头与摄像机封装成一体，具有体积小巧、性能高等特点。它能够通过后端控制调整摄像机的焦距、光圈以及聚焦，一体化摄像机配置有 18 倍、20 倍、22 倍、27 倍、36 倍及 43 倍等倍率的精密光学变焦红外镜头，同时还具有 10 倍左右的数码变焦，所以一般会在机身上标注光学变焦与数码变焦的乘积。如图 7.2 所示，机身标注 220 倍的变焦即是 22 倍的光学变焦与 10 倍的数码变焦的乘积，其在最远焦距情况下的有效监控距离为 100~150m，是一体化摄像机中最常用的型号。一体机普遍采用高解析的 CMOS 传感器，并配合高性能的 DSP 数字信号处理芯片对视频信号进行处理，因此其图像质量等级非常高，并加装红外灯，实现日夜彩色自动转黑白功能等，因此球机内的一体化摄像机是一种高端的精密电子产品。

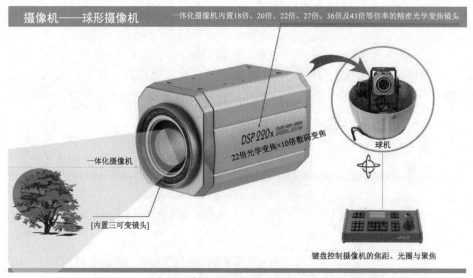

图 7.2　球机内置一体化摄像机

一体机镜头的自动聚焦功能是一体机的核心技术，好的产品可以一次性准确聚焦，而品质较差的产品在聚焦时会来回往复，需要三四次才能定焦，或者在聚焦范围内某些特定的距离上不能完全聚焦。另外，如图像的清晰度、聚焦效果以及夜视效果等，不同品质的产品也有差别，因此价格相差较大。

球机的防护罩有 6 英寸（1 英寸 =2.54cm）、9 英寸及 12 英寸等尺寸，体积越小机芯就相对越精密，制作难度也越高，因为球机防护罩仍然要考虑密封、降温以及加热除霜等需求。优秀的球机对防雨和密封要求很高，要求能够防止全向雨水；由于球机在室外阳光直射下，内部温度可高达 55 ~ 60℃。高品质球机均采用双层结构设计，双层对流通风设计是降温的有效手段。另外球机上部或者内侧壁安装有加热器，并配有同步小型风扇，将热量吹向球机下部及球面，以起到加热摄像机和镜头并除霜、除水汽的作用。

7.1.2　球形摄像机机芯

球形摄像机的机芯由云台电机以及解码器等控制部分构成，如图7.3所示为球机的机芯结构。电机是云台的关键部件，衡量电机优良的主要指标是其可靠性。因此电机在一定温度、湿度条件下连续运行的小时数是硬指标。此外，机乱向、卡死、停机、发热、噪声、干扰等也都是云台电机的重要指标，选用优良电机可大大提高球机寿命和可靠性。

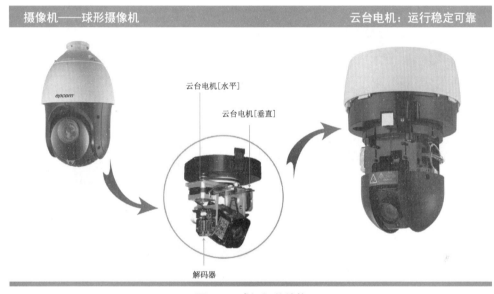

摄像机——球形摄像机　　　　　　云台电机：运行稳定可靠

云台电机[水平]

云台电机[垂直]

解码器

图 7.3　球机机芯结构

根据机芯转速的不同，球机分为高速球、中速球以及恒速球机3种，如图7.4所示。高速球机也叫快球，采用精密的一体化机芯，与中速球一样都可以变速控制。中速球的转速在60°/s～120°/s，而高速球的转速则在120°/s以上，其水平旋转速度达到240°/s～360°/s，垂直旋转速度达到90°/s。

在工作中智能高速球机不用人为干涉，用键盘设置好后就可以完成自动扫描、自动巡航、自动变倍及自动快速捕捉等功能；并能设定多个预置位，所谓预置位是指先将摄像机对准某一个监控位置并清晰成像，然后将该位置保存成数字编码，在需要时可以通过软件或遥控器按数字编码一步到位切换到事先设置好的预置位，一般可支持同时设置数百个预置位。高速球还能通过外部报警和预置位实现报警联动，并有OSD菜单显示功能。高速球的价格相差很大，价格从4000多元到上万元不等。

恒速球是指匀速转动的低速球，一般为每秒几度或十几度。恒速球在工程中主要应用在小区、商场以及厂区院内等对快速捕捉要求不高的场所，一般采用9英寸或12英寸的大球罩，这样有足够的空间安装一体机与云台，并有利于散热。由于性价比高且外形美观，因此获得了广泛的工程应用。在视频监控领域高速球是匀速球的升级换代产品，两种球机表面上看是区别于云台的转速，但是究其内在，高速球是高精度的光机电一体化产品，无论是内置部件的复杂性，还是整体性能都是匀速球所无法比拟的。

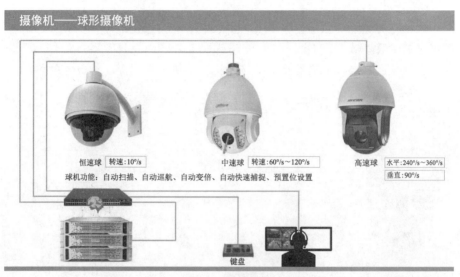

图 7.4　球机类型

球机的安装有 3 种方式：吊装、侧装和半埋式安装，如图 7.5 所示。在购买球机或球罩时一般附送 90°弯杆支架，如果需要吊装可以向供货商说明要求提供直杆支架。半埋式球机也分为高速球、中速球和恒速球 3 种类型，用户可以根据需要来选型。

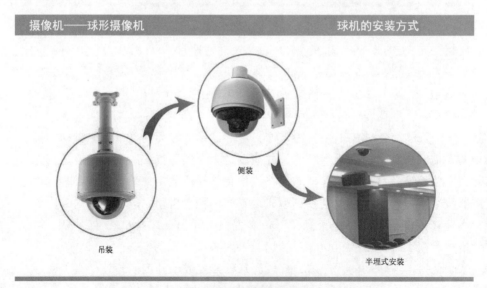

图 7.5　球机的 3 种安装方式

7.2 视频会议摄像机

视频会议摄像机是一种外观小巧精致的摄像机，自带云台与变焦镜头，具有高速旋转、预置位设置以及光学数码变焦功能。多预置位功能比较常用，图7.6中摄像机对视频会议的主席台、听众席位或发言席位设置预置位，通过软件或附带的遥控器可以瞬间切换到预置位。一般小型的会议室安装一个视频会议摄像机，然后通过预置位功能即可满足需求；中大型的会议室可以安装两个，其中一个对准领导所座的主席台，另一个对准听众席，然后通过设置预置位来切换全景或具体的台下发言者，视频会议摄像机支持正装与倒装两种安装方式。视频会议摄像机属于精密的摄像机，所以价格非常昂贵，一般报价在6000～8000元。当然，高速的快速球形摄像机也可以作为视频会议摄像机使用。

图7.6 视频会议摄像机

7.3 自动跟踪球机

自动跟踪球机是近年来发展起来的一种高端应用摄像机，它可以通过编程执行智能巡逻，即按照预先编程的巡逻路线扫描一个区域，当运动目标进入球形摄像机的视场范围内，利用高速DSP芯片在前一帧图像和现在的图像进行差分计算，当达到某个特定数值即判定一帧中的某个特定部分为移动物体，然后自动对目标图像变焦放大并跟踪，如图7.7所示。自动跟踪球机可以对运动的物体进行跟踪拍摄，比较适合在人流较小的环境探测出运动，对于一些防范等级较高的无人值守的场合可以作为一种新的功能加以推广使用，如弹药库、无人机房等。对于人员繁杂、移动目标过多的场合，如广场、大厅等，在配合大数据、人工智能人脸识别技术条件下，自动跟踪球机可以将一个具体的人从人群中分辨出来，并进行随动跟踪。

图 7.7　自动跟踪球机

7.4　典型球机性能参数介绍

下面以图 7.8 所示的一款红外球机为例来更进一步分析高品质球机的设计与工艺特点。

- 本款产品的摄像机选用 800 万像素的 2/3 英寸超高清 CMOS 传感器，配合红外双滤片切换，使夜晚的低照度效果更佳。
- 23 倍的光学变焦镜头，使监控距离可达到 150~200m。
- 红外辅助照明部分采用激光照明加红外照明双光源设计，其中，LED 照明灯采用最新技术的阵列式灯芯，使有效照明距离达到了 200m；激光照明系统散热器与外置散热器相连，以最大程度地利用球体散热。
- 机芯电机采用精密的高速微分步进电机，不仅运行平稳，而且水平转速达到了 200°/s，垂直转速达到了 100°/s；另外，机芯采用水平与垂直轴承悬挂，使机芯的运行更平稳。
- 在球罩的密封性与散热方面，整个球机采取严格密封，起到防尘、防潮以及防元器件老化等作用；而且摄像机镜头采用了单独的密封设计，有效地避免了因为球机内外的温差所引起的起雾现象。

由此可见，高品质的产品对每一个组件与工艺都采取了相对严格的要求，从而保证产品的品质。而质量一般的球机可以对以上每个组件降低质量要求或者对某些组件与环节进行减省，以达到降低价格的目的。

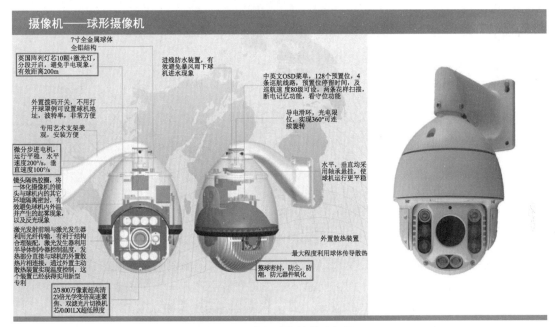

图 7.8　球机结构性能分解图

7.5　本章小结

本章主要介绍了球形摄像机、视频会议专用摄像机以及自动跟踪球机等产品与技术，下面分别进行总结。

（1）球形摄像机：是一种广域范围监控摄像机，分为匀速球、中速球与高速球多种。模拟监控时代，匀速球主要以用户（集成商）选购内置一体机、球罩机芯等组件自组装应用为主，IP 网络监控时代则普遍升级为厂家红外一体化球机产品形态。随着社会的发展，一线厂家目前也推出了以激光为光源的球机产品，以实现更远的监控距离与更稳定的性能。

（2）自动跟踪球机：IP 网络监控时代，自动跟踪球机主要通过内置软件浅层算法来实现自动跟踪功能，由于技术的局限性导致其应用场景有限，主要适合在人流较小的环境探测运动。人工智能监控时代，自动跟踪球机由于采用深度学习技术，并采用人脸与步态识别等多种识别算法，其智能识别能力获得了极大提升，因此能够适用于火车站、广场等人流密集场所人员的跟踪，使其应用范围与实用性大大提升。

第8章
无线网络摄像机

在无线传输技术高速发展的今天，无线传输已经成为物联网信号传输方式中一种十分重要的传输方式，无线传输技术的方向总体来说是向着更高速率、更大容量以及更快移动环境的无感应用。目前，无线传输技术主要包括 Wi-Fi 无线与 4G/5G 移动无线两种类型，如图 8.1 所示。

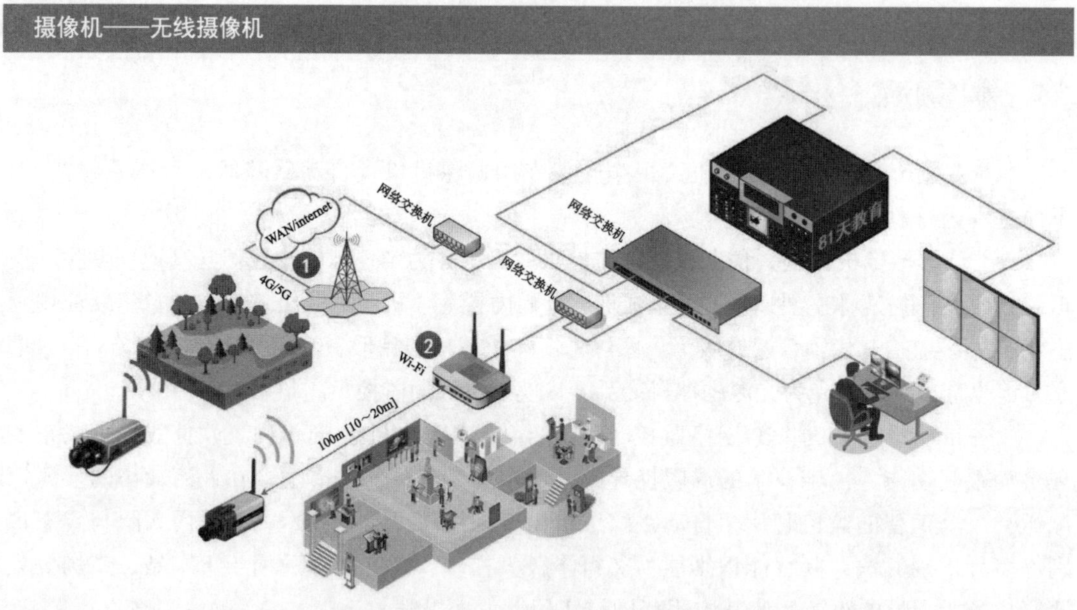

摄像机——无线摄像机

图 8.1　Wi-Fi 无线与 4G/5G 移动无线视频传输

8.1 Wi-Fi 无线视频传输

Wi-Fi 是一种短距离无线网络连接的国际标准，理论传输距离可达 100m，实际环境中由于建筑物、墙壁的阻挡，传输距离一般为 10 ~ 20m。Wi-Fi 无线技术在历史的发展中共推出了 6 代标准，它们分别是 802.11a（Wi-Fi1）、802.11b（Wi-Fi2）、802.11g（Wi-Fi3）、802.11n（Wi-Fi4）、802.11ac（Wi-Fi5）以及 802.11ax（Wi-Fi6），如图 8.2 所示，下面分别进行介绍。

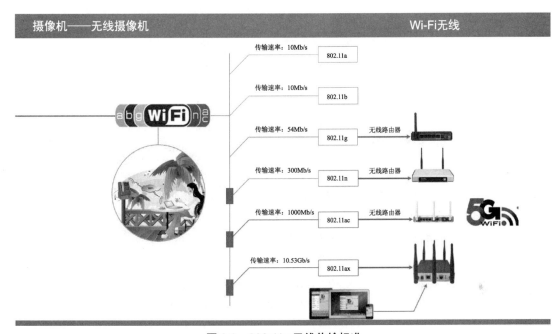

图 8.2 802.11x 无线传输标准

8.1.1 802.11a、802.11b 与 802.11g

802.11a 与 802.11b 是一种早期标准，最早可追溯到 1997 年，传输速率在 10Mb/s 以内，在我国没有获得普及就已经被淘汰；2000 年之后，逐渐兴起了 802.11g 标准，传输速率为 54Mb/s，采用单天线传输，是无线局域网技术在我国普及应用的第一个 Wi-Fi 标准，2010 年之后，逐渐被传输速率更高的 802.11n 技术所取代。

8.1.2 802.11n

802.11n 是 2010 年后市场销售的主流无线网络产品技术标准，它采用 MIMO 多天线智能传输技术，传输速率可达 300Mb/s。

8.1.3　802.11ac

802.11ac 是 2016 年 7 月推出的新一代高速无线网络传输标准，它采用 2.4G 与 5G 的载波频率以及多天线智能传输技术，传输速率到达了千兆每秒。802.11ac 是 802.11n 的继承者，也被称为第五代 Wi-Fi 技术，即 Wi-Fi5。802.11n 与 802.11ac 无线产品是目前市场的主流。

8.1.4　802.11ax

802.11ax 是 802.11ac 的后续升级版，它通过 5G 频段进行传输，可以带来高达 10.53Gb/s 的 Wi-Fi 连接速度。这主要是通过提升频谱效率、更好地管理串扰、增强底层协议来实现的，采用该标准的无线产品还没有普及。

8.1.5　MIMO 多天线智能技术

Wi-Fi 无线的连接方式是无线终端设备，如笔记本、平板电脑、智能手机以及 Wi-Fi 网络摄像机等网络设备的无线网卡连接到近距离的 Wi-Fi 无线热点 AP 来进行网络数据传输，无线热点 AP 一般为无线路由器。802.11n、802.11ac 与 802.11ax 路由器产品都包括有 2 天线、3 天线、4 天线和 6 天线等几种类型，而无线网卡的天线数量一般与路由器的天线数量相对应。

有些厂家也推出了一种单天线 802.11n 无线路由器，单天线的 802.11n 无线路由器是简化版产品，与 802.11g 路由器一样，数据的发送与接收由一根天线来完成，数据传输速率为 120 Mb/s。

2 天线产品主要为 1 发 2 收与 2 发 2 收两种架构，2 发 2 收是目前比较标准的 MIMO 技术，两个数据流通过 2 根天线发送，接收天线也是 2 根。

3 天线产品也分为 2 发 3 收与 3 发 3 收两种 MIMO 架构。2 发 3 收发送部分和 2 发 2 收一样，但接收部分增加了 1 路，可以在更远、更嘈杂的环境下接收到更多有效信号，而且可以在 3 路接收到的信号中择优处理。3 发 3 收接收部分和 2 发 3 收一样，同时发送部分也增加了 1 路，用来发送冗余信号以增强信号可靠性。

另外，更多天线的产品，如 4 天线、6 天线路由器，如图 8.3 所示，它们的原理都是相同的，可以以此类推。多天线产品在理论上可以解决更多死角，不过还要视环境而定。在实际测试中它们的速度与 3 天线产品几乎无区别，所以目前小企业与家庭环境 3 天线已经够用了。

802.11a/b/g/n/ac/ax 无线标准相互兼容，例如，802.11n 无线网卡可以连接 802.11ac 无线路由器，但传输速率会降到 802.11n 的 300Mb/s；802.11ac 无线网卡也可以连接 802.11n 的无线路由器，传输速率同样为 300Mb/s。

图 8.3　MIMO 多天线智能技术

8.1.6　802.11i 无线加密技术

由于无线网络技术采用开放的空中电波传输方式，为了保护数据的安全，电气和电子工程师协会制定了 IEEE 802.11i 无线加密协议对数据进行加密，如图 8.4 所示。802.11i 协议包含 WPA 以及增强型的 WPA2 两个标准，用于取代容易被破解的早期 WEP 标准协议。加密能提高数据传输的安全性，但也有被破解的可能。2018 年 6 月 26 日 Wi-Fi 联盟宣布推出新的 WPA3 安全标准，用于替代现行的 WPA2，WPA3 将大大增强设备的配置、加密和身份验证能力，从而解决所有已知的安全问题。

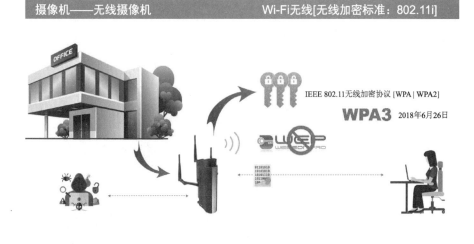

图 8.4　802.11i 无线加密技术标准

8.2　4G/5G 移动宽带无线视频传输

无线宽带连接的另外一种方式是 4G/5G 移动宽带连接，即第四代与第五代移动通信标准。与无线 Wi-Fi 技术不同的是，Wi-Fi 是一种固定场所的短距离连接，而 4G/5G 是无线终端设备通过基站连接的一种无线连接方式，可以在高速移动状态，如飞驰的汽车、火车上实现无线上网。目前国内的 4G 网络已经普及，4G 技术也被称为 LTE 技术，传输速率可以达到 100Mb/s；而且为应对物联网时代万物互联，5G 移动通信已经在国内部分城市展开试点实验，如图 8.5 所示。5G 网络的理论下行速度为 10Gb/s，预计 2020 年开始在全国规模化建设。而新一代的 6G 移动通信标准工信部也在规划制定中。

各运营商的无线信号传输速率取决于当地基站数量、用户密度以及基站的优化程度等因素。由于移动通信频谱资源的限制，目前基本都是按流量来收费，所以价格比较贵。

图 8.5　4G/5G 移动宽带无线传输

传输速率与带宽的关系为：带宽 /8= 数据的每秒传输速率，例如，100M 带宽每秒最高传输速率可达 100M/8=12.5Mb/s。用户本地实际速率还和同时上网的用户数有关，例如，某些地方人流非常密集，如火车站或购物商城，用户 4G 手机的无线速率却无法达到 100Mb/s，这是因为较多用户在共用一个运营商基站的缘故。

目前，市场上的无线网络摄像机主要包括 Wi-Fi 无线网络摄像机与 4G/5G 无线网络摄像机两种类型。Wi-Fi 无线摄像机主要通过无线路由器连接，作为有线网络摄像机的一种补充，主要应用在不方便布线的室内环境，例如，已经完成装修但没有布设网线的家庭与办公空间等。而 4G 或 5G 无线网络摄像机的应用连接所受限制相对较小，但受制于较高的流量费用，因此只能在某些特殊行业应用。4G 或 5G 无线宽带技术可以应用在森林防火、油田、海岸线以及边防等人口稀少、空间范围大、布线不太容易的边远环境。

8.3 模拟无线视频传输

视频监控的早期有一种模拟无线传输摄像机，模拟无线传输是将模拟视频图像调制到高频载波上，一般一个信道传输一路图像，因此接收设备有几根天线就表示能同时接收几路视频，如图 8.6 所示。模拟视频传输容易受到空中电磁辐射的干扰，视频图像在干扰小、传输距离短的环境下能够获得较好的质量，而干扰较大或者距离较远图像质量就会下降，目前已经被网络无线传输技术所取代。有些针孔摄像机采用的就是模拟无线技术，传输距离一般在 10 ~ 20m。

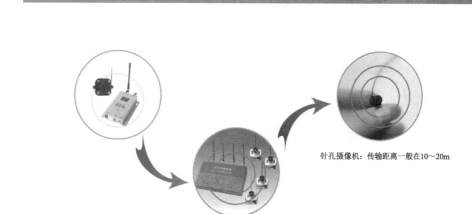

图 8.6 模拟无线视频传输

针孔摄像机是一种隐蔽安装型摄像机，主要用于记者暗访等特殊应用环境。当然也容易被不法企图之人用于偷窥，例如，在宾馆床头、改装过的电视机内或者卫生间等环境安装，在监控范围 20~30m 范围内都能接收到无线视频。随着 4G/5G 无线宽带技术的普及，如果在宾馆房间内安装 4G/5G 无线传输模块的针孔摄像机，则可以在异地远程窥探他人隐私，将是一件可怕的事情。

8.4 本章小结

本章主要介绍了摄像机的两种无线传输技术：Wi-Fi 无线传输技术与 4G/5G 无线传输技术，这两种无线技术也是当今社会主流的数字 IP 无线传输技术，下面分别进行总结。

（1）Wi-Fi 无线：Wi-Fi 是一种短距离无线网络传输技术的国际标准，理论传输距离可达 100m，Wi-Fi 无线技术在历史的发展中共推出了 802.11a（Wi-Fi1）、802.11b（Wi-Fi2）、

802.11g（Wi-Fi3）、802.11n（Wi-Fi4）、802.11ac（Wi-Fi5）以及 802.11ax（Wi-Fi6）6 代标准。其技术发展方向是采用多频段传输与 MIMO 智能多天线技术实现更高的传输速率，目前主要以千兆速率的 802.11ac 标准为主。由于是一种民用无线传输技术，为了更好地被用户理解与识别，Wi-Fi 联盟于 2018 年 10 月将以上标准的名称分别简化为 Wi-Fi1、Wi-Fi2、Wi-Fi3、Wi-Fi4、Wi-Fi5 与 Wi-Fi6，与移动通信标准 1G、2G、3G、4G、5G、6G 相对应。

（2）4G/5G 移动通信无线技术：移动无线通信技术在其发展历程中也包括了多代标准，1G 无线为纯模拟无线通信技术，在我国并未普及应用；2G 无线为数字蜂窝无线通信技术，以 GSM 与 CDMA 技术为主，其主要应用于窄带语音通信，并未考虑数据无线传输应用的需要；3G 无线则在兼顾数据通信的基础上仍以语音通信为主；4G 无线技术是一种以数据通信为主、语音通信为辅的移动无线通信技术，由于其通信带宽有限，仍然不能满足爆发性增长的移动终端多媒体传输应用的需要。5G 技术相比 4G 在传输速率上快数百倍，可高达 10Gb/s，可以承载更多视频、多媒体应用；5G 的另一个重要的应用场景是物联网，其每平方千米支持 100 万台设备的连接，因此实现物联网应用的高密度连接是 5G 最重要的应用场景。虽然 5G 技术传输速率高，估计仍然不能完全满足未来 VR、AR 应用对高带宽传输的需求，国际电信标准组织目前正在推动第六代移动无线标准，即 6G 标准的制定，预计 6G 标准传输速率会比 5G 快 10 倍以上。而我国工信部正在引导各大运营商全力投入 6G 技术的研发，以期在未来的 6G 国际标准中占据主导地位。

国际电信标准组织正在规划将 Wi-Fi 技术融入未来的 6G 标准中，即实现 Wi-Fi 技术与 6G 技术的统一，以实现更大自由与更广范围的无线连接应用。

第 9 章
人工智能安防技术

在上一个 10 年的安防发展周期中，前端摄像机的发展主要由模拟摄像机向 IP 网络摄像机发展，其技术特点主要围绕高清、夜视、IP 编码压缩 3 个主要方向快速进化。

9.1 IP 网络监控技术的发展特点

IP 网络监控技术的特点分别为高清、夜视功能和更高编码压缩率，下面分别进行介绍。

1. 高清

高清即更高的清晰度。模拟摄像机的高清标准普遍在 D1 级别，这种图像标准在小屏幕监视器上适时观看清晰度尚可，但在 40 英寸以上的大屏幕上，视频图像会呈现羽化现象，无法看清视频图像的细节。而在 IP 网络安防时代，摄像机的图像传感器由 CCD 替换成了 CMOS，分辨率得到了极大提升，视频图像的清晰度标准包括了 1080P、2K、4K、8K 等多个高清与超高清级别。如图 9.1 所示为视频安防技术发展的历程。

2. 夜视功能

模拟监控时代已经具有了星光级摄像机与 01x 夜视摄像机，所谓星光级摄像机是指摄像机采用低感度 CCD 传感器，能够在夜晚星光照度条件下清晰成像，而 01x 摄像机则是低感摄像机，在红外灯的配合下，能够在漆黑一片的夜晚清晰成像，但这两种夜视摄像机属于高端摄像机，价格昂贵，因此社会应用较少。而在网络监控时代，夜视功能已经成了摄像机的标准配置，各种类型的摄像机包括半球、枪机、球机等都采用低感度 CMOS 传感器并自带红外灯，实现了 24 小时的不间断监控。

3．更高编码压缩率

视频编码技术沿着更高压缩率的技术方向发展。在 IP 网络监控系统中，视频以流媒体数据的方式在网络上传输，由于原始视频流占用的网络带宽非常大，因此需要将视频进行压缩，以达到在保持一定清晰标准的条件下尽量减少带宽占用的目的。如图 9.2 所示，视频编码压缩的标准也由早期的 H.263 标准向 H.264 与 MPEG4 标准、H.265 标准及适应于未来 5G 移动通信、VR 虚拟现实时代的 H.266 编码压缩标准不断演进。

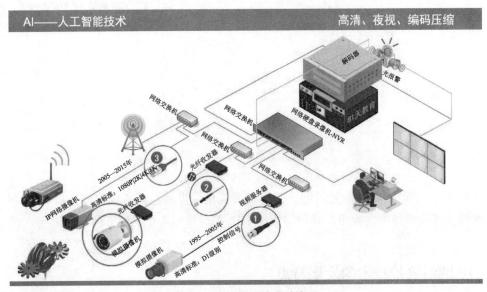

图 9.1　安防监控技术的发展

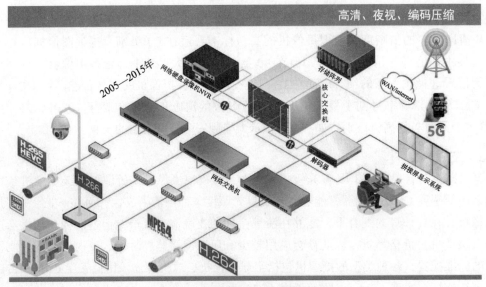

图 9.2　视频编码压缩技术的发展

9.2 传统监控系统的弊端与不足

这一时期的安防系统以信息定义需求，着重于信息（数字视频）采集、传输和存储，从图像质量、监控布点和传输网络3个方面进行升级和优化。其应用主要实现了监控、存储与回放取证等功能。随着视频监控应用在社会的广泛普及，传统视频监控的弊端与不足也日益显现。

例如，随着我国平安城市及雪亮工程建设的大力推进，监控摄像机覆盖面越来越广，监控点位越来越多，如此大规模的监控摄像机，每天都要产生大量的视频录像。如图9.3所示，当发生案件后在这些海量的视频录像中需要依靠人工去进行逐秒浏览才能发现重点图像，因此获取案件线索的工作量非常巨大，对视频观看人员的生理与心理是一个极大的考验。在大量人力投入的公安案件追溯中常常有看到吐、看到晕等无奈和感叹。

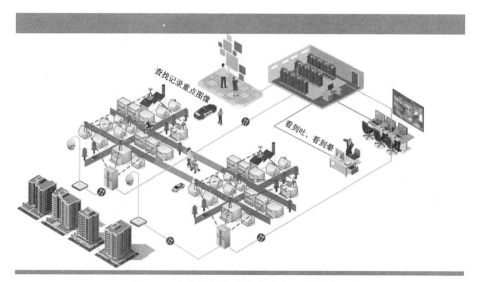

图 9.3 在海量视频中查找线索工作量巨大

即使找到了重点图像，人工抓拍并且记录下对应的原始视频图像的时间点等工作量很大、效率很低。由于工作人员长时间观看视频录像容易产生视觉疲劳，还有可能漏掉重要图像和线索。

由于传输受限制，预警不实时，尤其是高清、超高清摄像机的大量应用，采集的数据量非常大，传输成本非常高，而且很难在第一时间汇集到数据总平台，造成全局预警与搜索的困难。

此外按照公安机关对视频监控系统建设的相关规定，一般要求视频监控系统具备至少30天连续视频图像存储能力，并能自动循环覆盖存储。实际工作中只有在查处大案要案时才会调阅视频监控资源，查找嫌疑人或可疑物品，并随案保存相应视频资料。多数视频图像没有经过信息梳理、采集、保存使用，有价值的视频图像信息存在被覆盖、被流失、被放弃等问题，造成大量有价值信息淹没于数据海洋中，成为数据垃圾，严重降低了视频监控系统的建设成效。

9.3　人工智能技术的应用前景

截至 2018 年 12 月，我国仅在安防市场便有两亿多个摄像机，这些数量庞大的摄像机每天都在产生海量视频数据。在视频监控大数据趋势已经来临之际，依靠人眼去检索查看所有视频图像数据已经不太现实，因此，将大数据与人工智能技术引入安防行业的需求变得极为迫切，通过大数据与人工智能技术实现视频图像模糊查询、快速检索、精准定位与视频图像分析，通过机器来高效处理人的工作，从而将传统安防行业的被动安全防御模式，变为大数据人工智能时代的主动安全预警模式。

当前新一轮科技革命和产业变革正在萌发，大数据的形成、理论算法的革新、计算能力的提升以及网络设施的演进，驱动人工智能的发展进入新阶段，如图 9.4 所示，智能化成为技术和产业发展的重要方向。AI+ 各行业（All In AI）正在成为振兴实体经济的新机遇以及建设制造强国和网络强国的新引擎。我国社会由此开始由信息化社会快速向智能化社会迈进。

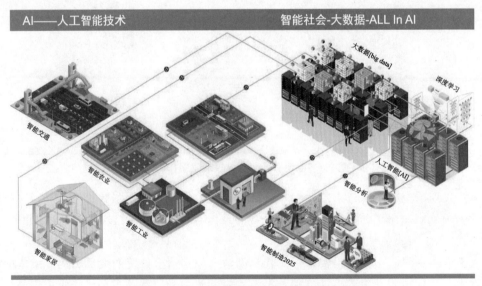

图 9.4　人工智能技术在社会各领域的应用

9.4　人工智能技术的发展历程

人工智能（Artificial Intelligence，AI）最早在 1956 年就被提出，它是研究、开发用于模拟、延伸和扩展人的智能的理论、方法、技术及应用系统的一门新的技术科学，是对人的意识、思维的信息过程的模拟。人工智能的核心技术是人工神经网络，人工神经网络是一种应用类似于大脑神经突触连接的结构进行信息处理的数学模型。

人工智能是计算机科学的一个分支，图像识别、机器学习、自然语言处理、机器人和语音识别是人工智能的五大核心技术，未来它们均会成为独立的子产业。

人工智能至今为止经历了3次浪潮。第一次是20世纪50年代的达特茅斯会议确立了人工智能（AI）这一术语，人们开发了第一款感知神经网络软件，证明了数学定理，但当时这些理论和模型只能解决一些非常简单的问题，人工智能进入第1次冬天。

80年代，美国物理学家约翰·霍普菲尔德神经网络和BT训练算法的提出，使得人工智能再次兴起，出现了语音识别、语音翻译计划等。但由于当时计算能力的限制以及数据量太小无法支撑深层网络训练等问题，这些设想迟迟未能进入人们的生活之中，第二次浪潮又破灭了。

时间进入21世纪，计算机性能进一步提高，GPU加速技术的出现使得计算能力不再是阻碍神经网络发展的问题。与此同时，互联网的发展使得获取海量数据不再像上个世纪末那么困难，这些背景为神经网络发展提供了条件，如图9.5所示。随着2006年深度学习技术以及2012年图像识别领域带来的突破，人工智能再次爆发。

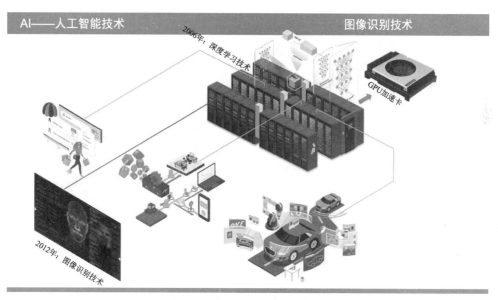

图9.5 人工智能图像识别技术

当前，在移动互联网、大数据、超级计算、传感网、脑科学等新理论、新技术以及经济社会发展强烈需求的共同驱动下，人工智能发展进入了新阶段。这一次不仅在技术上频频取得突破，在商业市场同样炙手可热。因此，世界主要发达国家把发展人工智能作为提升国家竞争力、维护国家安全的重大战略。

2017 年 7 月，国务院印发了《新一代人工智能发展规划的通知》以及《"互联网＋"人工智能三年行动实施方案》，从政策层面积极引导并规划发展人工智能产业；工信部也印发了《促进新一代人工智能产业发展三年行动计划（2018—2020 年）》，意在以信息技术与制造技术深度融合为主线，推动智能产品在工业、医疗、交通、安防、农业、金融、物流、教育、文化、旅游等领域的广泛集成应用。

9.5   人工智能技术在安防领域的应用

在人工智能技术应用的各个领域中，安防领域是当前人工智能技术应用最为成熟与最为落地的领域，主要体现在以下 3 个方面。

- 大数据是人工智能分析预测、自主完善的重要支撑，而安防行业拥有海量层次丰富的视频数据，能够充分满足人工智能对于算法模型训练的要求。
- 安防监控领域有着事前预防、事中响应、事后追查的逻辑需求，人工智能可以为这一问题提供新的解决思路。
- 安防领域有着巨大而成熟的市场，而且对人工智能有着刚性需求，技术能够在本行业获得广泛快速的应用。

9.5.1   图像识别与深度学习技术

在安防行业内，目前人工智能算法使用最多的还是在图像识别领域，图像识别技术就是将海量视频监控数据结构化成以人、车、物为主体的属性信息，从而最终为城市治理服务。图像识别技术是人工智能的一个重要领域，图像识别基础算法以深度学习为基础，即通过在海量数据的基础上进行不断深度训练。目前深度学习算法的训练数据普遍都在几十万、上百万级，一些互联网行业的 IT 巨头们的训练数据甚至是上千万、上亿级别，因此说目前人工智能技术是以大数据平台的深度学习训练为基础发展起来的，深度学习技术给安防行业的图像识别效果带来了巨大的进步，下面以安防行业人脸识别的 4 个维度为例进行讲解。

（1）传统的人脸识别（上一代的学习方法都是浅层学习）识别准确率最多也就能到70%，即便部署后仍需安保人员时刻关注。而应用深度学习技术的人脸识别系统准确率全天候平均能达到99%之多，部署后可大幅节省安保人员精力。

（2）传统人脸识别只能通过双眼特征这样的简单属性做人脸识别，可识别的人脸属性过少。应用深度学习技术的人脸识别系统采用全局人脸特征检索，对人脸全局特征进行建模分析，而不局限于人眼局部特征，因此采用深度学习人脸识别算法准确率已超过人眼极限。

（3）从直观效果上讲，传统人脸识别算法模型简单无法准确识别戴口罩、戴帽子、戴眼镜等各种轻微的装饰，而深度学习的人脸识别系统不但能识别戴口罩、戴帽子、戴眼镜等常规装饰，还能够识别假胡须、假发、大墨镜等各种伪装，即便嫌疑人蓄意伪装，深度学习下的人脸识别算法也能够精准地对在逃的目标嫌疑人实现精准布控。

（4）传统人脸识别算法通常识别时间长，识别时还必须正面摄像机，实用性不高。而应用深度学习的人脸识别系统，能够在人海中迅速检索出人脸并抓怕，即便行人故意躲避，左右旋转30°，俯仰15°依然能够精准识别，大幅度提升了人脸识别的实用性。

深度学习技术的进步带动了图像识别应用的爆发式增长。人工智能正在推动视频监控行业继高清化和网络化之后的第3次技术变革。从产品形态分析，人工智能技术将会促进前端摄像机、后端大数据支撑平台、存储设备、视频分析应用平台的全面改革，下面分别进行介绍。

- AI前端：包括感知型摄像机和移动终端两大类。通过AI赋能即集成了经过深度学习训练的图像识别算法与人工智能芯片，这些前端不仅能够采集实时视频，还能抓取视频中人员、车辆的目标快照，并提取这些目标的特征，将视频变成计算机能够处理的结构化数据。
- 大数据平台：包括云计算、云存储、深度学习、视图库4个部分。AI前端采集的视频、图片以及结构化数据进入大数据平台，进行存储和深度的二次分析，分析后的图片、短视频以及结构化的数据汇入视图库，形成完整的视频大数据内容。
- 大数据应用：包括车辆大数据分析、人像大数据分析、视频结构化分析、图侦与合成作战等系统。通过这些系统，可以开展一系列的人像大数据、车辆大数据分析、研判以及合成作战应用。

以AI全面赋能的前后端产品为基础，以云计算大数据平台为支撑，形成端到端的AI应用解决方案，视频监控已不局限于监视、录像、回放三大功能，而向字符识别、人脸识别、车牌识别、物体识别等方向发展；技术发生了巨大的改变，应用也将得到极大的扩展，智能安防、以图搜图、3D分析、人脸支付、医疗影像都会成为可能。

9.5.2　人工智能在安防领域的功能实现

人工智能技术在安防监控领域主要实现下面4个目标。

- **人体分析**：即识别视频中人物的脸部、性别、年龄、体态等多种生理特征；以及人的发型、配饰、胡须、衣服颜色、长短袖等属性。
- **车辆分析**：在行车场景、交通监控场景、卡口场景中检测多种不同角度的车辆，并同时给出车牌号码、汽车品牌、型号、颜色等物理特征。
- **行为分析**：基于深度学习的行人检测算法能够精确地在各类遮挡的情况下进一步分析行人姿态和动作，如人的注视、疾走、奔跑、交谈、争吵等行为特征；以及识别车辆的超车、急刹、极速启动等行为；在高密度公共场所，如地铁、广场，估计人群数量和密度，同时检测人群过密、异常聚集、滞留、逆行、混乱等多种异常现象。

■ 图像分析：包括视频质量诊断、视频摘要分析等。

随着智能化技术的普及使用，市场渐渐不再满足于现有的智能化技术种类，如何通过对视频内容的分析和处理，服务于更丰富的业务应用场景，力求在应用的广度、深度上实现更大突破，使新技术应用现有的视频系统更好地适应物联网时代视频智慧化、情报化的应用需求。

9.5.3   人脸识别技术与应用

1. 人脸识别技术功能模块

在安防图像分析应用中，人脸识别是其中的重点与难点。人脸识别是用摄像机采集含有人脸的图像或视频流，采用区域特征分析算法，例如，在抓取出人脸后，把焦点对准眉骨到下颚这一倒三角区域，找出该区域的数千个点位，这些点位组成一套数学模型，利用生物统计学的原理进行分析建立数学模型，并自动在图像中检测和跟踪人脸，进而对检测到的人脸与人脸数据库进行实时比对的一系列相关技术，通常也叫做人像识别、面部识别。人脸识别系统的功能模块主要包括5个部分，下面分别进行讲解。

（1）人脸的捕获与跟踪功能：人脸捕获是指在一幅图像或视频流的一帧中检测出人像并将人像从背景中分离出来，并自动地将其保存。人像跟踪是指利用人像捕获技术，当指定的人像在摄像机拍摄的范围内移动时自动地对其进行跟踪。

（2）人脸的识别比对：人脸识别分核实式和搜索式两种比对模式。核实式是对指将捕获得到的人像或是指定的人像与数据库中已登记的某一对像做比对，核实确定其是否为同一人，搜索式的比对是指从数据库中已登记的所有人像中搜索查找是否有指定的人像存在。

（3）人脸的建模与检索：可以将登记入库的人像数据进行建模提取人脸的特征，并将其生成人脸模板（人脸特征文件）保存到数据库中。在进行人脸搜索时将指定的人像进行建模，再将其与数据库中所有人的模板相比对识别，最终将根据所比对的相似值列出最相似的人员列表。

（4）真人鉴别功能：系统可以识别得出摄像机前的人是一个真正的人还是一幅照片，以此杜绝使用者用照片作假，此项技术需要使用者做脸部表情的配合动作（如面部向左、右、上、下偏转）。

（5）图像的质量检测：图像质量的好坏直接影响到识别的效果，图像质量的检测功能能对即将进行比对的照片进行图像质量评估，并给出相应的建议值来辅助识别。

2. 人脸识别应用类型

人脸识别技术是一门融合生物学、心理学和认知学等多学科、多技术（如模式识别、图像处理、计算机视觉等）的新的生物识别技术，在访问控制（门监系统）、安全监控（如银行、海关、车站、天网工程等）、人机交互（如虚拟现实、游戏）等场景，具有广泛的市场应用前景。

在人脸识别的实际应用场景中，主要有 1 ：1 静态人脸识别和 1 ：N 动态人脸识别两种类型，下面分别进行介绍。

（1）1 ：1 静态人脸识别是将配合型场景中采集的用户人脸与注册数据库中的人脸照片进行比对，以确定人员的身份。典型的应用如人脸门禁识别、金融机构远程开户、高铁机场安检、考场入场、嫌疑人 / 走失人口等的身份确认等。使用检测人配合条件下采集到的高清照片在注册库中进行检索。目前在千万级别的注册库规模上，深度学习算法首选识别率达到了 99.99% 以上，准确率已经超越了人类的平均辨识水平。除了准确率的提升之外，大规模人脸检索的速度也得到了很大提升，千万级底库一般可以在秒级甚至更少时间内返回检索结果。

（2）1 ：N 动态人脸识别，动态人脸识别不需要停驻等待，只要出现在视频监控范围内，无论是在行走还是停立系统都可以自动识别。也就是说人以自然的形态走过去，摄像机会进行信息的抓拍和采集，并进行动态人脸比对识别。1 ：N 主要应用的方向是商业与安防等领域，例如，商场采用动态人脸识别技术，当顾客进门时信息就被推送给店员并完成精准的推荐；而在安防领域主要用于公共场所动态监控、失踪儿童识别、嫌疑犯布控、行人闯红灯等场景。

人脸识别被认为是生物特征识别领域甚至人工智能领域最困难的研究课题之一。其困难主要表现为不同个体之间的区别不大，所有的人脸的结构都相似，甚至人脸器官的结构、外形都很相似，这对于利用人脸区分不同个体是不利的；其次人脸的外形很不稳定，人可以通过脸部的变化产生很多表情，而在不同观察角度人脸的视觉图像也相差很大；另外，人脸识别还受光照条件（如白天和夜晚，室内和室外等）、人脸的很多遮盖物（如口罩、墨镜、头发、胡须等）、年龄等多方面因素的影响。

现有的人脸识别系统在用户配合、采集条件比较理想的情况下可以取得令人满意的结果。但是在用户不配合、采集条件不理想的情况下，现有系统的识别率将陡然下降。例如视频监控摄像机距离目标较远且用户处于非配合的运动状态，使得采集质量好的人脸图像比较困难，极易产生运动模糊，使采集图像的质量远低于近距离配合状态下获取的人脸图像；同时由于用户处于运动状态，活动更自由，侧脸和背对摄像机的概率大大增加，这就给人脸检测、人脸跟踪、人脸对比识别带来相当大的困难；此外，监控场景中通常会有多人同时出现，身体容易相互遮挡，给身份关联带来一定的困难，且系统还需要对每一个人保持跟踪识别，这一系列因素导致面向视频监控的远距离人脸识别难度非常大，如图 9.6 所示。对于非配合场景识别率一般在 90% 以下，所以人流密集场所在确保误报足够低的条件下往往会产生比较多的漏报。总体来说，深度学习大幅提升了人脸识别效果，直接促进了人脸识别的应用落地，但是还存在很大的提升空间以满足更多的应用要求。

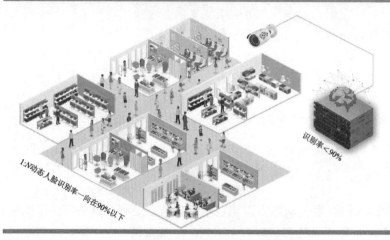

图 9.6 1：N 动态人脸识别应用

9.5.4 人工智能三要素

业界普遍认为人工智能在技术层面的竞争主要决定于 3 个要素：数据资源、算法和算力，下面分别进行介绍。

（1）大数据技术为人工智能提供强大的分布式计算能力和知识库管理能力，是人工智能深度学习、分析预测、自主完善的重要支撑。数据挖掘是人工智能发挥真正价值的核心，利用机器学习算法自动开展多种分析计算，探究数据资源中的规律和异常点，辅助用户更快、更准地找到有效的资源，进行风险预测和评估。

（2）从过去的神经网络开始，一直到近年的深度学习，尤其是多层神经网络技术的飞速发展，算法进步将看似不可能的运算带入认知、拟人的学习推理领域。早在 2015 年，微软 ResNet 系统采用 152 层的神经网络架构，让计算机对影像进行辨识并对物体开展检测，错误率降低到 3.5%，正式超越人类的 5.1% 水平；谷歌 X 实验室采用了参数多达 17 亿个的神经网络，斯坦福大学做了更大的神经网络，采用参数多达 112 亿个神经网络。人工神经元正在步步逼近人脑神经元，多层架构深度神经网络算法正在迈入超越人类认知水平的时代。

（3）算力，即运算能力。算力的核心是芯片，目前应用于人工智能领域的芯片有通用计算处理器 CPU、图形计算处理器 GPU 与专用神经网络处理器 NPU。GPU 即显卡上 GPU 芯片，计算能力比以英特尔为代表的通用 CPU 大约提高了 5 倍，是目前云端人工智能芯片的主流。

用作神经网络处理器的芯片类型有两类：FPGA 与 ASIC，如图 9.7 所示。FPGA 是一种高性能低功耗的可编程芯片，能够被重复编程，因此可以根据用户的需要来制作针对性的算法设计。FPGA 直接用晶体管来实现对定制算法的固定运算，并不依赖于指令翻译。相比于 CPU 和 GPU 在计算时需要进行取指令和指令译码的过程，FPGA 在处理海量数据时效率更高。ASIC 即专用集成电路，同 FPGA 类似，ASIC 也是针对特定的需求专门定制的芯片，但 ASIC 一旦出厂就不可以被再编程。因此，FPGA 的开发周期比 ASIC 更短，但是 ASIC 芯片在效率和稳定性上更优，并且一旦量产成本会远远低于 FPGA。

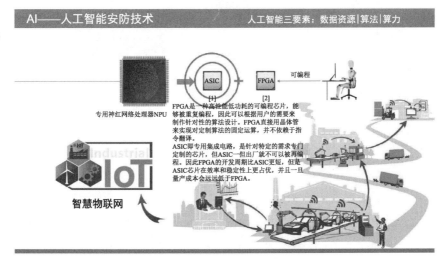

图 9.7 人工智能芯片类型

在机器学习领域，特别是深度学习依赖于进行重复的大量的计算，就需要定制特殊芯片来加速运算。2012 年，微软人工智能平台辨识一只猫需要 16000 颗传统 CPU 的运算能力才能达成，但类似的工作 2016 年采用图形芯片 GPU 大概只需要 2 颗；而 Alpha GO 第一代采用了 1920 个 CPU 和 280 个 GPU，Alpha GO 第二代则只需要 50 个 NPU，1 个 NPU 算力大致相当于 10 个同级别 GPU，随着芯片技术的快速发展，NPU 为人工智能技术提供了有力的支撑。

9.5.5 我国人工智能技术的发展

目前，我国的人工智能技术在世界上处于第一梯队，与美国并驾齐驱，并大有后来居上之势。因为在人工智能三大核心要素中，我国具有大数据与算法优势，而芯片层面正在发力，赶超只是时间问题，如图 9.8 所示。

我国在大数据、云计算、互联网以及物联网的智能化基础设施的建设实力，为人工智能的应用创造了良好的发展基础。基于庞大的人口和行业数据资源积累，我国成为数据资源大国。在 AI 人脸识别和计算机视觉领域需要庞大的素材。中国之所以在此领域的技术水平这么高，是源于有海量的数据供 AI 练习。其他国家即使有良好的科研环境，但是数据资源不足。

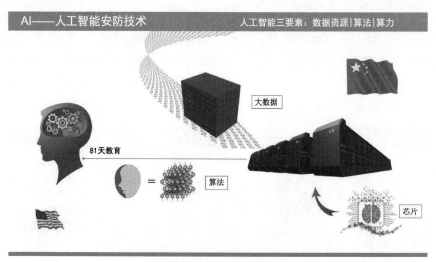

图9.8 我国人工智能的优势

其次我国有世界上最优秀的算法团队，具有代表性的有北京旷世科技、北京商汤科技、北航深醒科技、上海依图科技、武汉神目科技以及重庆云从科技等一大批世界级领先的算法团队，近年来在国际上举行的各种人脸识别挑战赛中，上述企业屡屡获得冠军。因为它们各自搭建了全球领先的十亿级人像比对系统，使用了数亿级别的人脸图片训练，所掌握的神经网络已经达到了上千层，使得算法在十亿分之一的误报下达到90%以上的识别率，超过了国际主流标准，这些技术层面的优势不是短时间可以超越的。

而在人工智能第三个核心要素芯片领域，国内也开始涌现出了以寒武纪、阿里巴巴、华为、地平线科技、比特大陆、清华大学微电子所等为代表的新兴科技企业与研究单位。人工智能领域的芯片大致分为云端芯片与终端芯片两类，其中具有中科院背景的寒武纪是人工智能芯片领域崛起的一匹黑马，寒武纪是目前全球第一家专注于人工智能芯片的企业，2018年5月同时发布了MLU100云端智能芯片与1M终端智能处理器产品，1M可为视觉、语音、自然语言处理等任务提供高效计算平台，将应用于智能手机、摄像机、自动驾驶等领域。而云端芯片MLU100可支持各类深度学习和经典机器学习算法，充分满足视觉、语音、自然语言处理、经典数据挖掘等领域复杂场景下（如大数据量、多任务、多模态、低延时、高通量）的云端智能处理需求。MLU100在R-CNN算法下的计算延迟仅为英伟达最新高端芯片Tesla V100的2/3，而功耗也仅为英伟达同类产品的1/3，自此在AI计算方面，寒武纪开始了猎杀云端AI芯片霸主英伟达之旅。

华为于2018年10月全连接大会上推出了两款AI芯片：昇腾910和昇腾310。两款芯片都采用自研的达芬奇架构，其中华为昇腾910的单芯片计算密度最大，比目前最强的NVIDIAV100的125T还要高上一倍，昇腾310则是昇腾的mini系列，最大功耗仅8W，是极致高效计算低功耗AI芯片。主打终端低功耗AI场景，具有极致高效计算低功耗AISoC，并且已经量产。

此外，阿里巴巴收购了国内芯片核心架构研发企业中天微，并于2018年4月正式宣布正在研发一款全新的"神经网络芯片"Ali-NPU，主要用途是图像视频分析、机器学习等AI推理计算。这一类芯片不同于CPU、GPU等通用计算芯片，它们在功能（应用场景）上更加专用化，因此也会获得更加彻底的优化，进而获得更好的性能、能效比表现。

在技术与应用的双重驱动下，我国人脸识别发展实力远远超过日本、德国、法国等国家，与美国相比，中国人脸识别在技术实力上已经可以与之抗衡，并且在落地应用上更具有领先性。以平安城市、天网工程与雪亮工程为代表的世界领先视频监控安防工程的建设，使得中国成为世界上最安全、犯罪率最低的地区。未来中国安防市场前几名就是全球安防市场前几名，放眼全球安防市场，无论技术、服务还是成本，中国公司都是降维攻击。

9.5.6　安防人工智能新技术应用

在安防领域中深度学习技术大幅提升了人脸识别的效果，直接促进了人脸识别的应用落地。然而，由于人脸识别视频监控面临光线、角度、姿态、遮挡等一系列因素的影响，给视频监控的人脸识别应用带来了巨大挑战。虽然一定程度上深度学习算法准确率已经超越人类，但在 $1:N$ 甚至是 $N:N$ 的非配合条件下还是存在很大的提升空间。

1. 活体人脸识别

在固定通道等场所人脸识别具有很好的应用效果，但是如果戴上面具将对人脸识别构成挑战。目前，有些企业如汉柏科技开发出了可见光和近红外双重检测功能的双融合算法，配合主动近红外多光源摄像机可实现活体检测，精准度高达99.99%，它可以克服光线变化的影响，在精度、稳定性和速度方面的整体系统性能超过3D图像人脸识别，即使利用照片或者3D人头也不能蒙混过关，如图9.9所示。

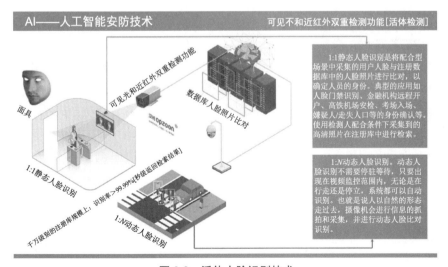

图9.9　活体人脸识别技术

2. 模糊人脸还原与遮挡面部还原

神目科技在遮挡面部还原与模糊人脸还原两个特定识别场景取得了很大突破，其中遮挡面部还原技术能通过眼部特征在百万级人脸的商业数据库中将目标对象缩小到个位数，模糊还原技术则能将目标对象范围缩小到前50。

3. 边缘计算与雾计算

在某些人流非常密集的特殊场所，例如，地铁入口瞬间涌入的洪流会使人脸识别系统近乎瘫痪。核心是前端AI芯片的计算能力还需要再提升，例如，一个地铁站每分钟客流量为100人，每分钟抓25个关键帧，这里面人脸还有重复，因此需要运算力更强的前端AI芯片做支持。如果采用多台摄像机组成集群的工作方式来分担算力的苛刻要求，这需要厂家开发出相应功能的集群软件，这种基于边缘的分布式计算技术就是现在正在发展中的雾计算技术。此外，在算力迭代的过程中，芯片公司也会逐步开发出适应于这种场景的强大芯片。另外，和逃犯数据库比对，数据库可能在30万左右，每分钟比对可能是$200 \times 300000 = 60000000$次，这个比对还需要后端强大的分布式数据库系统做支撑。

4. 阵列式摄像机

目前，为了达到较好的人脸识别效果，对摄像机的安装有一定的要求，例如，要求架设高度在2.0~3.5m，俯视角度约13°，但在开放场景中无法实现，例如，天网工程要求在各种复杂的场景下，如交通路口、地铁站出入口、公交车站、火车站出入口、广场、商场、医院等人流量较大的室外场景，都能尽量完整准确地识别人脸信息，并与重点人员库实时比对，产生告警，这样就可以实现对犯罪嫌疑人进行全城布控的效果，这就是人脸识别$N : N$的应用场景。现在市面上绝大部分视频监控只能看到俯视角度的脑袋以及非常渺小的人体，根本无法看清人脸，就拿北京海淀区来说，目前有30万个监控摄像机，能准确看到人脸不到2000个。国内安科迪智能技术有限公司已经开发出多传感器阵列摄像机产品，成为可能的解决方案之一。阵列式摄像机是一个主镜头+N个微型镜头阵列式结合的跨尺度成像摄像机，形态类似于昆虫的复眼结构，如图9.10所示。阵列摄像机内的微型镜头根据不同的光路设计，可以捕捉到不同距离的图像。将一组数量多达几十甚至上百的镜头组合起来，多个镜头同时工作，可以获得多个焦点，在保证足够清晰度的情况下，极大程度地拓宽了监控的视野，同时还可以将同一视角下的场景做动态记录。阵列摄像机的极致效果，就是监控范围内所有的人与物都能够清晰成像，例如，配备19个摄像机的阵列摄像机，可以将图像集合到一个1亿像素的画面框内，使用者可以对任何特殊的细节进行放大。

如果使用传统的高清摄像机来做人脸识别，有效距离仅为5m（摄像机到人脸之间的距离）。但是在通常情况下5m仅占安防场景的10%，典型的安防场景应当是100m，即摄像机需要覆盖到100m才能够满足安防的需求。为了实现识别100m的效果，需要摄像机的分辨率达到一个亿甚至几十亿，而目前普遍使用的1080P摄像机像素在两百万左右。

图 9.10　阵列式摄像机

安科迪的核心技术是以一个共心物镜作为主镜头，N 个次级微镜头阵列为辅，组成跨尺度成像技术方案。该方案能够解决传统光学成像中视场和分辨率之间相互制约的难题，同时实现大视场和每一个细节的超高分辨率与个性化聚焦。除了物理镜头外，阵列图像处理算法平台目前可对 200 以上微相机同时采集的图像数据进行处理、储存及平行流量的分发。

安科迪阵列摄像机理论上一台可以代替 76 台传统的 1080P 摄像机，实际效果为1：40。例如，一个摄像机中集成了 3 ~ 5 个 CMOS 传感器，每个传感器配不同焦距的镜头，兼顾不同监控距离及范围，并可以支持自由增减镜头的数量并调整接收图像数据的分辨率。配合强大的算法及算力，成为解决问题的有效途径之一。

安科迪 Mantis（螳螂）系列超高清大视角阵列安防摄像机可以达到 1.35 亿像素，FOV（可视角）在 70°~150° 变化，对应的人脸识别范围从 50m 到数百米不等。其重点监控区域是分辨率要求极高的监控场所，如广场集散地、港口机场、大型企业等高价值设施区域。基于 Mantis 的大视场、远距离检测能力，所监测的区域可以减少摄像机点位，降低立杆与走线成本，增加点位选择的灵活性，以形成统一视场角，这相比于多个摄像机、多个视角更有助于监控人员理解现场的态势。

5. 步态识别技术

步态识别是近年来越来越多为研究者所关注的一种新的生物认证技术，它是通过人走路的方式来识别人的身份，在这项技术中能够通过远距离摄像机对人的身份进行识别。

目前，步态识别的领导者为国内银河水滴科技有限公司，其在远距离步态识别技术方面取得了重要进展。因步态难以伪装，不同体型、头型、肌肉力量特点、运动神经灵敏度、走路姿态等特征共同决定了步态具有较好的区分能力。银河水滴目前跨视角步态识别的精确度已经达到 94%，而一系列的实践也让其积累了庞大的步态数据库。

6．姿态识别技术

姿态识别也有利于对特定人员的甄别，例如，一般小偷都伴有眼神谨慎、表情紧张、左顾右盼、特别留意摄像机方位以方便找死角等行为，而姿态识别技术则能帮助列出这一类人群。

7．行人再识别（ReID）技术

在智能安防领域需要攻克的另一个技术难点就是基于跨摄像机的人形追踪，该技术的发展对于安防行业来说也具颠覆性作用。人形追踪技术也称为行人再识别（ReID）技术，集成人形追踪技术的摄像机可以将一个人的行为轨迹还原，之后只要出现在任何一台可以识别人脸的摄像机中就可以被轻易锁定，不会出现"断片"现象。和单点监控相比，人形追踪技术通过多组摄像机的轨迹还原及人员比对让安防工作变得更为立体，方便办案民警对目标嫌疑人的行为轨迹、出行规律进行分析，进而为案情线索和实施灵活布控抓捕提供依据。

8．高精度人群计数

智能安防系统还支持高精度人群计数，高精度人群计数技术是通过普通2K摄像机，对100m外1000m²1000人规模实时计数，只露出头部即可，就能达到95%准确率。该项技术可进行人群密度实时计算，对超出安全系数的人群密度进行预警，避免发生踩踏等重大安全事故。

9．多模态识别技术

未来智能安防的方向是将人脸识别、步态识别、人体特征识别（如身高、胖瘦、年龄等特征）、语音识别等多种生物特征技术与人形追踪技术相结合，通过多个维度来对人员进行甄别与自动追踪，即多模态识别技术，如图9.11所示，从而打造高度智能化的安防系统。当然随着神经网络、深度学习及算法的不断优化、硬件性能的不断提升，当前面临的种种问题都会逐步得到有效解决。

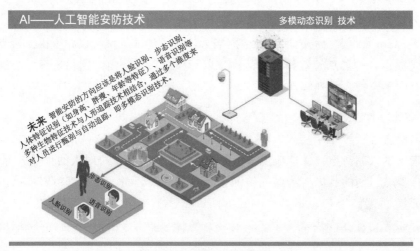

图9.11　多模态识别技术

10. 深黑全彩成像技术

目前传统摄像机在红外线的辅助下在漆黑一片的夜晚也能清晰成像，但夜晚的视频为黑白视频而非彩色。目前，国内厂家开发了一套利用人工智能算法处理图像的成像系统，它能够在不产生噪点的情况下，将在暗光环境下拍摄的照片修复成正常曝光状态的彩色照片。其原理是利用搜集在低光照条件下拍摄的海量图像，新建一个数据集，得到一个训练深度神经网络。处理低照度原始数据的图像处理流程包括颜色转换、去除马赛克、降噪和图像增强。利用 AI 算法的成像系统，赋予机器强大的夜视能力，且还不需要额外的硬件支持，只需要更新一下软件就能让用户拥有拍摄夜景的非常好的体验。

9.5.7　安防人工智能的发展趋势

1. 前端智能

前端智能即前端摄像机集成 AI 感知功能。传统的视频大数据分析是通过后端或者云端来实现，随着芯片技术的成熟、算力的提高，摄像机被集成了人工智能分析功能，可以在前端完成人脸采集与识别、车牌识别以及语音识别，再往后端传输经过处理过的数据，会大大减轻网络的压力和云端的计算压力，使得更多的应用成为可能。摄像机前端具备计算的能力被称为边缘计算，边缘计算是大型公共安全工程必须采用的技术，如图 9.12 所示，一个中等规模的城市按布点 10 万路 1080P 摄像机计算，每天就可以产生约 30PB 的视频图像数据，一年可产生约 10EB 的数据量。巨量的视频数据如果全部传输到后端分析处理，后端将根本无法承受。因此，将 AI 算力注入边缘，赋能边缘智能是大势所趋，边缘技术也是智慧城市大数据应用的关键。

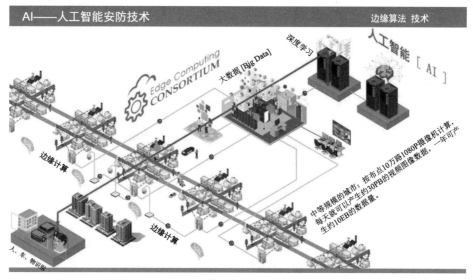

图 9.12　边缘计算技术

2. 深度学习

深度学习即各种自学习和自适应算法的研究和应用。后续的智能分析产品应该带有强大的自学习和自适应功能，根据不同的复杂环境进行自动学习和过滤，能够将视频中的一些干扰目标进行自动过滤，从而达到提高准确率、降低调试复杂度的目的。例如，人员卡口分析系统集成人脸检测算法、人脸跟踪算法、人员跟踪算法、人脸质量评分算法、人脸识别算法、人员属性分析算法、人员目标搜索算法，可以实现对城市各主要场所人员进出通道进行人脸抓拍、识别以及属性特征信息提取，建立全市海量人脸特征数据库，并以公安实战应用为核心，创新实战、技战法。通过对接公安信息资源数据库，可对涉恐、涉稳、犯罪分子进行提前布控和实时预警，实时掌握动态；可对犯罪嫌疑人进行轨迹分析和追踪，快速锁定嫌疑人的活动轨迹；可对不明人员进行快速身份鉴别，为案件侦破提供关键线索。

3. 大数据挖掘

大数据挖掘即视频数据的深入挖掘。随着视频分析技术的快速发展，视频数据量非常大，如何让视频分析技术在大数据中发挥作用成为人们关注的一个方向。利用各种不同的算法计算，将大量视频数据中不同属性的事物进行检索、标注、识别等应用，以达到对大量数据中内容的快速查找检索，从而大大降低人工成本，提高效率，甚至在有些方面让一些人工无法完成的任务成为可能，如人脸、人员大数据库检索，身份证库重复人员查找，通过语义描述从视频中查找穿某种衣服、某种颜色的车辆查找，车牌查找，以图搜图，视频关联等应用。

4. 语音识别

摄像机从诞生的那一天就内置有拾音器支持音视频，但在发展中一直没有得到应有的重视，未来的发展包括语音指挥与声纹识别两个方面。语音指挥就是通过语音来指挥系统，在某些情况下取代键盘和鼠标的输入，使人机交互更方便、更人性化；而声纹识别主要用于身份确认和物体识别，物物有声纹，系统可以通过声纹判断人员的权限，确认人员的身份，不同的人可以下达不同的命令。

5. 软件应用拓展

视频监控发展到目前阶段，软件在视频监控系统的重要性越来越高。无论是人脸识别、车牌识别、视频结构化，还是声纹识别、语音识别，都是以软件为核心的。尤其是随着视频监控系统AI化，更多的是技术对行业的变革，除了芯片属于硬件之外，其余都是软件的影响，发展人工智能主要依赖于前端的算法、后端的平台、系统和软件。在硬件日趋成熟的情况下，谁的芯片运行的算法更高效、谁能够提供最大的算力、谁能够最有效地利用视频大数据，谁就是王者。无论是视频结构化、合成作战平台、联网平台，还是运维平台、视频云大数据平台，这些都是通过软件实现的。

6．软件定义摄像机

未来摄像机将不再是自出厂之后就一成不变，而是根据用户的需要通过加载不同软件实现不同的业务功能，融入软件定义产品的新时代，如图 9.13 所示。通过规模化、多样化的智能前端摄像机进行精准的数据采集，后台强大的云计算和视频解析系统对采集的数据进行准确的解析和表述，庞大的大数据分析与挖掘系统对海量数据进行高效精准的处理，才能够真正地让视频监控协助用户准确地观察、识别和应对周边的事物，做到真正地拥抱智能时代。

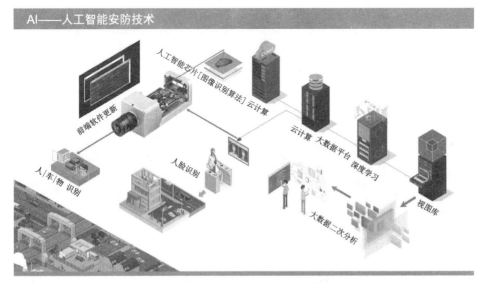

图 9.13 软件定义摄像机技术

9.5.8 AI 摄像机技术与性能

人脸识别摄像机是在 IP 网络摄像机的基础上集成内置人脸、车辆智能分析算法的 AI 芯片，对采集到的视频监控信息进行实时分析，监测在动态的场景中判断是否存在人脸，如果存在人脸，就会把它从复杂的背景中分离出来，进行动态跟踪，并不断地分析检测到画面中人脸的信息，包括位置、大小和各个主要面部器官等，进一步提取出人脸中所蕴含的身份特征，并与后端人脸数据库进行实时比对，从而实现快速身份识别。

有些厂家产品在人脸摄像机里做到 5 万张人脸库的识别，实时处理 $1920 \times 1080P@30fps$ 视频，每帧中可同时对 200 个目标进行检测、跟踪、识别。即使周围环境光线不佳，人员戴帽子或一定角度下低头、侧脸，仍然可以做到准确识别。

在人群密度大时，由于人与人之间的遮挡，跟踪有时会被打断，导致同一人产生重复的抓拍照片并被认为是两个不同的人。有些厂家智能摄像机支持 ReID 技术，即使有人在被遮挡后重新出现，通过摄像机内置的实时身份比对，也可以确认他就是短时间前出现过的某个人，从而在很大程度上克服传统方式中的因跟踪中断而形成的重复抓拍问题。

过去 IP 网络摄像机传输的只有视频流，而 AI 摄像机除视频流外还有图片，即 AI 摄像机在视频流中检测到人脸时会连续拍照，如动态人脸监控预警系统每秒可抓拍 10 ~ 30 张照片，然后从 10 ~ 30 张照片中挑选出人脸效果最好的一张数据传输到后端，与人脸数据库进行比对，后续的流程还包括视频图片数据的结构化和物联网信息分析等。智能摄像机搭载的 AI 芯片在信息采集的终端就完成初步的计算，只向后端传输有用的信息，减少信息储存量和传输带宽的占用，大大提高了后端的计算效率。

目前，视频监控系统正快速从传统 IP 网络监控向人工智能监控迈进，自 2019 年开始，大部分新增 IP 摄像机都具有 AI 能力，AI 摄像机将成为安防增量市场主流。随着天网工程、雪亮工程等公共安全领域重大项目的推进，人工智能监控系统逐步获得了广泛的部署与应用，例如，厦门平安城市项目中接入了 30000 多路监控图像，部署了 1700 多个感知型摄像机，建设了 40PB 云存储，系统日均处理 2000 万张过车图片；柳州天网系统接入了 20 000 多路监控图像，部署了 500 套人员卡口；南昌市天网工程设置的监控资源已超过了 35 000 个，多分布在交通要道、治安卡口以及人员密集的公共场合。

在上一轮安防发展周期中，平安城市叠加高清替代，国内监控视频市场保持了高景气的增长态势。而新一轮的天网工程、雪亮工程叠加人工智能技术，将开启又一个千亿级行业新周期。

9.5.9 人工智能安防的应用场景

人工智能技术开启了丰富多样的应用场景，小到车牌识别、人脸识别，大到舆情监控、嫌犯追踪等，几乎每一个场景都存在深挖的机会。此外，图像分析技术还可以将传统的三大安防系统：视频监控、入侵报警系统以及门禁系统统一由视频监控系统来完成，这将在今后得到更大范围的普及，下面列举一些典型应用。

1. 公安行业的应用

公安行业用户的迫切需求是在海量的视频信息中，发现犯罪嫌疑人的线索。人工智能在视频内容的特征提取、内容理解方面有着天然的优势。前端摄像机内置人工智能芯片，可实时分析视频内容，检测运动对象，识别人、车属性信息，并通过网络传递到后端人工智能的中心数据库进行存储。汇总的海量城市级信息再利用强大的计算能力及智能分析能力对嫌疑人的信息进行实时分析，给出最可能的线索建议，将犯罪嫌疑人的轨迹锁定由原来的几天缩短到几分钟，为案件的侦破节约宝贵的时间。其强大的交互能力还能与办案民警进行自然语言方式的沟通，真正成为办案人员的专家助手。

2. 交通行业的应用

在交通领域随着交通卡口的大规模联网，汇集的海量车辆通行记录信息对于城市交通管理有着重要的作用，利用人工智能技术可实时分析城市交通流量，调整红绿灯间隔，缩短车辆等待时间，提升城市道路的通行效率。城市级的人工智能大脑实时掌握着城市道路上通行车辆的轨迹信息、停车场的车辆信息及小区的停车信息，能提前半个小时预测交通流量变化和停车位数量变化，合理调配资源疏导交通，实现机场、火车站、汽车站、商圈的大规模交通联动调度，提升整个城市的运行效率，为居民的出行畅通提供保障。

例如，还可以通过车辆特征识别，如使用车辆驾驶位前方的小电风扇进行车辆追踪，在海量的视频资源中锁定涉案的嫌疑车辆的通行轨迹。

3．企业安防的应用

采用人脸识别的智能监控系统，不仅能对人员身份进行识别，还能对特定环境人员的行为进行识别。基于视频数据的行为识别中包括动作识别一项，如在人口流动性大的公共场合识别聚众、徘徊或滞留、突然奔跑、倒地等行为异常情况，协助维护公共治安。行为识别和行为分析的应用领域不止局限在公共安防，政府、金融、医疗等领域也会是未来的大战场。

4．家庭安防的应用

在家庭安防领域，利用人工智能强大的计算能力及服务能力，为每个用户提供差异化的服务，提升个人用户的安全感，满足人们日益增长的服务需求。例如，家庭安防中，当检测到家庭中没有人员时，安防摄像机可自动进入布防模式，有异常时给予闯入人员声音警告，并远程通知家庭主人；而当家庭成员回家后又能自动撤防，保护用户隐私；并通过一定时间的自学习掌握家庭成员的作息规律，在主人休息时启动布防，确保夜间安全，省去人工布防的烦恼，真正实现人性化。

5．商场客流统计应用

针对商场的主要出入口和通道，检测穿越该区域的活动人员目标。应用场景主要面向较密集的人流，需要对数据进行深入的挖掘分析，提供有商业价值的报表。例如，上海宝山万达广场 2 号店应用智能监控系统后，通过摄像机进行人脸捕捉，对进店客流量、顾客性别、年龄段、VIP 客户识别等进行统计与分析，最后给商场活动规划、策划效果评估提供数据支持。目前，在新零售领域的需求点很多，特别是将人脸识别技术与无人商店概念相结合的产品和解决方案，可以预见届时场景：在消费者进入商店的第一时间，摄像机就能识别消费者信息，并根据姿势、体态分析消费者兴趣爱好，同时对消费者购物篮中的物品进行自动识别，消费者在走出商场时通过自动刷脸完成付款。此外，商场还可以利用人脸识别摄像机结合黑白明单系统快速发现惯偷并联动报警，通知安保人员密切关注这些人员的行为，做到事前有效的防范。

6．周界安防应用

周界安防应用主要应用于园区、室内等常规性的安保场所，使用区域入侵、围墙翻越、人员徘徊、物品遗留、物品搬移等行为分析算法。在当前的市场中应用的范围最广，技术来源最多，产品形态最丰富，具备一定的普适性。

7. 门禁系统应用

人脸识别技术的应用会给一卡通和门禁产业带来一场革命性的巨变，如图9.14所示，在企业、工业园区通过人脸识别摄像机结合门禁考勤及视频监控系统，自动识别通行人员身份，自动开启门禁，同时记录出入信息，对出勤情况自动统计，既方便员工，也有效地杜绝了各类考勤作弊的可能。同时室内摄像机能清晰捕捉人员信息，还能区分工作人员在大楼中的行动轨迹和逗留时间，发现违规探访行为，确保核心区域的安全。

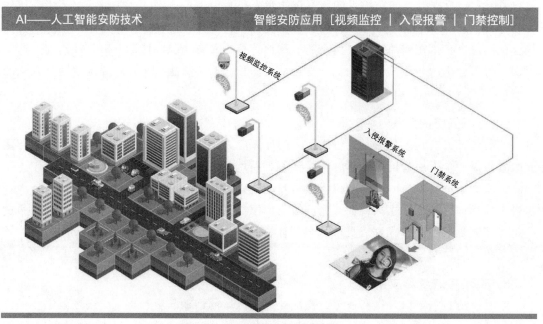

图 9.14   人脸识别安防联动技术

8. 安防机器人应用

安防机器人可以完成包括巡逻、监控、追踪、抓捕、营救等一系列任务，集成图像分析、智能识别、人机交互等多种形态的人工智能技术。目前安防机器人的研发依然处于早期，常见的初级形态主要是功能简单的安保机器人，仅能实现特定情境下的定点巡逻、报警、遥控制暴等功能。例如，目前的安防机器人仅实现了装配夜视摄像机，能进行24小时无间断的巡逻，有效解决了安保人员三班倒的状态，管理人员能根据实际情况制定巡逻次数以及时段，为企业降低人工成本并提高巡逻效率。

随着人工智能技术的发展，更多的应用场景将会被不断挖掘与深化。未来智慧城市模式下，可真正实现一脸走遍天下，现金与各种卡也将会成为低频应用，人脸识别为百姓提供各种刷脸便利的同时，也让犯罪分子有脸寸步难行。

9.6　本章小结

本章主要介绍了安防行业对人工智能技术的客观需要、图像识别技术在安防行业的落地应用、人工智能技术的三要素及我国在人工智能领域的竞争力、安防行业的人工智能新技术应用与发展方向以及人工智能技术在安防行业的应用落地场景等内容，下面进行总结。

（1）人工智能安防新技术应用：人工智能技术给安防行业应用带来了巨大革新，将传统安防行业的被动安全防御模式变为主动识别的安全预警模式，并大大拓展了人脸识别、行为识别、语音识别、景物识别、颜色识别、文字识别等各种智能识别应用，结合北斗定位技术与电子地图 GIS 技术以及云计算、大数据与深度学习技术，为物联网时代基于时空维度的各种智能识别传感应用打下了坚实的基础，社会已开始进入智能化新时代。

（2）人工智能技术的不足：目前基于人脸识别技术在 $1：N$ 静态场景下准确率已经超越了人类的平均辨识水平，但在 $1：N$ 的开放空间下由于光照、角度、前端摄像机性能的不足等多种条件的限制，人脸识别的准确性还有很大的提升空间，需要结合人脸识别、步态识别、服饰识别、语音识别等多种复合识别技术以及新一代的前端高分辨率长视距摄像机的普及应用来解决；另外，在某些特定场所，如人流密集场所的人脸识别也需要通过前端算力的提升或者基于前端分布式计算的新技术来解决，未来随着技术的发展以及智能化应用的普及，目前存在的各种不足将会被一一解决。

第 10 章
视频传输技术

视频传输是安防监控系统中的重要构成部分，它往往决定着视频图像的整体效果，也是安防监控工程施工中的重要构成部分。在网络安防时代视频传输主要包括基于双绞线的局域网传输、远距离的光纤网络传输以及数字微波扩频无线传输 3 种技术类型，如图 10.1 所示。由于现在社会还有存量的模数混合监控系统在使用，在介绍以上 3 种传输方式之前，先简单介绍下模拟视频的传输方式。

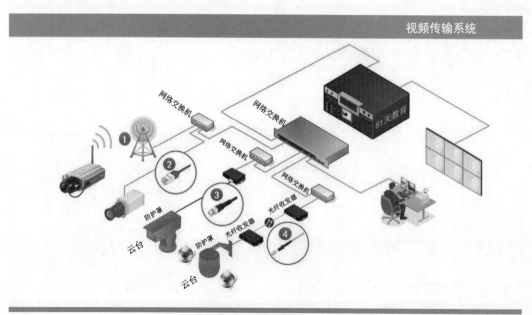

图 10.1　视频传输类型

10.1　模拟视频传输

模拟视频传输主要有 SYV 同轴电缆视频传输与双绞线视频传输两种类型，其中 SYV 同轴电缆视频传输是最常用的传输方式。

10.1.1　SYV 同轴电缆视频传输

SYV 同轴电缆视频传输方式的构成器材主要包括 SYV 同轴电缆、电缆接头以及视频放大器等。

1. SYV 同轴电缆

同轴电缆的结构如图 10.2 所示，电缆中心为铜芯导体，芯线外面为 PE 绝缘层，即聚乙烯绝缘层，PE 绝缘层的外面是屏蔽铝箔，外面再覆盖一层铜线编织屏蔽网层，最外层为 PVC 护套，即聚乙烯护套。同轴电缆的规格形式一般为 SYV75-5/96 支。其中，各符号的解释如下：

- SYV 是一种国标代号，表示为实心聚乙烯绝缘的视频电缆。
- 75 表示电缆视频信号的传输阻抗为 75 Ω。
- −5 表示电缆的粗细规格。

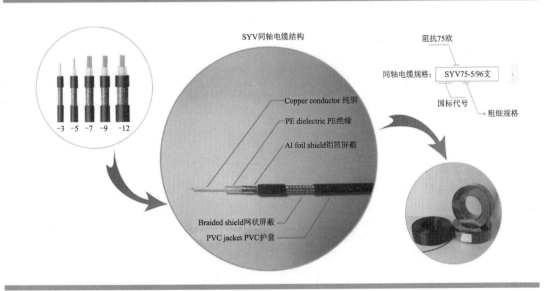

模拟视频传输系统　　　　　　　　　　　　　　　SYV同轴电缆 传输

SYV同轴电缆结构

阻抗75欧

同轴电缆规格：　SYV75-5/96支

国标代号　　　　粗细规格

Copper conductor 纯铜
PE dielectric PE绝缘
Al foil shield铝箔屏蔽
Braided shield网状屏蔽
PVC jacket PVC护套

图 10.2　SYV 同轴电缆结构

同轴电缆通常包括 −3、−5、−7 以及 −9 等规格，如图 10.2 所示，它们的芯线截面积以及电缆截面积依次增大，导体截面积越大，传输损耗就越小，视频信号的传输距离就越远。−5 规格是安防监控工程中最常用的电缆规格，其他规格则使用得较少，其中，−5

视频线有筷子粗细，–9 则有食指粗。根据屏蔽层性能的强弱，SYV75-5 视频电缆的无中继有效传输距离一般为 300 ~ 500m，如果超过了有效传输距离，视频信号的衰减会造成图像出现噪波点以及图像模糊等不良效果。SYV75-5 视频电缆的芯线有实心线与多股芯线（由多股细线组成）两种类型，实心线的传输效果一般要好于多股芯线的传输效果，而多股芯线的柔性较强，一般作为机房设备的短接线使用，在工程干线传输应用中一般使用 SYV75-5 的实心线。

SYV 视频电缆的屏蔽层有铜网与铜网加锡箔双重屏蔽的两种结构类型，铜网加锡箔的屏蔽效果要好于铜网，专业的电缆才采用铜网加锡箔双重屏蔽结构，价格相对较高，而工程中常见的主要为铜网屏蔽层电缆。根据铜网编织线数量的不同，通常有 64 支、96 支、128 支及 144 支等多种规格，编织线越多，屏蔽效果就越好，当然价格也相对越高，如果电缆的传输距离较远，或者传输途中有电机、输变电设备的电磁干扰，应该选择屏蔽效果更好的高编织线视频电缆或铜网加锡箔的双层屏蔽电缆。因此，在工程施工中电缆应尽量远离 220V 强电输送线路以及各种电磁干扰源，否则视频图像会出现网纹或波纹干扰。同轴电缆以卷为单位，每卷长度有 100m、200m 以及 300m 等规格，如有特殊情况，用户也可以向厂家定制超长度的线卷，如 600m 每卷。

另外，还有一种特殊的电梯专用 SYV 视频同轴电缆，如 10.3 所示，它有两个特点：一是它的外保护层较厚实，两侧还有两根钢丝加强筋，因为电梯视频线要在电梯井内随电梯上下运动，所以强度要求特别高；二是屏蔽效果要非常好，因为控制电梯运行的电机与继电器不停地启动停止与开合，电磁辐射特别强，如果视频线的屏蔽效果较差或者接头处的屏蔽焊接有问题，视频图像就会出现网纹干扰。

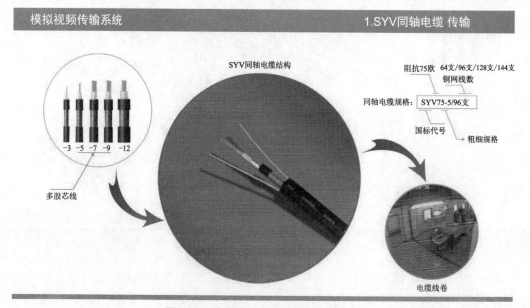

图 10.3 电梯专用 SYV 视频同轴电缆

2. BNC 与 RC 接头

视频电缆的两端通常需要制作视频接头才能与设备连接，视频接头的类型有 BNC 与 RCA 两种类型，如图 10.4 所示，RCA 接头在家庭视听电器中使用较多，如电视机、DVD 以及功放等设备的音视频插头都是 RCA 接头；而视频监控工程中则是以 BNC 接头为主，摄像机的视频输出接口与监控中心控制主机的视频输入接口通常为 BNC 类型。视频接头的制作方法有两种：焊接与非焊接。焊接是使用电烙铁将同轴电缆的芯线与屏蔽层分别与接头的芯针和屏蔽金属通过焊接的方式连接。由于焊接的方式更牢靠，后期的维护工作量更小，所以在实际的视频监控工程中基本都是使用焊接的方式。

焊接时需注意：焊点要圆润充实，无毛刺，不要出现焊锡大量堆叠、肉眼无法识别的虚焊，虚焊会使视频图像的传输质量降低；芯线与屏蔽层不能连接到一起，否则视频图像将不能传输。在工程施工中进行视频接头的焊接是一项基本功，因为这直接关系到视频传输的效果。

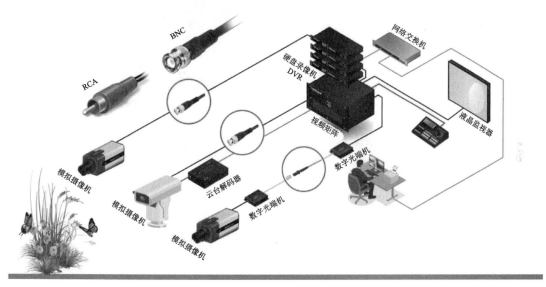

图 10.4　BNC 与 RC 视频接头

3. 视频放大器

当视频传输距离较远时，通常使用光纤传输。如果电缆已经铺设，但图像质量不太理想，可以通过增加视频放大器来提高图像的传输效果。视频放大器一般可将传输距离由几百米提高到 1000 ～ 3000m。视频放大器可以增强视频图像的亮度和色度，但线路内的干扰也会被放大，所以回路中不能串接太多视频放大器，否则图像会失真。在工程中一般尽量避免使用视频放大器。

10.1.2　双绞线视频传输

双绞线视频传输系统是一种不太常用的视频传输方式，它由发送端与接收端设备以及传输电缆双绞线所组成，如图 10.5 所示，能够在 1500m 的距离内提供与光纤传输相媲美的图像质量。双绞线视频传输使用 4 对绞线中的 1 对来传输平衡的模拟视频信号，由于双绞线线对的相互绞合结构，因此能有效地抑制共模干扰，并且能利用一根网线内的 4 对双绞线同时传输 4 路视频图像。双绞线发送与接收设备采用频率加权放大和加权抗干扰技术，较好地补偿了双绞线对视频信号幅度的衰减以及不同频率间的衰减差，保持了原始图像的亮度与色彩，在传输距离达到 1 ～ 1.8km 时，图像信号基本无失真。由于双绞线与传输设备价格相对便宜，在距离增加时其造价比同轴电缆下降了许多。对于 1500m 以内的中等视频传输距离，光纤传输系统成本显得过高，而且施工与调试比较困难，因此，光纤视频传输在 1.5km 以上的远距离具有更大的竞争力。

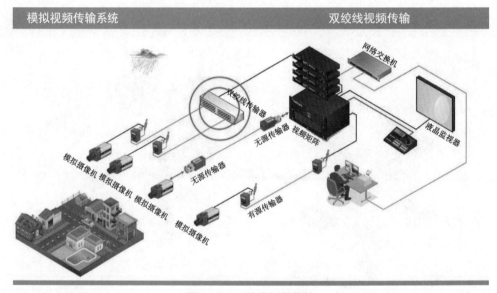

图 10.5　双绞线视频传输

1. 双绞线视频传输设备

双绞线视频传输设备分为无源设备与有源设备两种类型，如图 10.6 所示。所谓无源是指不需要电源供电，而有源则指需要电源供电。有源设备的视频信号衰减指标以及抗干扰能力都要比无源设备强，无源设备的有效传输距离一般在 250 ～ 300m 以内，超过此距离，视频图像的传输就不理想。另外，无源双绞线传输要尽量避免电磁辐射环境，否则视频图像质量也会受到影响，所以无源双绞线传输设备在工程中应用得并不多。双绞线传输器有 1 路、2 路、4 路、8 路以及 16 路等多种型号，根据传输距离的不同，又有 300m、600m、1200m 及 1500m 等型号。一个工程的前端监控点如果比较分散，可以使用单路的发射设备；如果前端监控点相对集中，则可以用同轴线汇集到一个多路发射器，再通过多路发射器向后端传输。

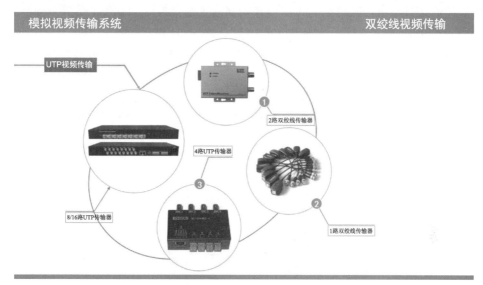

图 10.6 双绞线视频传输设备

2. 双绞线视频传输施工

双绞线视频传输应该主动绕开多雨水、强干扰和有直接雷击区域，否则可能产生干扰现象或者直接被雷击毁。有源传输设备防雷功能比无源设备强，在室外布线比较多的地方应采用有源传输设备，并且要做好接地工作；在室内布线较多的线路则可以采用无源传输设备。

在远距离传输时要想获得较好的视频传输效果，发射器和接收器的调试是一项关键的工作。如果图像出现噪波点或者图像暗淡表明信号过弱，可以通过调节亮度和对比度，电位器适当增强增益信号；如果图像某一物体出现亮边和白色拖影表明信号过强，应调节亮度和对比度，电位器适当减弱信号；如果整个图像出现大面积网纹干扰应检查屏蔽措施是否做到位。总之，双绞线视频传输的施工与调试是一件十分重要的工作，在工程实施中要严格按照产品规范来操作。

10.2 Intranet 网络视频传输

intranet 网络视频传输是基于计算机网络架构上的视频流媒体信号传输，在计算机网络上传输的信号类型有多种，常见的有数据信号、语音信号、流媒体视频信号以及物联网传感信号等，这些信号有一个共同的特点，即对数据错误的容忍度非常低。因此采用的是基于 TCP/IP 网络协议封装的数据包，并在传输的过程中采用了数据错误检测与重传机制，以保证在接收端能接收到完整的正确信号。因此基于网络的数据传输系统是一套精密的信号传输系统，这种传输系统被称为综合布线系统，综合布线系统是一种结构化、模块化、可灵活扩展的布线系统，其特点是可以通过跳线来灵活更换终端设备或传输设备，实现将多种终端的数据传输统一到一种传输网络中的目的。如图 10.7 所示为综合布线系统结构图，综合布线系统需要严格遵守国家标准来建设，其目的是保证整个传输系统传输高速数据的准确性与实时性。

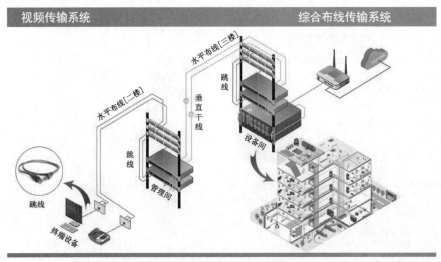

图 10.7　综合布线系统结构

网络视频传输系统主要由网络交换机与综合布线系统构成，下面分别进行介绍。

10.2.1　网络交换机

网络交换机是网络传输系统中不可或缺的重要传输设备，它的作用是将局域网内所有终端设备连接在一起，实现设备间的互连互通。如图 10.8 所示机柜中的设备为常用交换机类型。所谓局域网是指在较小空间范围内的企业计算机网络，例如，一个占用一个楼层的公司网络、一栋建筑物或多栋建筑物构成的园区企业网络等，这个网络通常由交换机来实现连接，而不需要借助广域网传输设备，如路由器来互连通信。

网络交换机是一种智能传输设备，简单理解它是一种特殊的嵌入式计算机设备，内置有操作系统以及传输控制软件，用来实现数据的转发与通信。交换机工作在 ISO 网络七层模型的第二层数据链路层，将数据帧进行端口转发。交换机会知道连接主机的 MAC 地址，并将 MAC 地址与端口的对应关系存放在内部 MAC 地址表中，然后建立数据帧的发送者和接收者之间一对一的临时转发路径，使数据帧直接由源地址到达目的地址。

交换机内部拥有一条带宽很高的背部总线和交换矩阵，外部端口都连接在这条背部总线上，所有端口均有独享的信道带宽，以保证每个端口数据的快速传输，因此总线带宽与端口转发速率是衡量交换机性能优劣的重要指标。

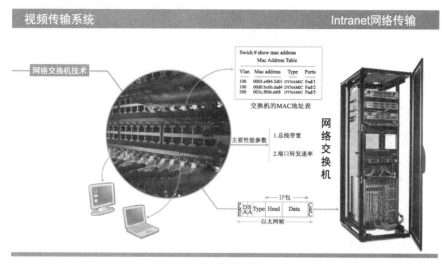

图 10.8　网络交换机

在网络通信系统中，由于企业网络业务系统的多样性以及各部门对业务系统访问的限制，交换机通常不是即插即用的，需要通过软件的设置或配置后才能使用，常见的配置方式如图 10.9 所示。例如，进行虚拟局域网（VLAN）的划分、流量的优先级设置以及端口捆绑等，这种配置比较专业且相对复杂，通常通过命令行来完成，因此，需要操作人员具备专门的网络知识才能完成。由于视频数据消耗的流量大，视频监控传输网络通常单独建设，只用于传输监控视频流信号，避免对企业业务数据传输造成影响，因此在小型的监控网络中交换机不需要进行复杂的设置，通电即可使用。

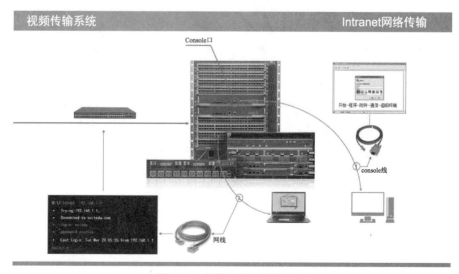

图 10.9　网络交换机配置方式

1. 交换机的类型

网络交换机根据外形的不同分为固定配置交换机与可扩展型交换机两种，如图10.10所示。固定配置交换机有24端口、48端口以及全光端口3种类型，24端口与48端口交换机通常作为大中型企业的网络终端接入层交换机或者小型企业的核心交换机。除24端口或者48端口接入外，交换机上通常还包含2个或者4个上联光纤端口，目前交换机的上联端口一般为10GB/s速率的自适应端口，而接入电口一般为千兆端口。

可扩展型交换机一般为箱式结构，可以根据需要来选择可插拔的模板类型。模板类型分为交换引擎模板、路由交换模板、24端口或者48端口的RJ45端口模板、千兆或者万兆的全光纤模块接口模板以及光电混合型接口模板等，用户可根据自身的需求灵活选配。可扩展型交换机具有更大的背板带宽、更高的数据吞吐量以及更灵活的扩展性能，通常作为大中型企业的汇聚层交换机或者核心层交换机。

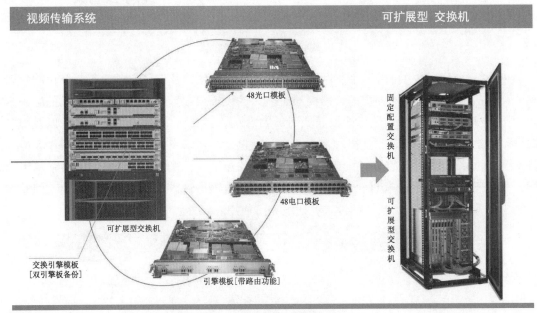

图 10.10　网络交换机类型

大中型企业的关键业务系统，其网络系统的架构通常采用冗余设计，即核心交换机、汇集层交换机、接入层交换机以及骨干链路都采用双冗余备份，以保证系统7天×24小时的稳定可靠运行，如图10.11所示为企业交换机双机冗余部署架构图。

在安防监控系统中前端接入层交换机通常具有POE（Porrer on Ethernet）供电功能，这种交换机又称为POE交换机，POE交换机通过网线直接给前端IPC供电，摄像机不再需要独立供电电源，大大简化了布线施工的难度，增加了系统的稳定性，因此，在包括摄像机在内的物联网传感器网络系统中获得了广泛应用。POE交换机有8端口、16端口、24端口与48端口等多种类型，如图10.12所示，可以根据前端摄像机数量灵活选用。交换机在工程选型中除端口数量选择外，另外一个重要的选型参数为交换机的背板带宽：应大于 6MB/s 的端口速率 × 端口数量 ×8/0.7，否则会造成视频与控制信号传输时延增大的情况。其中各参数解释如下。

- 6MB/s 表示 2K 摄像机每秒 6 兆的传输速率。
- 8 表示传输速率与带宽为 8 倍关系。
- 除以 0.7 表示总背板带宽还需要预留 30% 左右的裕量，避免出现带宽拥塞。

视频传输系统　　　　Intranet网络传输

企业核心交换机[双机互备]　　　企业核心交换机[双机互备]

图 10.11　交换机冗余架构

视频传输系统　　　　POE 交换机 [选型]

4K摄像机：20Mb/s[H.265]

POE交换机类型：8端口/16端口/24端口/48端口 背板带宽：应大于6Mb/s×端口数量×8/0.7
其中：6M表示2K摄像机6M每秒的传输速率，8表示传输速率与带宽为8倍关系，除以0.7表示总背板带宽需要预留30%左右的裕量。

POE交换机

POE交换机端口速率：100Mb/s | 1000Mb/s

图 10.12　POE 交换机

市面上有些低端交换机为百兆端口，千兆连接终端为目前网络的主流应用，而百兆端口基本被淘汰，所以建议尽量选用千兆端口速率交换机，有利于将来摄像机清晰度的升级与扩展。因为4K摄像机能看清视频中的每一个细节，预计以5年为一个周期，4K摄像机会逐步普及应用起来。4K摄像机每秒25帧并采用H.265编码标准压缩，其传输速率大概为20MB/s，未来也会采用更先进的H.266等压缩标准，速率可能在10～20MB/s，因此，交换机的选型应充分考虑未来的升级扩展。

2. 局域网拓扑结构

局域网中交换机组网的拓扑结构为星状的网络结构，通常分为接入层、汇聚层以及核心层3个层次，各层所对应的网络交换机分别称为接入层交换机、汇聚层交换机和核心层交换机。接入层交换机的功能是尽可能多地提供接入端口，将终端计算机接入网络；汇聚层交换机主要用于汇聚接入层主机，并提供各个逻辑子网间的数据转发与策略过滤等功能；核心层交换机连接企业网络服务器，主要提供高速的数据访问通道。3层的网络拓扑结构为经典的网络结构，根据企业规模的不同，网络层次也有可能是4层或者2层结构。如果企业终端计算机数量庞大，接入层就会分为2层，以便于扩展接入更多的计算机，因此整个网络结构就是一个4层结构；如果企业规模较小，核心层与汇聚层可能会压缩成一个层次，因此整个网络结构就只有2层结构。星状拓扑结构的最大优点是扩展容易，但缺点也显而易见，由于所有节点都是单点连接，如果网络中某个节点或者某条链路出现故障，就会造成部分或者全部网络的瘫痪。对于某些数据传输不可中断的业务系统，往往采取节点与链路备份的星状结构来防止单点故障。如图10.13所示的备份网络结构中，任何链路或者设备发生故障，备份链路与设备就会立即接手工作，这种冗余架构是大中型企业关键业务系统的常用架构。

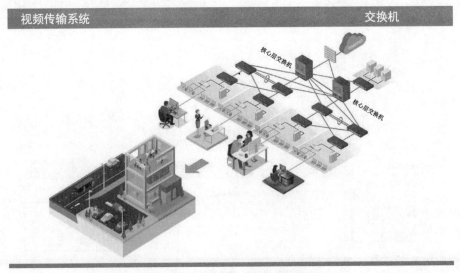

图 10.13　交换机 3 层冗余架构

10.2.2 综合布线系统

综合布线系统是现代企业数字化信息系统的基础设施,它是一种将语音、数据等进行统一规划设计的结构化布线系统,为办公的信息化、智能化提供统一、灵活的传输通道,支持语音、数据、图文、多媒体等信息的综合应用。

1. 综合布线系统结构

网络数据传输是建立在一整套规范的综合布线系统之上,国际标准化组织将结构化布线分成了 6 个子系统,如图 10.14 所示,它们分别是工作区子系统、水平子系统、管理区子系统、垂直干线子系统、设备间子系统以及建筑群子系统。其中水平子系统、管理区子系统、垂直干线子系统、设备间子系统形成了网络星状拓扑结构的各级传输链路。客户端计算机通过跳线连接到墙上或者地面的信息插座;跳线的两端是 8 针水晶头,用来插接计算机与信息插座的 RJ45 接口,按照综合布线的国际标准要求,跳线长度不能超过 5m。

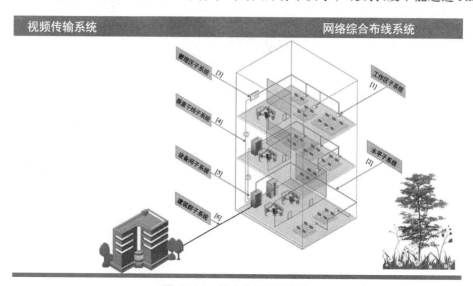

图 10.14 综合布线系统结构

信息插座内为 8 针 RJ45 接口的网络模块,网络模块上有与 8 芯网线颜色相对应的色标,水平传输网线的一端通过打线刀将 8 芯线打入与色标对应的卡口。如图 10.15 所示,管理区子系统是放置在各楼层竖井内的网络机柜,机柜内置接入层交换机以及网络配线架,网络配线架有 RJ45 配线架与光纤配线盘两种类型,网络配线架正面是 24 端口或者 48 端口的 RJ45 接口,反面是带颜色标签的网线卡口,将水平传输网线的另一端用打线刀打入配线架反面与色标相对应的卡口,然后通过正面的跳线连接接入层交换机。

垂直干线主要用于连接接入层交换机与网络中心的核心交换机,垂直干线也有光纤与网线两种类型,由于是高速传输干线,所以在许多情况下都是使用光缆。光缆内光纤的一端熔接在管理间机柜的光纤配线盘内,另一端熔接在网络中心机柜内的光纤配线盘内,两端然后通过光纤跳线连接接入层交换机与核心交换机,如图10.16所示,这样一个完整的网络拓扑传输链路就建立起来了。由此可见,各级传输干线的两端都终结于开放式的配线架或者网络模块,然后通过跳线连接网络交换机和终端计算机,这种模块化布线系统的优点是各传输干线和终端计算机可以通过跳线灵活转接。

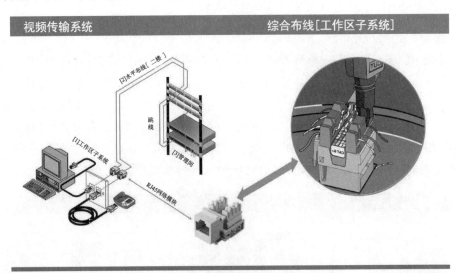

图 10.15　RJ45 模块配线架打线示意图

大多数中小企业为了节约成本,其综合布线结构可能只有简化的 2~3 个部分,例如,只有工作区子系统、水平子系统与垂直干线子系统,水平与垂直电缆两端不使用配线架而是直接压接水晶头,然后插入交换机端口,而且也不进行严格的网络参数测试,只使用简易的网络通断测试仪进行网络连通性测试即可。

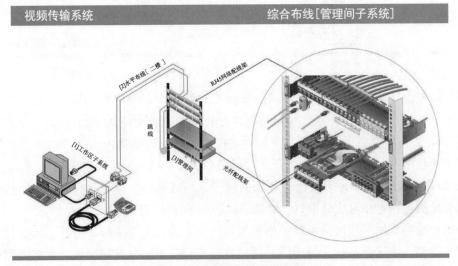

图 10.16　配线架结构示意图

2. 综合布线系统线序排列标准

综合布线系统的 8 芯网线安装有两种线序排列国际标准，即 EIA T568A 与 EIA T568B 标准，T568A 的线序排列从左到右依次为：绿白、绿、橙白、蓝、蓝白、橙、棕白、棕；T568B 标准的线序排列从左到右依次为：橙白、橙、绿白、蓝、蓝白、绿、棕白、棕，如图 10.17 所示。两种标准都可以使用，但是在综合布线工程中配线架网络模块的打线以及水晶头的压制必须采用统一的标准，国内基本都是以 T568B 标准为主。

3. 综合布线系统数据传输标准

综合布线系统数据传输标准根据传输速率的不同也分为多种，常见的有 5 类布线系统、超 5 类布线系统、6 类布线系统以及 7 类布线系统等，其中 5 类和超 5 类布线系统适合 100Mb/s 速率的数据传输；6 类布线系统为 1000Mb/s 数据传输布线系统，是目前的主流布线系统；7 类布线系统为万兆网络布线系统，目前还没有普及，7 类布线系统中基于双绞线的传输系统成本高昂，施工要求极高，目前已经被高速光纤布线系统所取代。

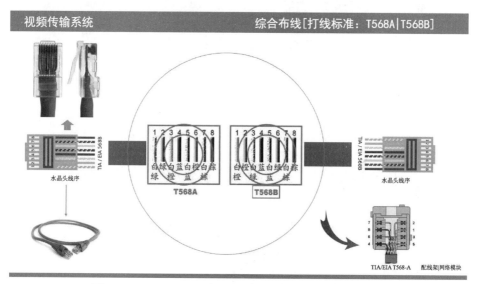

图 10.17　EIA T568A 与 EIA T568B 标准线序排列示意图

采用某类标准的布线系统，整个布线系统中所有材料器件都必须达到同类标准，例如，6 类布线系统中，RJ45 模块、网线、配线架、水晶头都必须是六类标准的产品。关于布线系统的实施与网络跳线的制作，将在后面的工程施工章节中详细介绍。

10.3　光纤视频传输

光纤视频传输是一种大容量、长距离的视频传输方式，目前，单根光纤的传输速率已经可以做到 1.6Tb/s，无中继传输距离为 240km 左右，如图 10.18 所示，而且随着技术的发展，速率与传输距离还在不断提升。在光纤通信工程中，光纤传输系统由传输介质光纤光缆、局端光传输设备 OLT、终端光接入设备 ONU 以及光纤光缆连接设备配线盒等构成。

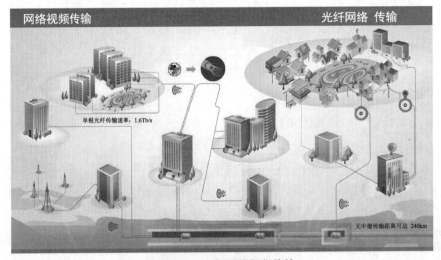

图 10.18　光纤网络视频传输

10.3.1　光纤传输介质

光纤是光导纤维的简称，它是一种由石英玻璃或塑料制成的纤维细丝，直径比头发丝还细。光纤实际是由纤芯和比纤芯折射率稍低的包层所组成，然后封装在塑料护套中，使它能够弯曲而不至于断裂。射入纤芯的光信号，经包层界面全反射传导，光纤结构如图 10.19 所示。

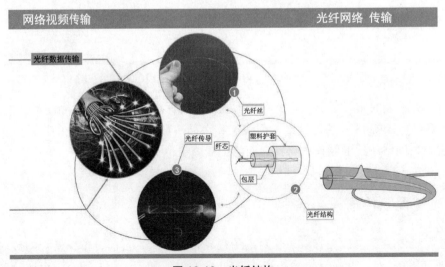

图 10.19　光纤结构

1．光纤类型

根据传输模式的不同，光纤有单模和多模两种类型，下面分别进行介绍。

（1）多模光纤（Multi-mode Fiber，MMF）：纤芯较粗，直径为 50μm 或 62.5μm，大致与头发的粗细相当，可传输多种模式的光。但模间色散较大，数据传输带宽随距离的增加会严重下降。因此传输距离较近，一般在 5km 以内，其材质主要有玻璃纤维与塑料两种，由于价格低廉，所以应用非常广泛，如光纤宽带入户连接以及企业局域网通信设备之间的连接。

（2）单模光纤（Single-mode Fiber，SMF）：纤芯较细，芯径一般为 9μm 或 10μm，只能传输一种模式的光。但模间色散很小，无中继，传输距离最远可达 240km，其材质为玻璃纤维，是运营商长途干线信号的主要传输介质。

2．光缆

光纤传输介质主要有两种产品类型：光缆与尾纤。光缆内部包含多束光纤，然后由多层填充物与保护结构包覆，包覆后的产品即称为光缆。光缆有多种类型，根据内含纤芯数量的不同有 2 芯、4 芯、6 芯、8 芯、12 芯及 288 芯不等，如图 10.20 所示，其中，4~48 芯应用最为普遍，主要用在监控、运营商及系统集成等领域。2 芯一般用在小区家庭宽带的接入，48 芯以上主要作为长途干线光缆使用。

另外，根据环境的不同，光缆又分为室内光缆与室外光缆。室内光缆的外层为较柔软的塑料层，内填纤维丝，以适应弯曲度较高的室内环境，但抗拉强度小，也更轻便、经济。室外光缆外保护层较厚重，抗拉性强、防紫外线及防腐蚀性较强，有些还内含金属铠装保护层。

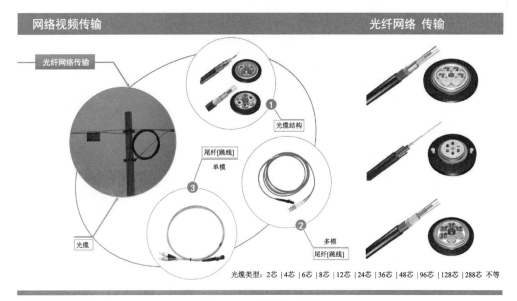

图 10.20　尾纤与光缆

3. 尾纤

尾纤内含 1 根或 2 根细纤丝，外面包覆柔软的保护层。保护层颜色为黄色一般表示为单模光纤，保护层颜色为橙色则表示为多模光纤。光缆进入机柜后需要在光缆终端盒内与尾纤熔接，然后通过法兰盘（光纤适配器）将其固定在光缆终端盒的前面板接口，外部光通信设备再通过光纤跳线连接到光缆终端盒的接口。如图 10.21 所示为光缆终端盒的内部结构图，光缆终端盒是个金属或者塑料空盒子，外部光缆进入机柜前一般需要盘曲 3~5 圈进行预留，注意，光缆的弯曲半径不能过小，至少要保持 30cm 以上。光缆进入配线盘后先进行固定，然后剥离护套露出里面的纤丝，纤丝在盘内盘曲 2 圈，与尾纤进行熔接，熔接处套热缩管，尾纤另一端的接头则插入配线盘的法兰盘，即适配器内，这样，外部的光纤跳线即可方便地通过光纤适配器进行连接。光纤的熔接需要使用专业设备光纤熔接机，光纤熔接机是一种集熔接与测量与一体的精密设备，需要专业技术人员操作。

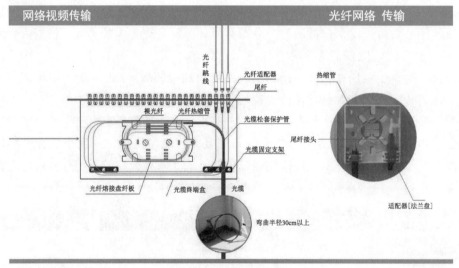

图 10.21 尾纤与光缆

尾纤的接头有多种类型，如图 10.22 所示，国内常用的主要包括圆形的 ST 接头、方形的 SC 接头及迷你型的 MTRJ 接头，分别与光纤设备接口和适配器接口的类型相对应。光纤通常成对使用，一根用于发送光信号，一根用于接收光信号，传统的 SC 接头与 ST 接头是同时使用两根光纤跳线；而 MTRJ 接头则是将一对光纤封装在一起用于同时收发光信号，其在一个 RJ45 网络接口大小的位置插入一对光纤，大大增加了光通信设备的端口密度，目前已经成为数据通信中光纤接口的标准配置。

光纤在使用中需要注意跳线两端光模块的收发波长必须一致，即光纤的两端必须是相同波长的光模块。一般情况下，短波光模块使用橙色的多模光纤，长波光模块使用黄色的单模光纤，以保证数据传输的准确性。另外，光纤在使用中不要过度弯曲和绕环，这样会增加光在传输过程的衰减，而且光纤跳线在使用后要用保护套将接头保护起来，否则灰尘和油污会损害光纤的耦合。

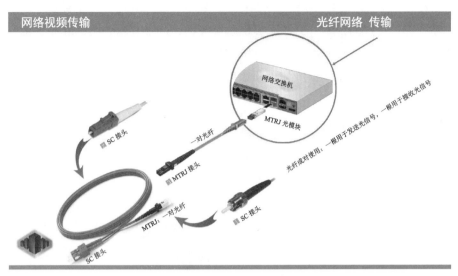

图 10.22　尾纤的接头类型

10.3.2　光传输设备

当前光传输已经成为信息化系统高速大容量传输的主要方式，光传输设备的类型主要有企业光传输设备与运营商光传输设备两种，企业光传输设备包括配置光模块的网络交换机与路由器等传输设备；运营商光传输设备有 DWDM（波分密集复用）光端机、局端光传输设备 OLT 以及终端光接入设备 ONU 等，如图 10.23 所示。

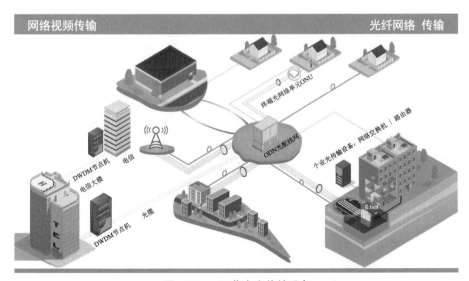

图 10.23　运营商光传输设备

1. 企业光传输设备

目前，网络交换机的骨干连接端口基本都配备有万兆光纤端口，主要用于数据中心交换机之间万兆骨干链路的传输，以及交换机与服务器之间的高速连接，在企业的应用非常普遍，如图 10.24 所示。如果是不带光模块的低端交换机，传输距离超过 100m 时可以使用光纤收发器，光纤收发器的作用是将交换机的电接口信号转换成光信号，以延长网络数据的传输距离。

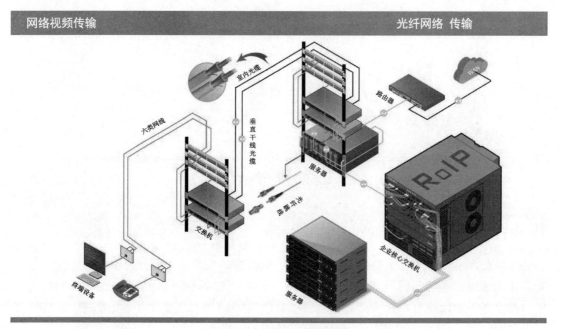

图 10.24　企业光传输设备

2. 运营商光传输设备

运营商的光传输网络可分为远程骨干传输网与接入网两类，DWDM 光端机是广域骨干传输网的节点传输设备，它能够在同一根光纤中把不同的波长同时进行组合和传输，以提高单根光纤的传输带宽。目前已实现单根光纤最大可复用 160 路载波，16Tb/s 的传输速率。

DWDM 网络可以采用 IP 协议、SONET/SDH、以太网协议来传输数据，因此主要作为其他各种应用的业务承载网，属于最底层的传输网络。对于企业来说，可以将它看作一根远程传输线缆，用以进行远距离的网络数据传输。

接入网采用的是 PON（无源光网络）技术，用于应对密集终端用户的接入，即最后一千米宽带接入技术。PON 网络由 OLT、ODN 和 ONU3 部分组成。装于中心控制站的 OLT（光线路终端）设备是重要的局端设备，属于接入网的业务节点侧设备，主要完成 PON 的上行接入和通过 PON 口通过 ODN（由光纤和无源分光器组成）和 ONU 设备相连，一般采用 1：32 或 1：64 组成整个 PON。OLT 可以与前端（汇聚层）交换机用网线相连，转化成光信号；用单根光纤与用户端的分光器互联，实现对用户端设备 ONU 的控制、管理与测距，并和 ONU 设备一样是光电一体的设备。

ONU（光网络单元）是 GPON（千兆无源光网络）系统的用户侧设备，一级一批配套地安装于用户场所，为终端企业或家庭用户提供百兆或千兆的高速宽带接入。ONU 作为用户有线接入的终极解决方案，在将来 NGN（下一代网络）整体网络建设中具有举足轻重的作用。

在 OLT 与 ONU 之间的 ODN（光配线网）包含了光纤以及无源分光器或者耦合器。无源光网络是指光配线网中不含有任何电子器件及电子电源，ODN 全部由光分路器（Splitter）等无源器件组成，不需要贵重的有源电子设备，如图 10.25 所示，因此能降低用户端的接入成本，并能提供密集用户接入的灵活性。一般 PON 口通过单根光纤和 ODN 网相连，分光器采用 1∶n（n=2、4、8、16、32、64 等）。ONU 下行采用广播方式并做选择性接收，上行采用共享方式。

PON 技术的发展经历了早期的 APON/BPON，当前使用的 EPON 和 GPON 的过程，正向 10G PON 和 WDM PON 演进。PON 技术因部署灵活、成本逐步降低，因此成为当前固定宽带接入的主要方式。

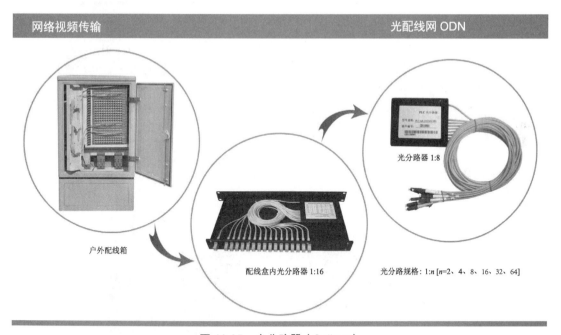

图 10.25　光分路器（Splitter）

3. 模拟视频光传输设备

在模数混合时代，为了模拟视频信号的远距离传输，通常会使用视频光端机在监控工程中作为视频、数据、音频等综合信息的光传输设备，如图 10.26 所示，其作用是将模拟视频信号转化为数字化的光信号，并使用光纤介质用作远距离的视频信号传输。

视频光端机主要有两种技术类型：一种是图像非压缩型光端机，一种是图像压缩型数字光端机，下面分别进行介绍。

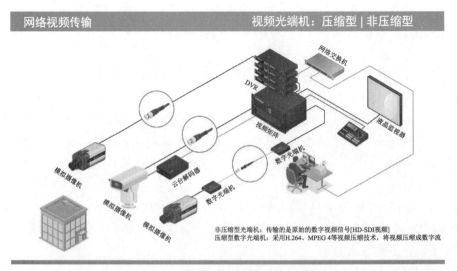

图 10.26   模拟视频光传输设备光端机

（1）图像非压缩型光端机：传输的是原始的数字视频信号，如 HD-SDI 视频，具有视频流量大、清晰度高与时延小的特点，主要应用在对视频实时性要求非常高的特殊环境。

（2）图像压缩型数字光端机：一般采用 H.264、MPEG 4 等图像压缩技术，将视频图像压缩成数字流或者在压缩的基础上打包封装成网络数据流，这样可以通过标准的电信端口或者直接通过光纤来传输，如图 10.27 所示为图像压缩型数字光端机类型。

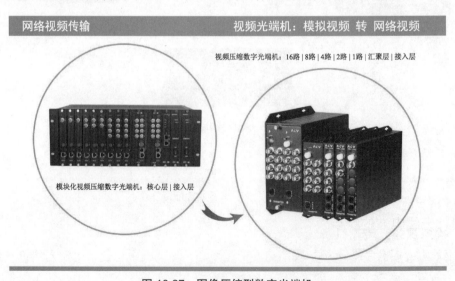

图 10.27   图像压缩型数字光端机

图像压缩数字光端机适合监控点数量巨大，而又对实时性没有严格要求的场所，如城市道路、高速公路、轨道交通等光纤资源较紧张领域，这种领域对光端机的要求是视频容量大、传输距离远，所以一般采用图像压缩光端机和光传输交换平台，这种方式成为模数混合时代远程视频传输的主要技术手段。

由于目前监控系统的前端摄像机输出的已经是压缩过的标准 TCP/IP 网络视频信号，所以光传输系统也统一到了高速的 DWDM 数据传输平台，视频光端机也将逐渐成为历史。

10.4　微波扩频无线传输

在森林防火监控、海岸监控、航道与运河监控、边境监控、油田监控等边野环境，有线视频传输价格高昂且不现实，因此普遍采用微波扩展频谱无线传输技术，如图 10.28 所示。微波扩展频谱无线传输技术简称微波扩频技术，是一种民用无线网络通信技术，其主要技术特点是采用 900MHz、2.4GHz 或 5.8GHz 微波频段作为传输媒介，以先进的扩展频谱方式发射 TCP/IP 网络信号，并可采用 WPA2、WPA3 等 802.11i 无线加密技术对信号进行加密，实现点到点、点到多点的组网通信。

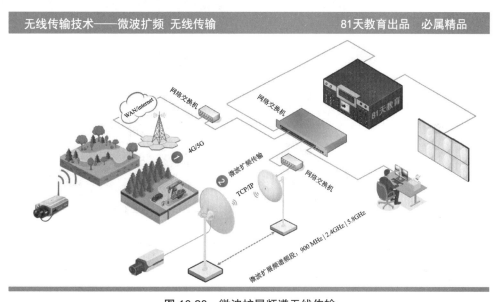

图 10.28　微波扩展频谱无线传输

10.4.1　无线电波的特点

描述无线电波的 3 个基本参数为频率、波长以及波速，三者间的关系为波速 = 波长 × 频率，用字母表示为 v=λt。电磁波在真空中的传播速度为 30 万千米每秒，与光速相同；

它在空气中传播的速度与在真空中近似。因此无线电的波长越长频率越低，波长越短，频率越高。

10.4.2 无线电波波长及传播特性

无线电波分为长波、中波、中短波、短波以及微波等几个频段，频率范围为30kHz ~ 300GHz（吉赫兹），它们的传输特性各不相同。无线电的发展史很大程度上就是人们对各波段进行研究运用的历史。

1. 长波及其传播特性

长波的波长介于1000~10000m，频率范围为30 ~ 300kHz。由于大气层中的电离层对长波有强烈的吸收作用，所以长波主要靠沿着地球表面的地波传播，其传播损耗小而且能够绕过障碍物，长波的传输距离可以长达数千千米。但长波的天线设备庞大、昂贵，通信速率很低，一个码元的传输时间长达30多秒，只能发送很简短报文，长波主要用于潜艇和远洋舰艇通信，如图10.29所示。

无线传输技术　　　　　　　　　　　　　　长波[波长：1000~10000米|频率：30~3000kHz]

长波主要靠沿着地球表面的地波传播，其传播损耗小，而且能够绕过障碍物，长波的传输距离可以长达数千千米。但通信速率很低，一个码元长达30多秒，只能发很简短报文。

图10.29 长波传输

2. 中波及其传播特性

中波是波长在100~1000m、频率介于300kHz ~ 3MHz的无线电波。中波传播的途径主要是靠地波，只有一小部分以天波形式传播。大地是导体，对中波的吸收较强，故地波形式的中波传输距离只能达到200~300km。天波方式传输的中波白天由于阳光的照射，电离层密度增大而变成良导体，致使以天波形式传播的一小部分中波进入电离层就被强烈吸收，难于返回地面；而夜间大气不再受阳光照射，电离层中的电子和离子相互复合而显著增加，对电波的吸收作用大大减弱，这时中波就可以通过天波形式传送到较远的距离。中波在民用领域主要用于广播电台，我国广播电台中波频段范围为 526.5 ～ 1606.5kHz，中波发射带宽为 9kHz。

3. 短波及其传播特性

短波是波长在 10~100m、频率介于 3 ～ 30MHz 的无线电波。短波的波长较短，沿地球表面传播的地波绕射能力差，传播的有效距离短。短波以天波形式传播时在电离层中所受到的吸收作用小，有利于电离层的反射。经过一次反射可以达到 100 ～ 4000km 的跳跃距离。经过电离层和大地的几次连续反射，传播的距离更远，如图 10.30 所示。短波在电讯和广播中得到了普遍应用，但是电离层受气象、太阳活动及人类活动的影响，因此通信质量不能得到可靠的保证，此外短波段容量也满足不了日益增长的需要。短波段为 3 ～ 30MHz，按每个短波台占 4kHz 频带计算，仅能容纳几千个电台，而每个国家只能分得很有限的电台数。

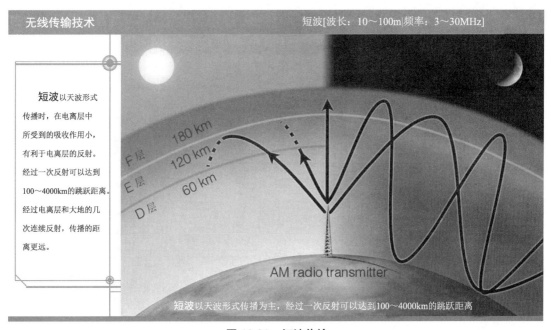

图 10.30　短波传输

4. 超短波及其传播特性

超短波是波长为 1 ～ 10m 的无线电波，也称为米波或者甚高频（VHF），频率范围为 30 ～ 300MHz，整个超短波的频带宽度有 270MHz，是短波频带宽度的 10 倍。由于频带较宽，因而被广泛应用于传送电视、调频广播、雷达、导航、移动通信等业务。超短波在传输特性上与短波有很大差别，由于频率较高，发射的天波一般穿透电离层射向太空，而不能被电离层反射回地面，所以超短波主要依靠空间直射波传播，只有有限的绕射能力。像光线一样，传播距离不仅受视距的限制，还要受高山和高大建筑物的影响，如架设几百米高的电视塔，服务半径最大也只能达到150km，要想传播得更远就必须依靠终端站转发。超短波的波长较短，因而收发天线尺寸可以较小。

5. 微波频段划分及其传播特性

微波是波长从1mm ~ 1m波段的无线电波，频率范围为300MHz ~ 300GHz，包含了分米波、厘米波、毫米波和亚毫米波段，如图10.31所示。其中：

- 分米波的波长范围为0.1 ~ 1m，频率范围为300 ~ 3000MHz，被称为特高频UHF。
- 厘米波的波长范围为1 ~ 10cm，频率范围为3 ~ 30GHz，被称为超高频SHF。
- 毫米波的波长范围为1mm ~ 1cm，频率范围为30 ~ 300GHz，被称为极高频EHF。

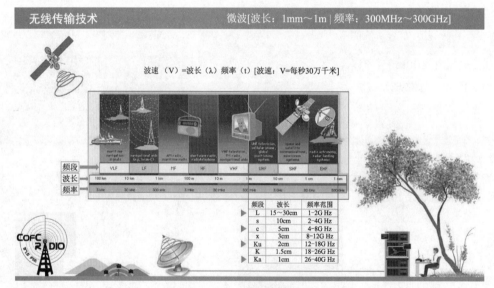

图10.31 微波波段划分

由于微波的频率很高，波长很短，它的地表面波衰减很快，因此传播方式主要是空间的直线传播，而且能够穿过电离层不被反射，但是容易被空气中的雨滴所吸收。微波的直线传输距离一般在50km以内，所以需要经过中继站或通信卫星将它反射后传播到预定的远方。

微波的电磁谱具有一些不同于其他波段的特点，因为微波的波长远小于地球上的飞机、船只以及建筑物等物体的尺寸，所以其特点和几何光学相似，通常呈现为穿透、反射、吸收3个特性。在通信系统中，微波波段通常制成高方向性的系统，如抛物面金属反射器来反射收集微波信号。

由于微波的频率范围是 300MHz ~ 300GHz，所以具有非常宽的频带，在雷达和常规微波技术中常用拉丁字母 L、S、C、X、Ku、K 以及 Ka 来表示更细的波段划分。其中：

- L 波段的波长为 15 ~ 30cm，频率范围在 1 ~ 2GHz。
- S 波段的波长在 10cm 左右，频率范围在 2 ~ 4GHz。
- C 波段的波长在 5cm 左右，频率范围在 4 ~ 8GHz。
- X 波段的波长在 3cm 左右，频率范围在 8 ~ 12GHz。
- Ku 波段的波长在 2cm 左右，频率范围在 12~18GHz。
- K 波段的波长在 1.5cm 左右，频率范围在 18 ~ 26GHz。
- Ka 波段的波长则在 1cm 左右，频率范围在 26 ~ 40GHz。

由于微波的稳定直线传播特性以及具有非常宽的频谱，所以微波的各个频段成为现代无线通信中非常重要的波段，其应用范围远远超过长波、中波、短波与超短波。微波的最重要应用是雷达和通信。雷达用于国防、导航、气象测量和交通管理等方面；通信应用主要是现代卫星通信和常规的中继通信。如今，人类还在不断研究微波通信的更先进技术以及电磁频谱更大的应用范围，如军事领域的有源相控阵雷达技术以及光量子雷达技术等。中国电子科技集团公司第十四所研究所目前已成功研制量子雷达系统，通过量子测量技术使隐形战机在 100km 以上成像，成为领先全球的黑科技。

由于无线电对现代通信极其重要而且频谱资源有限，所以无线电磁频谱成了一种十分宝贵的管制资源。国际无线电管理委员会对无线电各频段资源进行了全球划分，规定了各频段所对应的用途，例如，2000 ~ 2300 kHz 这个波段用于海事通信，而 2182 kHz 保留为紧急救难频率；10005 ~ 10100 kHz 这个频率用于航空通信；而中国移动的 GSM 网络频率是 900MHz 和 1800MHz 等。任何单位或个人都不得擅自使用频谱资源，以避免对商业及军事无线通信造成干扰。

由于业余无线电爱好者在无线电技术的历史上做出过不可磨灭的贡献，所以国际无线电管理委员会将长波、中波、短波、超短波以及微波 5 个波段中分别划分了多个较窄的分立频段作为自由频段，供业余无线电爱好者使用。由于无线电是一种管制资源，所以任何业余无线电台的使用都必须到当地无线电管委会备案，用户不得私自改装电台的频率或加大电台的发射功率。如图 10.32 所示为业余无线电爱好者。另外，国际无线电管理委员还划分了一些 ISM 频段，即工业、科学和医用频段，用户无须许可证，只要遵守一定的发射功率，一般低于 1W 即可使用。ISM 最初是由美国联邦通信委员会 FCC 分配的不必许可证、功率不能超过 1W 的无线电频段，在美国分为工业（902 ~ 928MHz）、科学研究（2.42 ~ 2.4835GHz）和医疗（5.725 ~ 5.850GHz）3 个频段。而在欧洲 900MHz 的频段则有部分用于 GSM 通信，用于 ISM 的低频段为 868MHZ 和 433MHz。2.4GHz 为各国共同的 ISM 频段，因此，Wi-Fi 无线局域网、蓝牙等无线网络均可工作在 2.4GHz 频段上，目前 802.11n 及新一代的千兆 802.11ac Wi-Fi 无线网络也使用了 5.8G 的高频段。

无线传输技术　　　　　　　　　　　　微波[波长：1mm～1m | 频率：300MHz～300GHz]

业余无线电台

的使用都必须到当地无线电管委会备案，用户不得私自改装电台的频率或加大电台的发射功率。

图 10.32　业余无线电爱好者

10.4.3　微波无线传输系统的构成及载波调制

微波无线传输系统由无线发送系统与无线接收系统组成。无线信号发射机的作用是将文字、语音或视频等原始的低频基带信号调制到高频载波信号上，然后通过天线发送出去；接收端再将高频载波中的基带信号解调制出来，恢复成原始的音视频或文字信号。高频载波即高频微波，由于微波的频带很宽，所以某一频率的高频载波往往能够承载多路的基带信号，如同将货物通过卡车、火车或飞机托运一样，所以通常所说的某某频率的微波指的就是高频载波的频率。微波的调制有多种类型，传统的微波信号调制方法有调频、调幅以及调相 3 种方式，如图 10.33 所示。调幅是指载波的幅度随调制信号幅度的叠加而变化的调制方式，载波的频率则保持不变；调频是指载波的频率随调制信号频率的叠加而变化的调制方式，载波的幅度则保持不变；由于干扰信号一般总是叠加在载波信号上改变其幅值，调频波虽然受到干扰后幅度上也会有变化，但在接收端可以用限幅器将信号幅度上的变化削去，所以调频波的抗干扰性比调幅波好，调频波因此得到了广泛的应用；而调相则是指载波的相位随调制信号相位叠加变化的调制方式，调相的方法又叫相移键控（PSK），其特点是抗干扰能力强，但信号实现的技术比较复杂。调相在数字微波无线通信技术中获得了应用，如 4G/5G 等数字蜂窝无线通信以及卫星通信等。

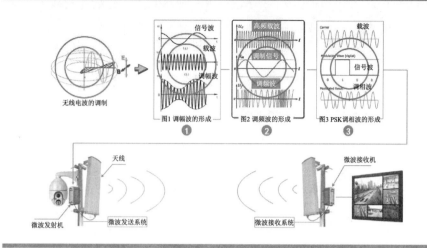

图 10.33 微波的 3 种调制方式

10.4.4 微波天线的类型与特点

天线的作用是发送与接收微波信号，由于各微波频段的波长变化比较大，其所对应的天线外形与尺寸也各不相同，而且种类较多。通常微波信号的波长越短，天线的尺寸就越小。如图 10.34 所示为几种在视频无线传输中常见的短波、超短波以及微波天线类型，下面对其特点进行介绍。

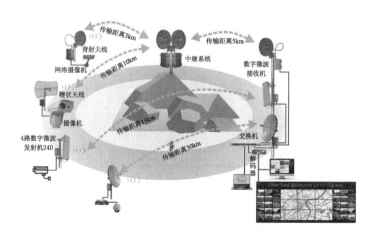

图 10.34 常见的微波传输天线类型

（1）鞭状天线：是一种全向天线，如图 10.35 所示，它的电波是向 3600 空间均匀发射的。鞭状天线的长度一般为 1/4 或 1/2 波长，由内部的金属天线部分与外部的玻璃钢套筒所组成。根据天线长度尺寸的不同，一般主要工作在超短波以及微波 L、S 以及 C 波段，频率范围为 100MHz ～ 12GHz。常见于移动电台以及 Wi-Fi 无线路由器等设备的天线等。

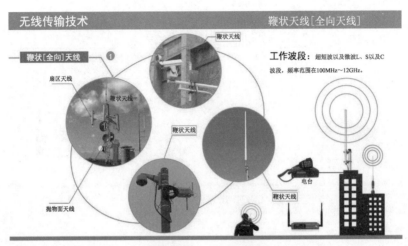

图 10.35　鞭状天线

（2）八木天线：是一种定向天线，即它的电波是沿天线尖端所指方向直线传播的，如图 10.36 所示。根据天线尺寸的不同，一般工作在短波与超短波波段。八木天线由一个受激单元、一个反射单元以及一个或多个引向单元所构成，反射器、引向单元越多，电磁波的发射角度就越窄，即电波的方向性就越强，而天线的增益也越高，一般在开阔地，如海上的传输距离可达 20km。为提高天线的增益，还有多层多列结构的八木天线，用它来测向、远距离通信效果特别好。

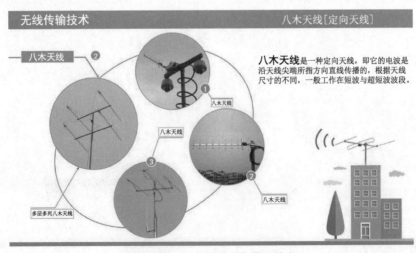

图 10.36　八木天线（鱼骨天线）

（3）螺旋天线：是用绕成螺旋形的导线所制成的天线，如图 10.37 所示，它的辐射方向与螺旋线圆周长有关。当螺旋线的圆周长比一个波长小很多时，辐射最强的方向垂直于螺旋轴；当螺旋线圆周长为一个波长的数量级时，最强辐射出现在螺旋旋轴方向上。螺旋天线一般工作于微波的 L 波段，工作频率为 0.9 ~ 1.8GHz，是一种常用的卫星通信天线。

图 10.37 螺旋天线

（4）背射天线：是一种常见的天线类型，如图 10.38 所示，主要工作于 S 波段，频率范围为 2 ~ 4GHz，在企业通信产品中常工作于 2.4GHz 的 ISM 频段。

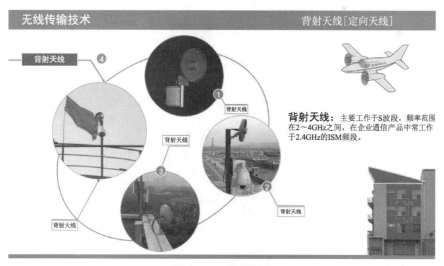

图 10.38 背射天线

（5）抛物面天线：是一种最常见的微波通信天线类型，如图 10.39 所示，金属抛物面的作用主要用来反射与收集高频微波信号，常用于雷达、深空探测以及微波通信领域，工作波段比较宽，涵盖了 S、C、X 及 Ku 与 K 等高频波段。抛物面天线有实面抛物面天线与栅格抛物面天线两种类型，栅格抛物面天线主要用于强风地区，以利于减小风的阻力。对于同样面积的抛物面天线，实面抛物面天线比栅格抛物面天线能反射接收更多的电磁波，因此天线的增益更强。

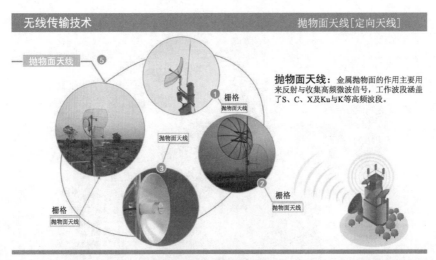

图 10.39　抛物面天线

（6）板状天线：是一种定向天线，它是移动通信系统天线的一种，如图 10.40 所示。这种天线的优点是增益高、扇形区方向图好、后瓣小、垂直面方向图俯角控制方便、密封性能可靠以及使用寿命长，工作频段一般在 S、C 及 X 频段。

图 10.40　板状天线

视频微波网桥传输系统通常采用的是 900MHz、2.4GHz 以及 5.8GHz 共 3 个 ISM 频段，通过加大微波信号的发射功率，一般为 5W 左右，微波信号无阻挡传输距离可以达到

10～30km，通过微波中继后可以传输到更远的距离。

对于点对点或者点对多点的微波扩频传输方式，不同频段与天线的传输距离是不一样的。信号传输的距离主要与微波信号的发射强度以及天线的大小有关，发射信号越强，传输距离就越远；天线面积越大接收的信号就越多，传输距离也会相应地增加。另外，微波传输是一种直线的传输方式，在传输的途中不能有物体的阻挡，所以微波发射天线与接收天线都要相应的架高，如架设在楼房的顶层或山顶等。

10.5 本章小结

10.1节主要介绍了基于SYV同轴电缆与双绞线的视频传输技术，由于目前模拟视频已经被淘汰，所以主要从内容结构的完整性角度做补充介绍，读者进行一般性了解即可。10.2节主要介绍了Intranet（企业内部网络）视频传输的网络设备交换机与综合布线系统两部分内容，基于综合布线系统的数据传输技术是当前企业信息化系统数据传输的基础，下面对主要内容进行总结。

（1）网络交换机：不同于传统三层结构的数据传输网络，视频传输网为了减低延时、提高系统的收敛性能，通常采用两层的扁平化结构。前端交换机一般采用具有POE功能的交换机；核心交换机规格根据组网规模大小的不同而不同。对于前端监控点数较多的中大型监控网络，核心交换机通常采用模块化交换机，可以根据需要灵活地选配端口与插板。提供模块化交换机的国内厂商主要包括华为、华三、锐捷、中兴、浪潮（OEM美国思科产品）等公司。

交换机选型时除了考虑端口的数量外，还需要考虑交换机的背板带宽性能，背板总带宽一般要超过所有端口转发流量之和的30%～50%，否则会导致视频的延时与卡顿；另外，如果交换散热环境不理想，也可能会导致视频传输的延时与卡顿等现象。

（2）综合布线系统：是一套结构化、模块化的精密数据传输系统，本节主要介绍了综合布线系统的结构、EIA T568A与EIA T568B标准的线序排列，以及千兆数据传输网络对器件的要求等内容，这些内容都是实际应用中需要了解的重点内容。

10.3节主要介绍了光纤传输介质、光纤传输设备、企业光纤传输，以及运营商光传输技术等。光传输技术已经成了现代社会高速数据传输的基础，目前长途干线传输及企业与家庭的互联网宽带接入基本都是通过光纤实现的，而且在企业数据中心的高速数据传输（千兆以上速率传输）中，光纤也是唯一的实现方式，"光进铜退"成为了社会的发展趋势。

10.4节全面介绍了无线电波的类型、传输特性与应用领域；微波频段的划分、微波的传输特性、常见的微波天线类型以及天线特点；微波传输系统的应用特点等内容。微波扩频无线视频传输技术广泛应用在森林防火监控、海岸监控、航道与运河监控、边境监控、油田监控等边野环境，成为有线视频传输技术的一种有效补充。

第 11 章
后端控制设备

视频监控系统中摄像机采集的图像传输到监控中心，监控中心是整个系统的枢纽，监控中心设备构成如图 11.1 所示，它承担着对前端设备的控制、监控功能的管理、视频分析及视频图像的显示与存储回放等功能。

网络硬盘录像机NVR

AI摄像机

监控中心 是整个系统的枢纽，它承担着对前端设备的控制，监控功能的管理，视频分析及视频信号的显示与存储回放等功能。监控中心设备随着视频监控系统的发展经历了纯模拟系统、模拟数字混合系统、IP网络监控系统等几个阶段。

网络交换机

综管平台
图像比对
身份识别

AI服务器

控制台

NVR|解码器 存储阵列

拼接显示大屏

图 11.1 监控中心设备

11.1 监控中心设备发展历程

监控中心设备随着视频监控系统的发展经历了纯模拟系统、模拟数字混合系统、IP 网络监控系统等几个阶段，下面分别进行介绍。

11.1.1 纯模拟系统

在视频监控系统应用的早期，监控中心设备由视频分配器、画面分割器、视频矩阵以及 CRT 监控器等模拟设备所构成，系统的结构如图 11.2 所示，以 3 个前端摄像机为例，1号摄像机所采集的视频信号输送到视频分配器，然后被一分为二，一路输送到画面分割器如图 11.2 所示，然后再被输送到监视器显示，画面分割器的作用就是将一台监视器的屏幕进行分割，最常见的为 4 分割与 9 分割，即可以在一台显示器上同时显示 4 路或者 9 路视频图像，这样就可以节约监视器的数量；另外一路被输送到磁带录像机存储。如果某路监控有异常，画面分割器可以将监视器的多路显示切换到一路的满屏显示。如果是监控点数量较多的中大型系统，视频信号不能满足一对一的显示，前端视频信号就会被输送到一台矩阵的设备，如 2 号、3 号摄像机的视频信号，视频矩阵可以灵活地控制输出的视频路数，例如，可以通过多路视频切换的轮巡方式输出所有的视频图像；也可以固定输出部分重要区域的视频图像，其他视频图像轮巡输出，这样就可以在有限数量的监视器上观看所有的监控视频。另外，矩阵设备还可以外接键盘，通过键盘来控制前端云台摄像机的运动，如图 11.2 中 2 号的摄像机。以上这些模拟监控设备基本没有软件控制功能，对操控要求不高，一般通过设备面板上的按钮或者遥控器即可完成相关功能的操作。

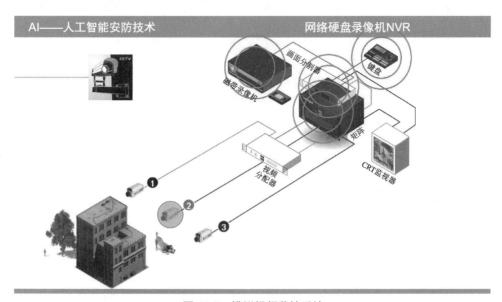

图 11.2 模拟视频监控系统

11.1.2　模拟数字混合监控系统

20 世纪 90 年代随着计算机网络的兴起，数字化监控设备开始获得广泛应用，其中最具代表性的产品就是硬盘录像机（DVR）。硬盘录像机将模拟视频转换为数字视频信号，然后对视频图像进行高效压缩，最后再打包封装成网络数字信号，通过标准的 RJ45 接口输出到计算机网络，网络内其他计算机可以监控图像或者对硬盘录像机功能进行远程操作。硬盘录像机集成了矩阵设备的视频切换功能、前端云台镜头的控制功能、视频图像的输出显示控制功能以及视频图像的本地硬盘存储等功能，大大简化了中小型监控中心的管理控制设备。

在模拟数字混合型视频监控系统中，前端摄像机与传输方式仍然是模拟设备与模拟信号的传输，只是后端的视频信号通过硬盘录像机进行数字化处理与存储。如图 11.3 所示，模拟摄像机采集的现场视频图像信号经过传统的 SYV 同轴电缆或光纤传输到监控中心，监控中心以硬盘录像机为核心，对视频图像进行控制存储与回放。这种模数混合系统构成简单、性能强大、性价比高，成为模数混合时代的典型部署结构。硬盘录像机有插卡式硬盘录像机与嵌入式硬盘录像机两种类型，下面分别进行介绍。

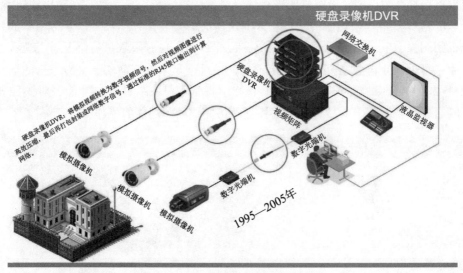

图 11.3　模拟数字混合视频监控系统

（1）插卡式硬盘录像机：是在工控计算机的主板 PCI 插槽上插视频采集卡，视频采集卡的功能是将模拟视频信号转化为数字化，然后采用 H.264 或者 MPGE4 网络编码技术对数字视频信号进行高效压缩，最后在主机中央处理器以及显卡等部件的协助下，通过监控软件进行视频图像的显示控制及存储回放等功能。工控机插卡硬盘录像机的结构与功能如图 11.4 所示。

（2）嵌入式硬盘录像机：采用的是专用嵌入式芯片，内部固化精简版 Linux 操作系统，相比多任务的 X86 架构工控机平台，嵌入式硬盘录像机安全稳定性更高，其软件实现的监控功能与采集卡并无很大区别，因此成为模数混合监控系统的主流。嵌入式硬盘录像机有 4 路、9 路以及 16 路视频输入型号，而在一台工控机内则可以插多块采集卡，如 2 块 16 路卡，达 32 路视频信号的接入，通常用在小区、大厦等监控点较多的场景。

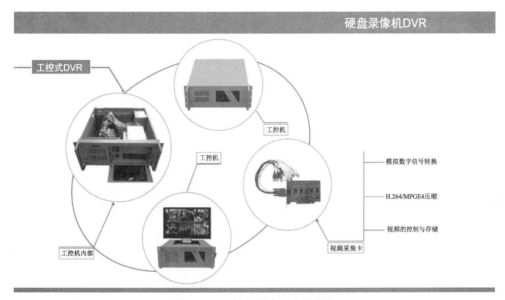

图 11.4 工控机插卡硬盘录像机

在模数混合时代，视频的清晰度不高，每秒 25 帧的实时录像，分辨率通常为 352×288 的 CIF 或者最高 704×576 的 4CIF，即 D1 级别，这种分辨率的视频在显示器上实时观看清晰度尚可，而在视频回放或照片打印状态下则较模糊，无法看到图像的细节。

11.1.3 IP 网络监控系统

IP 网络监控系统中，前端摄像机输出的是经过压缩的网络视频信号，后端控制设备为网络硬盘录像机（NVR），两者都是标准的 TCP/IP 网络设备，因此不再像模数混合系统中一样，摄像机需要与硬盘录像机直接连接，两者可以在计算机网络中任意位置接入即可。网络监控系统相比模数混合系统具有更多的优势，例如，单台设备可实现更多视频图像的控制、视频清晰度更高、组网更灵活，也有更多的软件控制功能。

11.2 监控中心核心控制设备

在大中型的安防监控中心，监控核心控制设备主要包括网络硬盘录像机（NVR）、智能综合监控一体化平台及软件综合管理平台等，下面分别进行介绍。

11.2.1   网络硬盘录像机

网络硬盘录像机（NVR）是中小型网络监控系统的中枢控制设备，产品通常有 4 路、8 路、16 路、36 路、64 路、128 路、256 路等多种规格，清晰度可以达到 1080P、2K、4K，乃至 8K 的超高清晰度。网络硬盘录像机接入位置灵活，只要有网络即可接入。

1．网络硬盘录像机软件功能

网络硬盘录像机的基本功能有视频控制功能、录像存储回放功能、报警联动功能以及网络功能等。

1) 视频控制功能

网络硬盘录像机常用的视频控制功能包括对前端摄像机码流与帧率的调整，监控视频在显示屏上位置的调整，对球机进行转动控制，设置与控制预置位以及进行互联网视频的协议配置等。

前端摄像机有时需要控制码流与帧率，如果监控视频出现延时卡顿，通常是传输设备，如网络交换机选型不当，对大码流处理不过来，这种情况下就可以降低码流，虽然清晰度有所下降，但可以使视频流畅；也可以降低帧率，如将每秒 32 帧或 30 帧降低到 25 帧，这样在保持视觉连贯性的同时大幅降低流量。对码流与帧率的调整是一个常用的功能。

球形摄像机监控的范围较广，通常会设置预置位，如厂区入口处的球机可以将门口、生产出入口、某材料堆放处、转运处等位置设置预置位，在需要时就可快速调用查看。

监控视频在显示屏上的位置通常需要调整，如显示屏上有 16 路监控视频，通常会将相同位置的视频集中排列，如同一楼层、同一厂区、同一场景的视频等。

基于互联网的视频监控应用非常普遍，特别是在家庭、公司等应用场景中，网络硬盘录像机需要对协议、端口、DNS 解析、IP 等参数进行设置，才能实现远程的网络监控。

2) 录像存储回放功能

网络硬盘录像机在对前端视频进行监控的同时也需要对视频进行存储，以备事后进行回放查询。网络硬盘录像机内部配用硬盘槽位，可以安装硬盘进行本地视频存储。根据规格的不同，有 2 盘位、4 盘位、8 盘位、16 盘位及 24 盘位的产品，一个盘位可以安装一块硬盘，目前硬盘的容量在 6TB 左右，24 盘位总容量达到了 144TB 的空间。当然，随着技术的发展，单块硬盘的容量在不断增大，10TB、12TB、16TB 的硬盘已经被研发出来，将来如果需要，可以通过更换或增加硬盘来进行扩容。在大型的公共安防工程中，由于视频存储量巨大，通常需要通过外部独立的存储阵列来存储，这部分内容在随后的视频存储章节中介绍。

3) 联动报警功能

在安防系统中，视频监控往往与报警探测、电子门禁系统相结合，才能构建严密的安全防护系统，其中，视频监控与入侵报警的结合最为普遍。网络硬盘录像机后背板通常都有光电报警信号输入输出接口，可以实现视频监控与报警信号的联动。例如，输入报警信号后，监控视频自动切换到异常画面的全屏显示，称为大画面弹出功能，同时输出声光信号报警。系统也可以设置为根据报警来自动开启录像功能，这种应用非常少，实际工程中通常都是全时录像。此外，还能实现移动侦测功能，移动侦测是将监控视频画面设定一个矩形区域，当有移动物体进入侦测设定的区域，网络硬盘录像机立即触发录像以及声光报警等功能。网络硬盘录像机还支持遮挡报警功能，当开启该功能时，如果监控摄像机被遮挡就会立即触发录像以及声光报警，所以好莱坞大片中采用与监控环境一致的照片来进行遮挡欺骗在现实中是不能实现的。

4) 网络功能

通过局域网或者广域网经过简单身份识别（一般是账号登录识别），就可以在网络内其他主机上通过浏览器或者客户端管理软件对网络硬盘录像机主机进行视频监视以及各种控制功能的远程操作，实现与硬盘录像机本地化操作一样的功能。另外，还可以通过软件的参数设置，实现基于互联网的远程监控，如通过手机对家庭、企业机房的远程视频查看等。

2. 网络硬盘录像机外部接口

网络硬盘录像机的外部接口包括视频输入接口、视频输出显示接口以及报警联动接口等几种，如图 11.5 所示。其中各接口介绍如下。

- 视频输入接口：为网络 RJ45 接口，常见的支持 4 口、8 口、16 路输入，通常支持前端 POE 供电。
- 视频输出显示接口：有本机显示输出接口与解码上墙接口两种类型。
- 音频输入/输出接口：可接本地麦克风与报警音箱等。
- USB 接口：可以插入 U 盘将视频内容复制存储，或者接无线键盘鼠标进行本机操作。
- 报警联动接口：包括报警信号输入接口以及声光报警输入接口，通常包括 4 路报警输入，可接前端报警探测器或报警主机信号，当有报警信号输入时，与报警信号联动的摄像机可进行大画面弹出，即从窗口显示变成全屏显示。

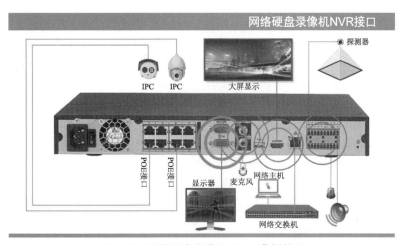

图 11.5 网络硬盘录像机 NVR 背板接口

11.2.2 智能综合监控一体化平台设备

一线厂家推出了针对大型安防工程的智能综合监控一体化平台设备，一体化平台借鉴数据通信设备常见的模块化设计思路，它有一个大容量交换矩阵框架，内置各种视频输入输出功能板卡，以可热插拔的形式灵活选配与扩展，这些板卡包括管理引擎板、SDI 编码板、光纤编码板、RJ45 编码板、HDMI 解码上墙板及 DVI 解码板等，如图 11.6 所示，满配支持两百多路的高清视频编解码能力。管理引擎版对所有的输入输出模板进行管理，为了提高系统的容错能力可以配置两块管理引擎板，互相备份，所有槽板都通过大容量交换矩阵互联并进行高速数据交换。在大中型安防工程中，智能综合监控一体化平台设备可以作为核心控制设备使用，而在特大型监控中心则主要作为大规模拼接显示系统的解码上墙设备使用。

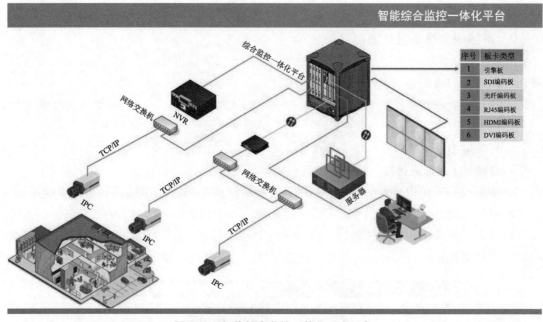

图 11.6　智能综合监控一体化平台设备

11.2.3 综合应用管理软件平台

大中型安防系统控制中心通常需要部署综合应用管理软件平台，它以服务器为基础，以管理软件为核心，基于统一规范整合接入各类视频监控设备，实现跨地区、跨部门视频图像信息资源的整合共享和互连互通互控，并实现监控、报警、门禁等安防系统的统一管理，通常作为大中型安防系统的核心控制管理平台。

11.3 本章小结

本章主要介绍了监控中心的控制管理设备，包括核心网络硬盘录像机的基本功能、型号、接口与设备连接，监控一体化平台设备的功能板卡及应用场景，综合应用管理软件平台的功能等，这些设备及平台软件是大中型监控中心的常见设备及控制管理软件。下面对重点内容进行总结。

（1）网络硬盘录像机：在中小型监控系统中，网络硬盘录像机是系统的核心设备，它承担了视频监控、前端 IPC 管理、视频本地存储与展示、报警联动等功能，是一台功能齐全强大的设备，随着人工智能应用的普及，在网络硬盘录像机中集成人工智能分析功能也是一种自然的发展趋势。但在中大型的监控工程中，视频的分析与图像的识别通常是通过 AI 服务器平台来实现，视频的存储通过外部存储阵列实现，而视频的管理与调用是通过管理平台软件来实现，这意味着以传统嵌入式网络硬盘录像机为核心的安防系统逐渐转向了以 X86 服务器为基础平台的开放系统，以软件应用为核心的作用更加突出。

（2）综合应用管理平台软件：监控中心通过综合应用管理平台软件将监控、报警、门禁、停车场管理与电子巡更等多个安防子系统集中到一个软件界面进行管理，已经成为现在中大型安防系统中不可或缺的管理平台软件。另外，一线厂家为不同的行业应用场景（如校园、楼宇、电厂、森林防火、监狱等）推出了不同的管理平台软件，使得安防的落地应用更有针对性，这同时也是安防厂商实力的体现。

第12章
人工智能安防系统

随着大数据资源、深度学习算法与人工智能芯片技术的发展，基于视频分析的人工智能（AI）安防系统获得快速的落地应用，如图12.1所示。下面以海康威视的产品为例来介绍人脸识别监控系统的构成与功能。

12.1 人工智能安防系统构成

2016年，海康威视发布了基于深度学习技术的前端智能摄像机（深眸智能摄像机）、分布式智能超脑NVR、中心智能脸谱人脸分析服务器等系列产品，前后端深度智能无缝对接，为人脸大数据应用提供有力支撑。

12.1.1 前端智能摄像机

前端智能摄像机相比普通IP摄像机具有人脸抓拍更清晰、更优质的优势。人脸图片来源是人脸识别系统的第一环，运用传统的摄像机存在一定的局限性，如检测准确率不高、漏抓误报比较多、人脸抓拍不清晰、图像质量不理想等。由于人脸摄像机内置深度学习算法，可以对人脸进行快速定位抓拍，有效解决漏抓误报的问题，即使周围环境光线不佳，人员戴帽子或有一定角度的低头、侧脸时仍然可以做到准确识别。此外，智能的人脸评分机制，可以在人员进入识别区域后抓拍多张图片，自动判断图片效果，为后端分析服务器提供更清晰、更高质量的人脸图片。有了前端深眸智能摄像机提供的高质量人脸图片，后端再做进一步分析应用，人脸识别的准确率和效率都会有大幅度的提升。

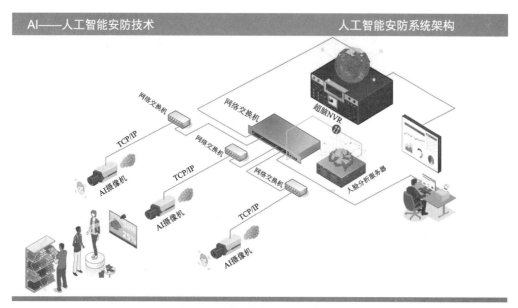

图 12.1 人工智能安防系统架构

12.1.2 分布式智能超脑 NVR

分布式智能超脑 NVR（以下简称超脑）是一款基于深度学习算法的智能存储与分析产品，不仅具有传统 NVR 的音视频储存、传感器报警、联动输出、SMART 侦测等功能，还能实现人体属性结构化、人脸黑名单报警等功能。人体属性结构化的意思就是把图片中的人按照属性存下来，包括衣服的颜色、是否戴眼镜，是否挎包，以及年龄段等特征存在超脑里面，如果需要搜索一个戴帽子穿白色衣服的人，只要在客户端输入"戴帽子白色衣服"关键字，指定时间段内符合这种特性的人就会被搜索出来，所处的视频段也会显示出来。其次就是人脸比对，超脑可以存储指定人员的照片，用一个普通 IPC 接在超脑上，当摄像机拍到人脸时，超脑会进行人脸建模，然后和数据库比对，若是相似度达到设定的阈值（0 ~ 100）就会报警。目前超脑有两种应用场景：一种是人脸比对报警，另一种是人体结构化，大超脑产品能同时实现这两种功能，但是价格比较贵。小超脑则有实现人脸识别和人体识别不同单项功能的产品。

虽然传统 NVR 通过软件实现了移动侦测等智能分析功能，但是这种智能化是一种浅层次的智能化，应用场景有限，并不是真正的智能化。而基于深度学习技术 NVR 的智能分析功能则非常强大，可以实现包括行为分析、客流量统计以及人脸及车牌号码识别等功能。

1. 行为分析功能

在高密度公共场所检测人群异常聚集、滞留、逆行、斗殴及混乱等多种异常现象；在交通领域可对多种交通违法行为进行取证，包括机动车闯红灯、违法停车、压线、变道、逆行、超速、人行横道不避让行人、违反规定使用专用车道、行人闯红灯等各种交通违法行为。

2．客流量统计功能

智能安防系统服务于人像布控业务，适用于人流密集的通道、出入口、大型活动安保等场景。通过摄像画面来分析每一帧视频，并进行人脸的抓拍、识别与属性分析、结构化解析以及流量统计，从而得出人群密度和人流走向等数据结果。

3．人脸识别功能

人脸识别过程包括人脸抓拍、人脸检索、人脸对比识别3个步骤。

（1）人脸抓拍：系统能够对经过设定区域的行人进行人脸检测和人脸跟踪，抓拍出最为清晰的人脸图像。

（2）人脸检索：人脸检索系统可对照片中的人脸进行检测，并利用人脸的面部特征对人脸照片进行建模，生成人脸建模数据库，系统可根据人脸照片的建模特征在人脸数据库中进行快速检索，检索出其中相似的人脸，从而协助用户对照片中人员进行身份认定，包括可用于对海量人脸数据的检索；可输出与输入人脸图像最为接近的一系列人脸图像，并按照人脸相似度排序；可用于对海量人脸数据库中重复人员照片的搜索。

（3）人脸比对识别：系统可以配置黑名单数据库。人脸比对识别主要是对抓拍到的人脸与黑名单数据库中的人脸照片进行实时比对，如果人脸的相似度达到阈值（可人工设置），系统自动可通过声音等方式进行预警，提醒监控管理人员。监控管理人员可以根据双击报警信息查看抓拍原图和录像进行核实。

此外，人脸识别系统与门禁系统结合还可以设置白名单，即在白名单内的用户可开启闸门，白名单之外的用户则被拒绝。

4．车牌号码识别功能

通过先拍摄到已停止汽车清晰的车牌图像，然后再采用图像检测方法检测出图像中车牌的位置，接着进行车牌文字的抽取和识别，通过对车道内通行车辆的视频流进行采集，实现对同一车牌的多次识别，最后输出经过优化选择的结果，一般无须外界触发信号，具有较强的适应能力，并对车辆遮挡情况有一定的抵抗能力。主要用于小区车辆的登记查询以及收费、高速公路违法车辆的抓拍等环境。

5．浓缩播放功能

浓缩播放功能包括可对非关键区域视频快速播放，关键区域正常播放；可对长时间视频浓缩播放，动态调整视频的播放速度，视频中无关注目标存在时加快播放速率，目标出现时恢复正常速度，以快速查找和定位目标，减少查找时间。

6．视频摘要功能

视频摘要功能包括将视频中出现在不同时间点上的目标叠加在同一画面中，即在同一画面（空间）上叠加显示不同时间点的运动目标，提升浏览视频速度，可以快速定位要查找的目标，大大提高查找效率。还可对视频进行浓缩生成摘要，将数小时视频片段压缩成仅用数分钟回看的浓缩视频。

12.1.3　中心智能脸谱人脸分析服务器

中心智能脸谱人脸分析服务器采用高密度 GPU 架构，集成了基于深度学习的人脸智能算法，每秒可实现数百张人脸图片的分析、建模，性能表现出色。此外，单机支持 30 万人脸黑名单布控、人脸 1∶1 比对、以脸搜脸等多项实用功能，可满足各行业的人脸智能分析需求。

基于深度学习的智能安防系统可实现人脸精准识别与特征提取，支持对海量人脸数据的高效检索、动态布控、深度分析等，系统提供人像实时采集、人脸去重、实时动态布控、以脸搜脸、特征检索、人证核验、同行人分析、人员轨迹分析、异常人员徘徊分析、人流统计等功能，提供面向公安、社区等社会公共安全细分行业的深度应用。

12.2　人工智能监控部署架构

现在，社会正处于 IP 网络监控向智能化监控转型时期，为了保护原有的投资，存在两种智能监控部署方案，下面分别进行介绍。

（1）在原有网络监控系统的基础上保留原有的 IPC，后端采用基于深度学习技术的 NVR 与视频分析服务器，或者照片比对服务器与视频分析服务器。此种方案是应用人脸识别技术对数字化监控系统的智能化升级。通过后端系统完成人脸对象提取、图像理解等智能化处理。由于所有的智能化计算都在后端完成，因此对后端平台的压力与投资比较大，通常只适用于中小型的监控系统。

（2）对于新建系统，通常采用前端 AI 摄像机 + 后端 AI 控制系统的解决方案。通过前端 AI 摄像机把控人脸识别的第一关，前端人脸产品更出色的成像效果大大提升了后端的资源利用率，同等条件下可大幅节省中心部署空间，同样的投入可以产生更大的效用，为人脸大数据应用带来更大的价值提升。

AI 产品前端化将逐步成为趋势，这样可以减轻后端分析的压力，让后端专注于数据的处理和行业业务。此外，随着人脸识别技术及视频结构化技术的逐步完善，后续基于视频的 AI 技术可能会偏向各种复杂事件的分析，实现对视频内容的充分解析。

对于大型的智能安防工程，如天网工程、智能交通、雪亮工程等，由于前端接入的监控点数量众多，因此采用前端边缘计算、后端云计算、大数据平台、视频图像智能分析技术相结合的系统架构，如图 12.2 所示。

① AI 前端：包括感知型摄像机和移动终端两大类。通过 AI 赋能这些前端不仅能够采集实时视频，还能抓取视频中人员、车辆的目标快照，并提取这些目标的特征，将视频变成计算机能够处理的结构化数据。

② 大数据平台：包括云计算、云存储、深度学习、视图库 4 个部分。AI 前端采集的视频、图片以及结构化数据进入大数据平台，进行存储和深度的二次分析，分析后的图片、短视频以及结构化的数据汇入视图库，形成完整的视频大数据内容。

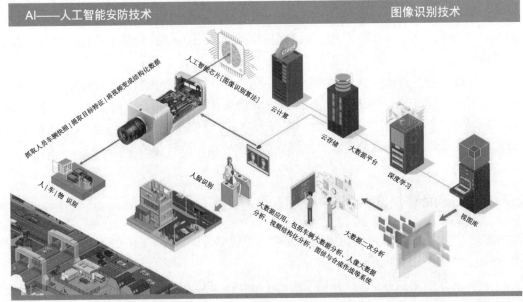

图 12.2　人工智能大数据平台应用

③ 大数据应用：包括车辆大数据分析、人像大数据分析、视频结构化分析、图侦与合成作战等系统等。通过这些系统开展一系列的人像大数据、车辆大数据分析、研判以及合成作战应用。

未来所有的前端都会被 AI 赋能，不管是固定的还是无线的产品，都能在前端完成目标特征的识别及提取，而后端服务器、平台等完成视频结构化分析，前后端 AI 赋能设备一起构成完整的深度应用解决方案。

12.3　海康威视 AI Cloud

目前，全国各地市都在积极地进行城市级的智能化改造，如智慧城市和智慧交通等区域级的大型项目，后端云计算需要面对的是数千路甚至数万路摄像机所采集的亿级数据量，因此，云平台要承担大规模的并行计算，这对反应速度与延时要求造成了巨大挑战。为了减轻云数据中心的压力，海康威视提出了分层分级结构的"边缘域"概念，即 AI

Cloud 由边缘节点、边缘域、云中心 3 个部分构成，如图 12.3 所示，边缘节点就是边缘设备，主要解决的是感知数据的采集，能更精确地捕捉视频中的有效信息及多种类型的物联网数据。

　　边缘域靠近边缘节点，可以就近存储及处理数据，以实现感知数据的汇聚和智能化应用。通过边缘域来分摊海量数据给中心节点带来的并发压力，同时提升运作任务的敏捷性、实时性和系统可靠性。

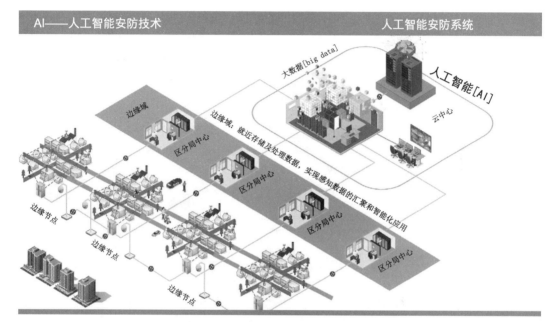

图 12.3　海康威视 AI Cloud 结构

　　边缘域建有边缘域管理调度平台，在管理调度平台后台构建了两池一库，两池是计算存储资源池和数据资源池，一库是算法仓库。该平台可以管理、调度域内计算存储资源池、数据资源池和算法仓库的资源。同时通过建立算法模型规范，支持多厂家的算法在同一个算法仓库中进行管理调度。在两池一库的基础上提供对连接到边缘域的所有边缘节点，包括接入进来的视频、门禁、报警等各类物联网资源进行统一管理，以及统一管理调度边缘域自身的计算资源、存储资源、软件资源、算法资源等。

　　云中心则可以进行多维数据融合及大数据分析应用，在云中心建立大数据资源池。云中心主要对 3 类数据汇聚和处理：第一类数据来自于边缘域的物联网数据；第二类数据来自互联网的数据；第三类数据是各个行业业务系统的内部数据，这三类数据汇聚并通过大数据的资源平台来解决数据治理和数据服务的问题。

　　在物联网领域基于边缘域的 AI Cloud 架构主要提供 4 种能力，包括 AI 资源的可调度、数据的按需汇聚、应用的场景化响应、运维的一体化建设，同时也为实现 AI Cloud 生态的成长而服务。

安防智能化通过人工智能技术实现的目标是让机器"看得懂"视频中的人、车、物、行为等内容。另外，经过多元异构数据的融合，再经过大数据的逻辑推理能力，使系统具备认知智能，从而实现大规模的综合管控与预警预测。

12.4　本章小结

本章以海康威视产品为例，系统介绍了 AI 赋能的前端智能摄像机、分布式智能超脑 NVR 及中心智能脸谱人脸识别服务器所能实现的功能与具有的优势，其他厂家的 AI 产品所实现的功能也相差不多；最后用较多篇幅介绍了海康威视大物联网云平台的技术架构、功能模块与功能实现，海康威视 AI Cloud 区域智慧物联网云平台架构是大物联网平台技术应用的一个典型代表。

第 13 章
视频存储系统

　　安防监控系统中视频的存储容量因每个工程前端监控点数量、视频码流及存储周期的差异而各不相同，因此，NVR 的存储磁盘通常需要计算总存储容量并单独购买。随着摄像机分辨率的不断提升，每路视频的码流也不断增大，因此对视频存储的要求越来越高。视频存储通常分为 NVR 的本地存储与外部存储阵列两种，如图 13.1 所示。如果前端摄像机数量不多，视频通常存储在 NVR 的内部硬盘上；如果前端摄像机数量比较多，NVR 本地磁盘空间往往不够，就需要外部磁盘阵列来单独存储。

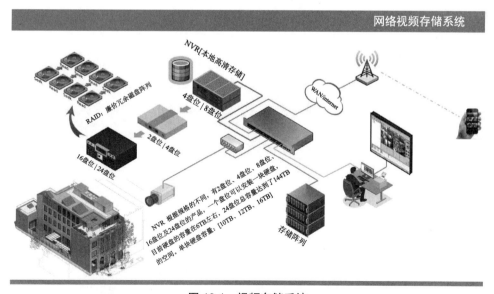

图 13.1　视频存储系统

13.1 存储容量计算

存储容量的计算方式为：存储容量 = 码流 ×60 秒 ×60 分钟 ×24 小时 × 存储周期 × 监控路数，其中，码流随摄像机的分辨率与帧率的不同而不同，例如，200 万像素 1080P 分辨率的视频，帧率为 30 帧 / 秒，采用 H.265 压缩标准，码流为 4MB/s，则每天所需的存储空间为 4MB/s × 60s × 60min × 24h ≈ 337GB，存储周期有 2 周、4 周、3 个月及更长不等，超过设定的周期视频会进行循环覆盖存储。一般工程按 15 天 (约 2 周) 存储周期计算，则 15 天单路视频的存储容量为 337GB × 15（天）=5055GB ≈ 5.0TB；如果是 16 路视频则需要 5.0TB × 16=80TB 的存储空间。目前，单块硬盘的空间为 6TB 左右，16 路视频则需要 80TB/6TB ≈ 14 块硬盘即可。数据单位之间的关系为：1MB=1024KB；1GB=1024MB；1TB=1024GB；1PB=1024TB；1EB=1024PB；1ZB=1024EB。

前端视频的码流与帧率是可调的。NVR 有 2 盘位、4 盘位、8 盘位、16 盘及 24 盘位等多种规格的产品，如果视频容量超出了 NVR 总存储容量，可以有多种方式解决，如增加磁盘数量，适当降低视频的码流或帧率（降低码流，视频的清晰度也会随之降低）。增加 NVR 来分担；如果存储空间达到数百太字节或者 PB 级别，则可以通过外部存储阵列来存储。表 13.1 为不同的码流每个通道每小时产生的文件大小。

表 13.1 码流与文件大小对应表

码流大小（位率上限）Kb/s	文件大小 /MB	码流大小（位率上限）Kb/s	文件大小 /MB
512	225	640	281
768	337	896	393
1024	450	1280	562
1536	675	1792	787
2048	900	3072	1350
4096	1800	5120	2250
6144	2700	7168	3150
8192	3600	16384	7200

一般一线厂家的 NVR 产品手册内都会有类似表 13.1 的码流说明，以方便磁盘空间与数量的选配。

13.2 RAID 技术

为了防止磁盘损害造成数据丢失，并获得更高的数据读写能力，NVR 与磁盘阵列往往采用多个硬盘所组成的 RAID 技术。

RAID 是 Redundant Array Of Independent DISK（独立冗余磁盘阵列）的缩写，磁盘阵列是把多个硬盘组成一个整体，由阵列控制器管理，以实现不同等级的冗余、错误恢复和高速数据读写性能，RAID 技术是目前实现整个磁盘阵列的技术基础。磁盘阵列分为 9 个级别，分别是 RAID 0、RAID 1、RAID 2、RAID 3、RAID 4、RAID 5、RAID 0+1、RAID 6 及 RAID 7，如图 13.2 所示。其中，RAID 2、3、4、7 的使用率较低，而 RAID 0、RAID 1、RAID 5、RAID 6 以及 RAID 0+1 则被大多数企业所广泛采用。

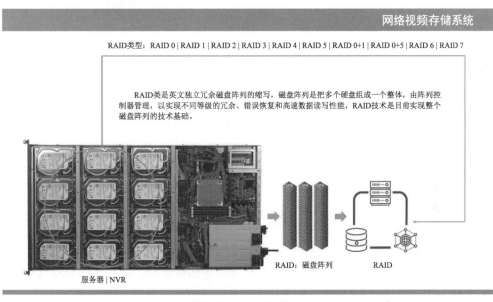

图 13.2　RAID 技术

13.2.1　RAID 0

RAID 0 需要至少两个硬盘，它将两个或多个相同型号及容量的硬盘组合起来，数据同时从两个或多个硬盘读出或写入，速度会比一个硬盘快得多。但没有任何保护措施，只要其中一只硬盘出事，所有数据便会被破坏。RAID 0 通常应用在一些非重要资料上，如影像资料。磁盘阵列的总容量为各个硬盘容量之和。

13.2.2　RAID 1

RAID 1 由一个主硬盘和至少一个作实时备份的副硬盘组成，在向主硬盘写入数据时，系统同时将数据完整地保存到副硬盘，始终保持着副盘是主盘的完全镜像。一旦某个磁盘失效，则另一块磁盘将马上接手工作。RAID 1 磁盘阵列可靠性很高，但其有效容量减小到总容量一半以下，同时资料写入的时间会长一点，但可以从两个硬盘同时读取资料，因此，RAID 1 常用于对出错率要求极严的应用场合，如财政、金融等领域，其中，服务器的系统盘通常采用两块硬盘组成 RAID 1 的形式，以提高操作系统的安全可靠性。

13.2.3 RAID 2

RAID 2 技术是将数据条块化地分布于不同的硬盘上，条块单位为位或字节，并使用加重平均纠错码的编码技术来提供错误检查及恢复。这种编码技术需要多个磁盘存放检查与恢复信息，冗余信息开销太大，使得 RAID 2 技术实施复杂，因此在商业环境中很少使用。

13.2.4 RAID 3

RAID 3 级别需要至少 3 个硬盘。数据会被分割成相同大小的基带条存放在不同的硬盘上。其中一个硬盘被指定用来储存校验值，这个校验值是 RAID 卡根据前面硬盘中存放的数据运算出来的。当其中一个硬盘有问题时，用户可以更换硬盘，RAID 卡便会根据其他数据重构并存放在新硬盘里。RAID 3 可以提供高速数据读取，但只针对单用户模式；如果多人同时读取资料，RAID 3 不是理想选择，因为提供奇偶校验的磁盘常会成为瓶颈。

13.2.5 RAID 4

RAID 4 同样也将数据条块化并分布于不同的硬盘上，但条块单位为数据块。RAID 4 使用一块硬盘作为奇偶校验盘，每次写操作都需要访问奇偶盘，这时奇偶校验盘会成为写操作的瓶颈，因此，RAID 4 在商业环境中也很少使用。

13.2.6 RAID 5

RAID 5 级别需要至少 3 个硬盘，数据分割与 RAID 3 一样。RAID 3 中所有的奇偶校验块都集中在一块硬盘上，而 RAID 5 则将所有数据及校验值分布在全部硬盘上。因此，RAID 5 消除了 RAID 3 在写数据上的瓶颈，可以提供高速数据读取并针对多用户模式，磁盘阵列的总容量为各个硬盘容量之和减去一块硬盘的容量。RAID 5 以合理的成本提供最均衡的性能和数据安全性，因此在企业获得了广泛应用。

13.2.7 RAID 0+1

RAID 0+1 也被称为 RAID 10 标准，实际是 RAID 0 和 RAID 1 标准结合的产物，这种配置至少需要 4 块硬盘，它的工作方式是数据块 1 写到磁盘 1，数据镜像写到磁盘 2；数据块 2 写到磁盘 3，数据镜像写到磁盘 4；数据块 3 写到磁盘 1，数据镜像写到磁盘 2……依此类推。它的优点是同时拥有 RAID 0 的超凡速度和 RAID 1 的数据高可靠性，但是 CPU 占用率也更高，而且磁盘的利用率比较低，只有 50%。

13.2.8　RAID 5+0

RAID 5+0 是 RAID 5 与 RAID 0 的结合，也被称为 RAID 50。此配置将 RAID 5 子磁盘进行分组，每个子磁盘组要求 3 块硬盘，组中的每个磁盘进行包括奇偶信息在内的数据剥离。RAID 50 具备更高的容错能力，而且因为奇偶位分布于 RAID 5 子磁盘组上，故重建速度有很大提高。

13.2.9　RAID 6

RAID 6 是在 RAID 5 基础上增加了第二个独立的奇偶校验信息块。两个奇偶系统使用不同的算法，数据的可靠性得到了更进一步提高，即使两块磁盘同时失效也不会影响数据的使用。但 RAID 6 需要分配给奇偶校验信息更大的磁盘空间，写性能稍差。

13.2.10　RAID 7

RAID 7 是在 RAID 6 的基础上采用了高速缓存技术，使得传输速率和响应速度都有较大的提高。数据在写入磁盘阵列前，先写入高速缓存中然后再转到磁盘阵列；读出数据时主机也是直接从高速缓存中读出而不是从阵列盘上读取，以减少磁盘的读操作次数。RAID 7 是高速缓存与磁盘阵列技术的结合，满足了当前的技术发展的需要，尤其是多媒体系统的需要。

以上磁盘阵列技术应用较多的有 RAID 0、RAID 1、RAID 5、RAID 6 以及 RAID 10，大多数 NVR 与磁盘阵列设备都同时支持以上 RAID 技术中的几种，将多块硬盘或者全部硬盘根据需要设置为以上的某种 RAID 方式，因此需要了解各种 RAID 技术的差别。

13.3　磁盘接口的类型

NVR 与存储阵列的硬盘接口有多种类型，不同的接口决定了硬盘的数据传输速度。目前常见的硬盘接口主要有 SATA 接口、SAS 接口以及 FC 接口 3 种类型，如图 13.3 所示。

13.3.1　SATA 接口

SATA 接口是支持热插拔功能的高速串行接口，所谓热插拔是指设备在不断电状态下可以进行磁盘的插拔。SATA 接口有 3 种标准，分别是 SATA 1.0、SATA 2.0 以及最新的 SATA 3.0，传输速率分别为 150MB/s、300MB/s 以及 600MB/s，SATA1.0、SATA 2.0 已被淘汰，目前普遍使用的是 600MB/s 的 SATA 3.0 接口。由于成本较低，所以被中低端的服务器与视频存储设备所广泛采用。

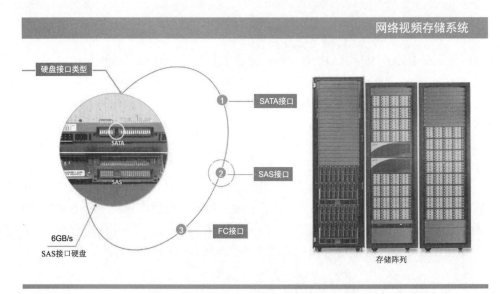

图 13.3　磁盘接口类型

13.3.2　SAS 接口

　　SAS 接口和 SATA 硬盘一样都是采用串行技术以获得更高的传输速度，并支持热插拔。SAS 接口可以向下兼容 SATA，因此，SATA 硬盘可以直接使用在 SAS 的环境中，但是 SAS 不能直接使用在 SATA 的环境中，因为 SATA 控制器并不能对 SAS 硬盘进行控制。SAS 接口的传输速率高达 6GB/s，估计以后还会有 12GB/s 的高速接口出现，SAS 磁盘目前被中高端磁盘阵列所广泛采用。

13.3.3　FC 接口

　　FC(Fiber Channel, 光纤通道) 接口具有支持热插拔、高速带宽、远程连接以及连接设备数量多等优异特性。由于光纤设备的成本较高，所以目前中高端磁盘阵列内部普遍使用高速 SAS 硬盘来取代 FC 硬盘，而 FC 接口则用于外部阵列之间的连接，从而降低成本。

13.4　磁盘的类型

　　硬盘的类型目前主要有机械硬盘与固态硬盘两种，机械硬盘由于技术成熟。容量大以及价格低廉等优势，还是目前主流的存储介质；固态硬盘具有数据读写速率高、抗震动性强等优势，淘汰机械硬盘是历史的趋势。随着国内武汉长江存储、合肥长鑫、福建晋华存储三大世界级存储基地的建设，预计 2020 年将迎来固态存储的普及应用。

13.5　存储系统类型

由于视频信号是标准的 TCP/IP 网络数据流，所以视频存储阵列就是数据中心存储阵列。为满足各种数据类型与应用环境的需要，存储阵列有多种类型，主要包括主机直连式存储（DAS）、网络附加存储（NAS）、FCSAN 存储、iSCSI 存储、统一存储以及分布式云存储 6 大存储类型。下面将对各类存储系统的技术特点以及应用环境进行详细介绍。

13.5.1　直连式存储

直连式存储（DAS），即直接与服务器相连接的磁盘阵列存储设备，通过 SATA、SAS 或者 FC 接口线缆直接连到服务器内部的 RAID 卡上，然后再通过服务器主板的总线将输入 / 输入请求直接发送到存储设备。DAS 设备本身是硬件的堆叠，不带有任何存储操作系统，可以看作是服务器硬盘的扩展。由于是通过内部接口与服务器直接连接，所以具有速度快、延时小的特点，非常适合数据库应用的块数据传输。DAS 分主机内部磁盘阵列与主机外挂磁盘阵列两种不同形式，如图 13.4 所示，下面分别进行介绍。

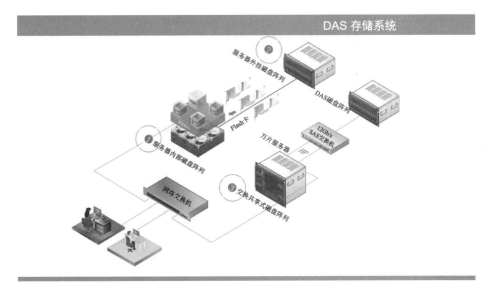

图 13.4　DAS 类型

主机内部磁盘阵列是最常见的方式，通常服务器内部都带有多个磁盘，用户可以根据需要将磁盘设置成不同的阵列级别，主要用于操作系统与应用程序的安装与运行以及热数据（即频繁使用的数据）的存储。第二种方式为外挂式磁盘阵列，可以方便地通过磁盘阵列柜进行容量扩展，可用作企业各种生产数据的存储设备。此外，通过 SAS 交换机扩展的直连式阵列仅惠普一家公司推出了相关产品。

直连式存储由于扩展简单，成本较低的特性，适合于服务器数量较少的中小型企业，但是对于用户数据不断增长的大中型企业，其在备份、恢复、扩展及容灾等方面则变得十分困难，但服务器内置式磁盘阵列还是当今应用最为普遍的存储形式，NVR 内置磁盘阵列即是 DAS。

13.5.2　网络附加存储

网络附加存储 (NAS)，又称为网络连接存储，主要用于存储文件类型的数据。网络数据的存储方式主要有 3 种：数据块存储方式、文件存储方式与对象存储方式。通常情况下，各类数据库应用都需要以数据块存储方式来保证数据库的性能；而文件存储方式则适合于除数据库外的大多数应用，如数字文件、数字图片、数字视频与数字音频等数据，因此基于文件方式的 NAS 与基于数据块方式的 DAS 和 FCSAN 存储是一种互补的存储方案。而对象存储则是包含了文件数据以及相关属性信息的综合体，一个对象除了 ID 和用户数据外，还包含了属主、时间、大小、位置等源数据信息及权限等预定义属性，乃至很多自定义属性。每个对象可能包括若干个文件，也可能是某个文件的一部分以及文件相关的属性。对象存储的优势是可以通过属性从系统中快速高效地获取该数据的全部信息，同时增强了整个存储系统的并行访问性能和可扩展性。对象存储相对于文件存储的优势主要体现在海量的大数据存储方面，目前，对于 PB 级的数据 NAS 存储可以较好地满足要求，但是到了 EB 级的数据，对象存储几乎是唯一的选择。

NAS 设备是一个瘦服务器功能的网络存储设备，具有独立的存储操作系统，不属于某个特定的服务器，而是直接连接到局域网交换机上，通过 TCP/IP 协议通信以文件的输入 / 输出方式进行数据传输，如图 13.5 所示。NAS 设备具有高可靠性、高可扩展性的特点，并且它便捷的管理与相对低廉的成本使得其占领了高、中、低端市场的大部分份额。

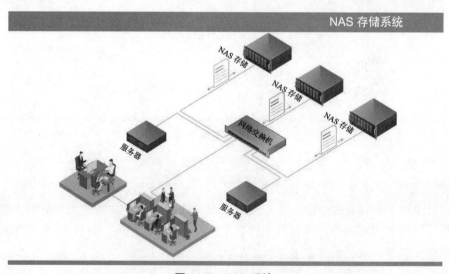

图 13.5　NAS 系统

大数据时代为了满足快速增长的海量数据存储需求，NAS 走向集群化成为必然。集群存储拥有两个优势：一是灵活性，用户可以根据当前的需要来购买存储设备，并可在未来根据需求对系统进行扩容；二是可管理性，不管用户购买了多少个控制器或多少块磁盘，看起来都是同一套系统，从而大大降低了系统的管理和维护难度。集群 NAS 主要适合两种类型的应用：一类是对性能有特殊要求的应用，如高性能计算应用，包括卫星气象云图、石油勘探数据存储等；另一类是低成本、超大容量的存储应用，如视频监控、信息归档等，因此集群 NAS 存储也被称为大数据存储。

13.5.3　FCSAN 存储

SAN 是存储区域网络的简称，存储区域网络是一种独立于局域网服务器后端的高速专用存储子网。一个完整的 SAN 系统包括服务器端的光纤通道卡（FC HBA）、用于 SAN 连接的光纤通道交换机（FC Switch）、支持 SAN 的存储设备以及支持 SAN 的管理软件与服务，如图 13.6 所示。存储区域网络通过在高速的光纤通道上加载 SCSI-3 协议来达到可靠的块级数据传输，从而成为数据库应用的高效存储设备，因此被称为 FC（光纤通道）SAN 存储。

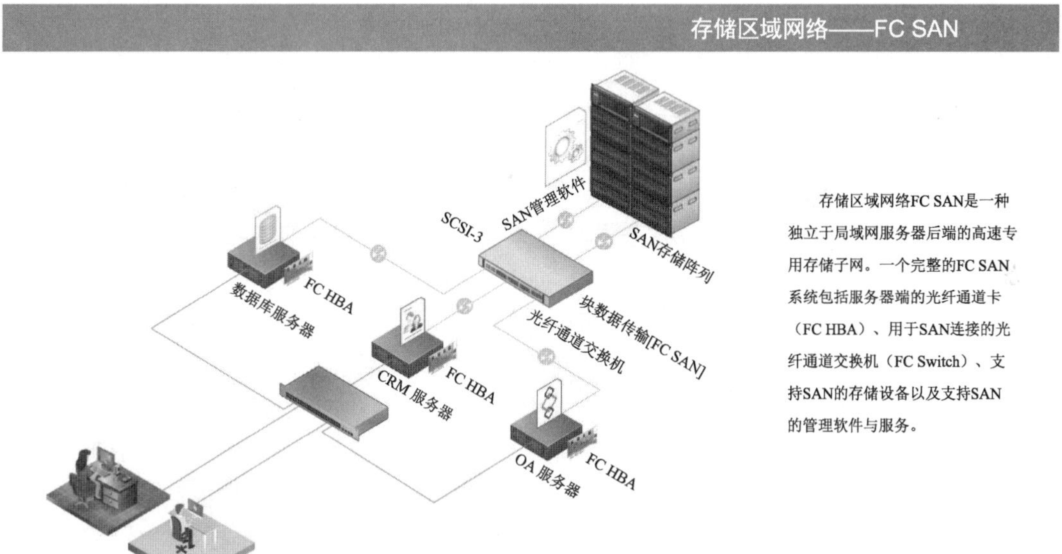

图 13.6　FC SAN 光纤通道存储系统

FC SAN 的拓扑结构为交换式结构，在交换式结构下，主机和存储装置之间通过智能光纤通道交换机组成星状连接。另外，通过多台交换机之间的级联还能方便地进行 I/O 端口的扩展，最多可支持 1600 万个设备的互连。其中，两台光纤通道交换机互为备份的结构是最常见的入门级交换结构形式。光纤通道交换机内部运行光纤拓扑，提供每端口独占的 1000 MB 或更高的带宽。

FCSAN 虽然与交换式以太网的拓扑结构相同，但两者是不同类型的网络。以太网是基于 TCP/IP 协议的网络，传输的是 OSI 七层封装的以太网数据帧；而 FCSAN 则是一种更底层的总线扩展型网络，服务器端的 FCHBA 卡直接插在主板的 PCI-E 总线插槽上，通过光纤通道来传输 SCSI 协议，传输的数据类型为数据块。数据块也是一种帧封装，但这种帧的结构相比以太网帧更简单，而且封装成大数据块，所以传输的效率要远高于 TCP/IP 数据帧，具有更小的时延。

FC SAN 的主要设备包括光纤通道交换机（FC SWITCH）、光纤通道卡（FC HBA）和支持 FC SAN 的存储阵列设备。光纤通道交换机在逻辑上是 SAN 的核心，有固定端口光纤交换机与模块化可扩展交换机两种类型。

固定端口光纤交换机分为 24 端口与 48 端口两种，由于主机和存储设备通常采用双通道与交换机建立冗余连接，所以交换机的端口占用数量较多，因此通常配置为 48 端口的交换机。可以将多个交换机级联以提供更多的端口数量，交换机间的互连线路可以在任意端口上创建。通常主机与存储阵列都是通过双路 HBA 卡连接到 FC 交换机，用于扩展传输带宽与容错，所以交换机的端口占用会比较多。模块化可扩展交换机是核心级交换机，核心级交换机又叫导向器，它通过可热插拔模块提供很多端口，并具有非常宽的内部带宽。核心级光纤交换机一般位于大型 SAN 的中心，将多个边缘交换机相互连接，形成一个具有上百个端口的 SAN 网络。

光纤通道卡的作用是负责服务器内总线协议和存储协议的转换，例如，服务器主板芯片支持 SATA 或 SAS 协议，如果是 SATA 磁盘或者是 SAS 磁盘就可以直接与服务器连接。在服务器主板插入 FC HBA 适配卡后，就可以将 SATA 或 SAS 协议与光纤通道协议相互转换。

FC SAN 中的存储阵列设备则是各大型存储供应商的代表性实力产品之一，它是由存储控制器、控制器互联矩阵、磁盘阵列框与存储控制软件等组成，如图 13.7 所示。其中最重要的是存储控制器、控制器互联技术以及存储控制软件，它们直接决定着整套存储系统的性能。存储控制器实际上是一台对存储进行优化的 X86 服务器，它的性能越强则存储系统的容量扩展与数据处理能力就越强。通常低端的 SAN 存储设备为单控制器配置，中端存储系统则普遍配置互为热备份的双控制器，而高端存储则是采用多控制器的集群配置。普遍采用的是 8 个或 16 个控制器。单控制器在故障时使用直接写磁盘模式，使控制器性能严重降级；而且重建时间长达 6～25h，重建期间部分磁盘会经受很大的负载压力，使数据面临双重故障风险。而多控制器通常工作在集群模式，能较好地实现性能的均衡与风险的分担，而且数据的重建时间大大缩短。

另外，控制器之间的互联矩阵技术直接决定了整套系统内部的 I/O 性能，因此也是决定高端存储系统性能的关键要素。目前，高端存储多控制器之间的高速互联矩阵技术标准主要有 PCIe 总线标准、RAPIDIO 工业标准及高速 InfiniBand I/O 规范 3 种，由于 PCIe 总线为主机内部的总线标准,相对其他连接技术不需要做协议转换,延时更低,所以现在传统的高端存储系统基本都是采用 PCIe 来进行控制器间的高速互连。但传统的 PCIe 总线标准与 RAPIDIO 工业标准发展相对较慢,其总线带宽并不能满足目前新兴的全闪存阵列的需要,因此,各厂商全闪存阵列控制器之间的互连基本都是采用高速的 InfiniBand 交换矩阵。交换矩阵在物理形式上有些做成了单独的交换机箱,有些则做成了嵌入式的模块,融合在存储阵列的背板之中。

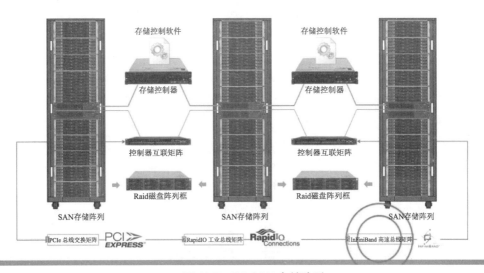

图 13.7 FC SAN 存储阵列

存储控制器有内部与外部两种类型的接口,内部接口主要用于连接 RAID 磁盘,包括的类型有 SAS、FC 与 SATA 接口;外部接口主要用于与服务器对接,接口类型包括 FC 接口、InfiniBand(IB)、iSCSI 以及以太网接口等,如图 13.8 所示,图 13.8 右侧为存储系统的内部连接方式:RAID 磁盘阵列节点的 I/O 接口通过数据线以菊花链方式串联到存储控制器,通常采用双数据线连接到 2 台存储控制器,由存储控制器来控制磁盘的读写;存储控制器同样也是采用双光纤接口连接到两台 SAN 交换机,再通过 SAN 交换网络给服务器提供共享的存储空间。

目前,各存储厂家的产品架构基本趋向于 X86 模块控制器的标准化,产品性能的差异则更多地体现在存储软件的功能上。高端及中端存储设备多采用虚拟化技术、自动分层存储、重复数据删除、自动精简配置、数据压缩技术、快照技术及远程数据复制等高级技术特性,因此,存储界有一个说法就是"存储即软件",下面分别进行介绍。

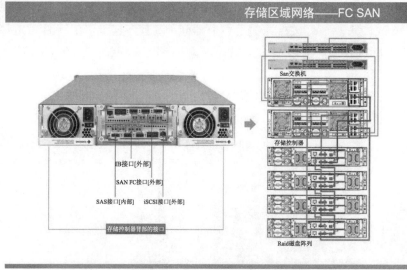

图 13.8　FC SAN 存储阵列连接方式

（1）虚拟化技术：是将各种异构存储子系统整合成一个或多个可以集中管理的存储池，这不仅有利于资源的统一分配、管理和优化，而且提高了所有存储资产的迁移简便性、系统利用率，并增加了可回收空间。

（2）自动分层存储：是根据数据的类型与访问频率的不同，自动对数据进行分层存放。例如，在配置闪存盘与机械硬盘的混合磁盘阵列中，能自动将热数据提升到闪存盘来提升数据处理的效率。

（3）自动精简配置：是系统预先给应用程序分配所需要的总存储空间，但实际上系统只分配应用所需的容量来进行数据的写入，当容量将被填满时会补充另一部分容量。自动精简配置技术可以防止一系列大量分配所造成的空间浪费，因此总磁盘容量的需求将减少。

（4）快照技术：即对数据进行定期拍照，主要用于进行在线数据的备份与恢复。当存储设备发生应用故障或者文件损坏时，可以将数据快速恢复某个可用时间点的状态。快照的另一个作用是为存储用户提供另外一个数据访问通道，当原数据进行在线应用处理时，用户可以访问快照数据，还可以利用快照进行测试等工作。所以存储系统不论高中低端只要应用于在线系统，快照技术就成为一个不可或缺的功能。

（5）远程数据复制：主要用于远程数据的备份，通常存储系统内部的 RAID 具有极强的容错功能，但大中型的数据中心一般都会做一个远程数据备份中心，主要用于防止地震、龙卷风、火灾等自然灾害对数据中心整体的毁坏。异地远程数据容灾地点选择在距离本地不小于 20km 的范围内，配置与本地数据中心相同结构的存储磁盘阵列和一台或多台备份服务器，通过光纤以双冗余方式接入到 SAN 中，使用专用的灾难恢复软件实现本地关键应用数据的实时同步复制。

最后对 FC SAN 存储的优势做一个总结，相比其他存储类型，FC SAN 具有以下 6 大优势：

- 基于千兆位或 10GB 的存储带宽，更适合大容量数据高速处理的要求。
- SAN 存储空间可以在网络上的所有服务器节点之间共享，将 DAS 的点对点关系升华为全局多主机动态共享存储空间的模式。SAN 的结构允许任何服务器连接到任何存储阵列，这样不管数据放置在哪里，服务器都可直接存取所需的数据。
- 实现局域网自由，数据的传输、复制、迁移与备份都是在 SAN 网内高速进行，不需要占用局域网与广域网的网络资源。
- 灵活的平滑扩容能力，用户可以在线添加或者删除设备、动态调整存储网络以及将异构设备统一成存储池。
- 完善的存储网络管理机制，对所有存储设备，如磁盘阵列、磁带库等进行灵活管理及在线监测。
- 高速光纤通道的传输使得物理上分离的异地容灾变得更加容易。

FC SAN 存储的以上优势使其占据了大型企业数据中心高端存储的大部分市场，如电信、银行、证券、保险、税务及石油等行业，并且在中端存储市场的关键应用中大面积铺设。

13.5.4 iSCSI 存储

所谓 iSCSI，即通过 IP 网络将 SCSI 块数据转换成 IP 数据包的一种传输协议。iSCSI 存储和 NAS 一样都是通过 IP 网络来传输数据，但 iSCSI 在数据存取方式上则采用与 FC SAN 相同的块协议，因此属于 SAN 大家庭中的一员，也被称为 IP SAN。iSCSI 存储系统主要由主机端的 SCSI 适配卡、支持 iSCSI 的存储设备以及客户端软件 3 个部分所组成，如图 13.9 所示。

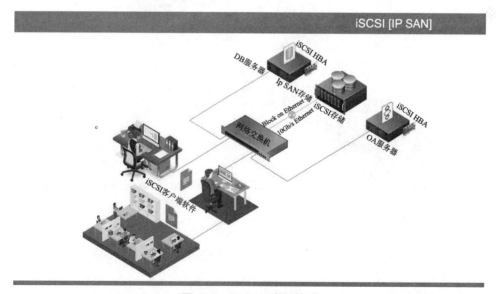

图 13.9 IP SAN 存储阵列

iSCSI 标准是在 2003 年 2 月由 IETF（互联网工程任务组）认证通过的。iSCSI 继承了两大传统技术：SCSI 和 TCP/IP 协议，使其能够在万兆以太网上进行快速的数据存取与操作。相对于 DAS 技术，它解决了开放性、传输速度、存储共享以及安全性等问题，因此受到众多厂商的广泛支持。由于是基于 TCP/IP 网络的数据传输，所以比 FC SAN 的数据传输效率低，价格也更便宜，因此主要被预算有限的小企业及中型企业的部门用于取代外置 DAS。

13.5.5　统一存储

在大多数的企业应用中，既有以数据库为主的核心应用，又有以文件为主的访问需求。传统的 IT 部门一般分别购买 SAN 和 NAS 来面对不同的业务需求，这就造成了成本高、存储架构多样以及管理难度大等困扰，这种情况下便催生了统一存储。统一存储既支持基于文件的 NAS，又支持基于块数据的 SAN 与 iSCSI 存储，有些还支持基于对象的数据存储，如图 13.10 所示。统一存储设备通过一个共享的资源池，根据应用的需求来配置块存储空间或者文件存储空间，并且可由一个统一界面进行管理，因此大大简化了企业存储管理的复杂性。

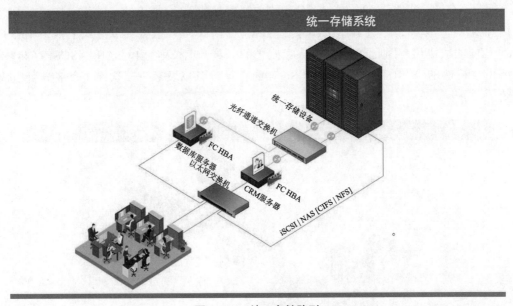

图 13.10　统一存储阵列

在统一存储系统中，块数据访问通过 FC、SAS 或基于以太网的 iSCSI 接口来实现；文件访问则是使用基于以太网接口的 CIFS 或 NFS 文件协议来完成。根据支持协议的不同，统一存储设备可分为以下 4 种类型，下面分别进行介绍。

（1）FC+iSCSI+CIFS/NFS：既支持 FC 与 iSCSI 两种块读写协议，又支持 CIFS 及

NFS 两种最普遍的文件传输协议。这种类型的存储设备支持的范围最广，企业可以用单一系统同时满足各类读写要求，无论是管理或建设都很方便，目前主流存储设备供应商的统一存储设备都是采用这种类型的结构。

（2）FC+iSCSI：这类产品只支持 SAN 的块读写，但能支持光纤通道与以太网络两种传输方式，因此企业可让前端执行在线数据库或 ERP 等关键任务的服务器通过光纤通道来读写 SAN，以取得较佳的性能。

（3）FC+CIFS/NFS：这种类型的实现方式有两种，一是在 FC SAN 中增加一套 NAS 网关，一是在 FC 存储设备的控制器中增加可支持 CIFS/NFS 文件读写的板卡，两种类型都被不同的厂家所采用。

（4）iSCSI+CIFS/NFS：由于同样都是使用以太网络作为传输介质，因此，iSCSI+NAS 是很自然的组合，这种组合方式通常被小型企业作为入门级统一存储。以上 4 种类型为企业不同的应用环境提供了灵活的选择。

统一存储具有以下优势。

- 规划整体存储容量的能力：通过部署一个统一存储系统可以省去对文件存储容量与数据块存储容量的分别规划，并使容量的利用率得到提升。
- 存储资源池的灵活性：用户可以在无须知道应用是否需要块数据或者文件数据访问的情况下，自由地分配存储来满足应用环境的需要。
- 积极支持服务器虚拟化：很多时候用户在部署服务器虚拟化环境时，都会因为性能方面的要求而对基于数据块的裸设备映射（RDM）提出要求。而使用统一存储时，用户在部署虚拟机时无须分别购买 SAN 和 NAS 设备。

统一存储的以上优势使得它既适合业务快速增长的中小型企业又适合具有海量非结构性数据的大型数据中心，因此目前各主流存储设备厂商已不再提供单独的中低端 SAN 存储、NAS 及 iSCSI 设备，而是以统一存储产品来取代。

13.5.6 分布式云存储

随着云计算与大数据时代的到来，数据每分每秒都在源源不断产生，对于一些互联网企业与政府单位，数据的存储量需求非常巨大，往往达到 PB 级甚至 EB 级。例如，大型电商需要记录用户在网站的点击行为及消费信息，然后通过大数据平台进行分析，从而可以预测用户的行为和消费习惯，以进行精准的广告投送；再如天网工程中一个中型城市每天都会产生 PB 级高清视频数据，这种海量数据的存储如果采用外部集中式存储阵列，不仅价格十分昂贵，而且容量也无法满足要求，这种情况下一种新型的分布式云存储应运而生。

分布式云存储是以通用 X86 服务器为基础的存储系统，它将多台廉价服务器内部的磁盘空间通过分布式云存储软件组成一个统一的资源池，进行统一的资源分配与管理，如图 13.11 所示。

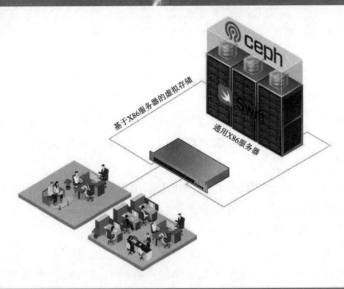

图 13.11 分布式云存储系统

下面介绍分布式云存储的特征与优点。

（1）高扩展性：分布式云存储系统是由多台服务器所组成的，多服务器可以在机房空间随意分布，减少对物理空间的严格要求；存储集群支持横向扩展，可以从基本的三节点，即三台服务器开始搭建，随着数据量的增加，节点数量可以无限制地横向扩展。

（2）高安全性：分布式云存储系统中的主机没有主从之分，既没有控制整个系统的主机，也没有被控制的从机，组成分布式系统的所有节点都是对等的。不同于集中式存储通常采用的 RAID 技术，分布式云存储一般采用多副本的形式，多副本是指数据被切片成设定大小的数据块，然后以 2 副本或 3 副本的形式均衡分布到整个存储资源池的所有节点之中，多副本使分布式存储具有很高的安全性，当集群中某个节点出现故障，其他节点还保存有数据，不影响系统的运行。当故障服务器被替换后，数据在新服务器上又会被自动重建，副本的数量可以通过软件设置调整。

（3）高并发性能：在分布式云存储系统中，由于数据被均衡分布到集群中所有服务器上，数据的读写是在所有节点同步进行的，所以具有非常高的 I/O 吞吐能力，而这是存储系统非常重要的性能要求之一。

（4）高性价比：分布式云存储是由廉价的 X86 服务器所组成的，不同于集中式的存储阵列，集中式的存储阵列是存储容量越大，价格越昂贵，而分布式云存储随着节点数量的增加性价比反而越来越高，并且能够对文件数据、块数据以及对象数据进行很好的支持；另外，服务器中的计算资源也可以被充分利用。分布式云存储在大型数据中心已经成为趋势，并且演变成为在统一的 X86 服务器平台上，由软件来定义计算、网络、存储与安全，即在 X86 服务器平台上实现计算、网络、存储及安全的虚拟化，这就是现代云计算技术。云计算技术是数据中心的一种基础架构，已经成为目前企业信息系统的 IT 标准架构，如图 13.12 所示。分布式云存储不仅非常适合海量数据的存储，由于其三节点的最小构成环境，也日益成为外部独立存储的威胁，使得集中式存储阵列的市场不断萎缩。

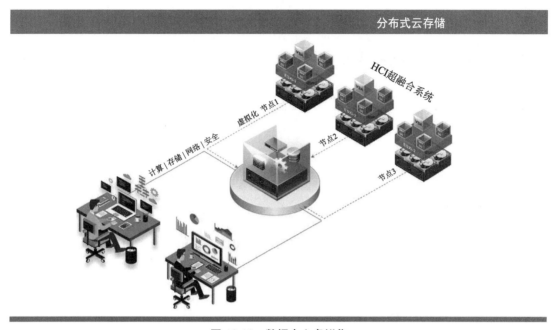

图 13.12　数据中心虚拟化

13.6　本章小结

本章主要介绍了安防系统中视频存储容量的计算方法、RAID 技术类型、磁盘接口类型与传输速率、磁盘类型以及外部存储阵列类型，包括直连式存储、网络附加存储、FC SAN 存储、统一存储以及分布式云存储等当今主流存储系统的技术特点、系统结构及应用环境等。

直连式存储（DAS）与 FC SAN 存储是大中型数据中心的常见数据存储设备类型，也是现代 IT 信息基础设施中不可或缺的组成部分。

视频监控系统中 NVR 设备的本地 DAS、IP SAN 存储及分布式云存储都被广泛使用的视频流媒体存储技术类型。

第 14 章
视频监控显示系统

在安防监控系统中，监控中心的视频图像显示系统是其中的一个重要组成部分。视频显示类型通常包括 NVR 本地显示、监视墙显示及基于网络的远程显示 3 种。

14.1 视频显示系统类型

如果是数量不同的监控系统，如监控点数量不超过 16 个，前端监控点由一台 NVR 设备接入，NVR 视频输出到一台显示器进行监控与操作即可，如果有领导视察需要，可以通过 NVR 的第二路输出接口连接大屏显示，或者将 NVR 设备输出的视频信号通过视频分配器一分为二，一路输出给 NVR 显示器，另一路输出到 42 英寸或 64 英寸的大屏同步显示，如图 14.1 所示。

如果前端监控点的数量相对较多，通常由多台 NVR 分担，监控中心则会采用功能更强大、价格更高的监控显示墙。目前，监控中心的显示墙有窄边框液晶屏组成的监视墙、DLP 无缝拼接显示墙及由液晶屏与 DLP 屏混合型监控墙等形式。

中小型监控中心普遍采用的是由多块独显示屏组成的监控墙，显示屏为工业级窄边框显示屏，尺寸在 42 英寸或 64 英寸不等。液晶显示屏通常都有边框，虽然比较窄，拼接到一起时还是有明显的视觉影响。

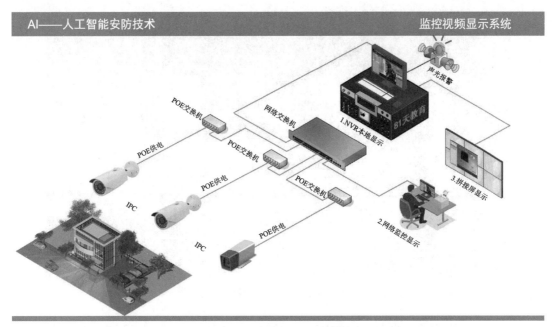

图 14.1　视频显示系统类型

14.2　DLP 无缝拼接显示屏

　　DLP 无缝拼接显示屏是一种无边框显示屏，拼接在一起并不是没有缝隙，而是非常小，缝隙之间的距离只有 0.2mm，如同细线一样，这是目前显示屏之间所能做到的最小缝隙。DLP 是数字光处理投影技术的缩写，其核心部件是美国德州仪器公司研发的数字微镜装置 DMD 芯片，DMD 是由上百万个比头发断面还小的微镜片所组成，每个微镜片都能将光线从两个方向反射出去。其他的部件还有三基色光源、光学棱镜和镜头，如图 14.2 所示。其工作原理是 R、G、B 三基色投射到 DMD 芯片，DMD 芯片上的每一个微镜对应一个像素点，如果分辨率为 1920×1080，则 DMD 芯片上有 200 万个左右的小镜片，DLP 投影机的物理分辨率就是由微镜的数目决定的。每个镜片均可在 $-10°$ ～ $+10°$ 之间自由旋转并且由电荷定位，信号输入经过处理后作用于 DMD 芯片，从而控制镜片的偏转，入射光线在经过 DMD 镜片的反射后到投影镜头投影成像。

　　DLP 投影机具有清晰度高、画面均匀以及色彩锐利等优势。DLP 的色彩可还原 3500 万种颜色，超过影片的 8 倍；在分辨率方面可以达到全高清以及超高清的显示效果，如图 14.3 所示；但亮度方面稍低，三片机具有 1500 流明的亮度，略低于普通投影机的 2000 ～ 3000 流明。无缝拼接显示系统是目前各大型显示中心所广泛采用的优秀显示系统。

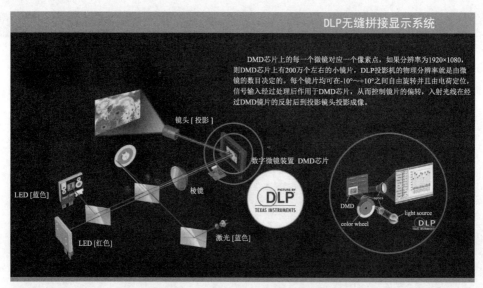

图 14.2 DLP 无缝拼接显示屏结构

图 14.3 DLP 无缝拼接显示屏

14.3 显示屏拼接布局

在大中型的指挥控制中心，通常采用多块 DLP 屏幕来组成无缝拼接显示墙。单块 DLP 屏幕的大小在 60 ~ 90 英寸之间，拼接屏的数量可以自由选购，常见的拼接屏布局有 3×2=6 块屏、6×2=12 块屏、9×2=18 块屏以及 5×3=15 块屏等。而财力雄厚的超大型指挥控制中心则采用 6×4=24 块屏、8×5=40 块屏或者 12×6=72 块屏来构成超大型显示系统。DLP 无缝拼接显示系统整体价格比较昂贵，例如，由 6 块屏所组成的显示系统整体价格在百万左右，所以一般只有预算充足的单位才会采用。

液晶显示屏与 DLP 无缝拼接显示屏所组成的混合显示系统在中大型监控中心被广泛采用，它比同等面积的纯无缝拼接显示系统更省钱，部分还在拼接屏两侧或顶端配置 LED 显示条屏，用于显示纯文本信息。工程应用显示屏与家用液晶显示屏并不相同，主要是工程液晶显示器的安全可靠性要求更高，家用液晶电视机一般只工作几个小时，而工程显示屏需要满足企业长时间不间断工作的需要。

在大多数监控中心的实际应用中，并不需要安保人员 24 小时盯着大屏幕监控画面看，一般情况下通过控制台监视器观看即可。为了节约电能以及延长大屏幕显示器的寿命，通常可以轮流开部分大屏幕或者关闭大屏幕，只在紧急情况或特殊情况下才全部打开。

14.4　大屏拼接显示系统

一套完整的拼接显示系统主要包括拼接显示墙体、数字解码器及大屏幕控制管理软件等。数字解码器是大屏显示系统的核心部件，在数字高清时代，解码器是一台嵌入式的网络设备，内含 Linux 操作系统，通过 RJ45 接口接入网络；支持多种音视频信号的输出，如 VGA 数字显示信号、HDMI 数字显示线号及 BNC 接口的数字信号等，如图 14.4 所示。由于是一种标准的网络设备，解码器的使用需要先进行软件的初始化设置，如 IP 地址设置、通道设置、用户设置等基本功能的设置才能使用。根据支持显示屏数量的不同，解码器有多种型号，用户可以根据实际环境灵活选购。

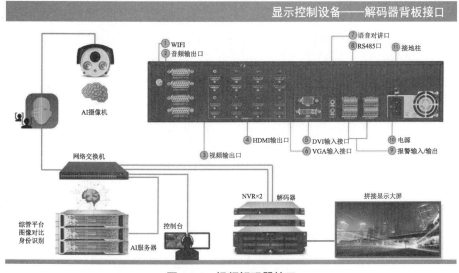

图 14.4　视频解码器接口

视频解码器的功能主要是支持解码上墙，除此之外，在控制软件的配合下可以实现更多高级显示功能，如图片、文本和视频等信息既可以单屏显示，也可以跨屏显示，而且可以在显示屏上实现开窗、任意漫游、叠加和缩放以及画中画等功能。开窗就是在大屏上任意开信号窗口的意思；漫游就是一个信号可以拖动到大屏的任意位置；而叠加漫游就是两个信号叠加到一起；画中画功能是一个全屏显示一个通道，其中一个或多个相邻屏幕显示另一个通道，形成画面中嵌套较小画面的效果。

在网络视频监控时代，视频显示的一个基本特征是可以在网络中任意位置实现，包括本地计算机终端、远程计算机终端及移动终端，只需要在终端安装相应的 App 监控软件，通过软件设置即可实现，给单位领导以及监控系统的运行维护人员带来了极大的方便。

14.5　本章小结

本章主要介绍了监控中心大屏幕拼接显示系统的类型、功能与系统构成，窄边框的液晶显示屏与控制系统一般一线安防厂家如海康威视、大华等都有配套提供，是目前中小型监控中心的主流产品；无缝拼接显示屏目前主要由国外厂商提供，所以价格昂贵（由 6 块屏所构成的拼接显示系统通常价格在百万元以上），一般用在能源、交通、消防、环保、电力、政府、国企等中大型工程中。

在任何一个对社会有重大影响的行业，国家相关部门都会制定相应的标准规范，简称国标，来作为厂家产品设计以及工程系统建设的指导标准。目前，大中型的工程都有第三方监理人员协作甲方对项目进行全程监督，以保证工程建设的规范性，而监理的依据主要就是行业相关的国家标准，因此不论厂家或项目建设都必须熟悉并严格遵守相关标准。

15.1 安防行业国家标准规范

安防行业的国家标准比较多，主要包括由公安部与全国安防标委会制定的 GB 50348—2018《安全防范工程技术标准》，如图 15.1 所示；GB 35114—2017《公共安全视频监控联网信息安全技术要求》、GB 37300—2018《公共安全重点区域视频图像信息采集规范》、GB/T 28181—2011《安全防范视频监控联网系统信息传输、交换、控制技术要求》、建设部发布的 GB 50395—2007《视频安防监控系统工程设计规范》、GA/T 70—2004《安全防范工程费用预算编制办法》；GA 308—2001《安全防范系统验收规则》以及通信行业的 GB 50311—2007《综合布线工程设计规范》、GB 50312—2007《综合布线工程验收规范》这些国标严格规定了安防工程的设计、施工与验收规则，每个国标规范的内容都由一般性条款与强制性条款两部分组成，一般性条款可供施工参考，而强制性条款则必须严格执行，如有任何违反可作为监理否决的依据。相关规范既可以通过书店购买，也可以在网上订购或者下载电子文档。

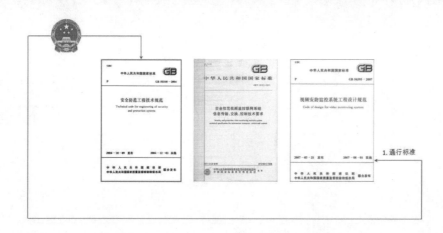

安防工程 施工 国标 [GB]

1. 通行标准

图 15.1   安防行业国家标准规范

除以上国家通行标准外，某些重要行业还有单独的行业规范，如博物馆的 GB/T 16571—1996《文物系统博物馆安全防范工程设计规范》、银行业的 GB/T 16676—1996《银行营业场所安全防范工程设计规范》、地铁系统的 DB 12/ 289—2009《地铁安全防范系统技术规范》、MH 7008—2002《民用航空运输机场安全防范监控系统技术规范》以及公安行业最近颁布的（GA/T 1400—2017）《公安视频图像信息应用系统》标准等，GA/T 1400 对于公安行业的人脸采集、人脸比对与识别、监控名单人脸库动态布控、常住静态人脸库检索服务、上下级的级联以及公安专网和公安内网的级联要求做了相关定义。如果从事相关行业的安防工程建设，工程技术人员还必须熟悉以上相关行业规范。

15.2   工程图纸的识别与绘制

工程图纸的绘制与识别是安防行业相关技术人员需要熟练掌握的基本技能。工程图纸是以建筑平面图为基础，一般使用 AutoCAD 软件绘制，因此作为一名技术人员需要熟练掌握 AutoCAD 软件的平面制图技巧。小型工程要求不那么严格也可以用 Visio 软件绘制，Visio 2013 以上版本可以对建筑物的尺寸精确到毫米，作图过程也非常简单，只需要对软件绘图区左侧图标进行拖曳组合即可。花 4 ~ 6 周时间即可掌握 AutoCAD 基本绘图技能，而花一周左右时间即可掌握 Visio 基本功能的使用。

另外，国标 GA/T 74—2000《安全防范系统通用图形符号》对工程图纸中的弱电设备符号进行了统一规定，必须了解与熟悉，当然，一些新设备国标规范中可能来不及制定，用户可以自行绘制，并应在图中做标注说明。

下面以某建筑楼层的平面结构图为例来介绍弱电图纸的识别，如图15.2所示是某建筑物楼层平面结构图，中间为公共走道；走道两边共有17个房间，房间的名称都已标注；单开门、双开门、窗户以及楼梯为建筑物的固定标示；信息机房的位置在建筑物右下的第四个房间，所有的前端摄像机都通过机房布线出去；竖井为建筑物各楼层的垂直走线间，同一建筑物的所有楼层都在同一位置，通常在电梯井附近。另外，各建筑物区间的尺寸都有标注，长度单位为毫米。

本楼层在走道、楼梯间、档案室、门厅、机房及接待室内分别安装了8个红外半球，线材标注了设备走线的大致方向与位置，在办公建筑内线缆通常铺设在天花板吊顶内。

在制作工程预算时需要根据楼层走线的情况来估算线材的用量，例如，以走道最左侧摄像机为例，可以计算线材的长度为：机房内线缆天花板垂直高度按3m计算，另外再加1m的机柜预留长度，从室内到走道长度3m，公共走道长度33m(尺寸根据外墙标注计算)，总共为40m，即为此监控点的布线总长；按这种方法逐一计算每根线材的长度之和即为工程所需的线材总量；此外也可以取最远监控点线材2/3长度乘以监控点总数量即为本楼层所需线材之和。

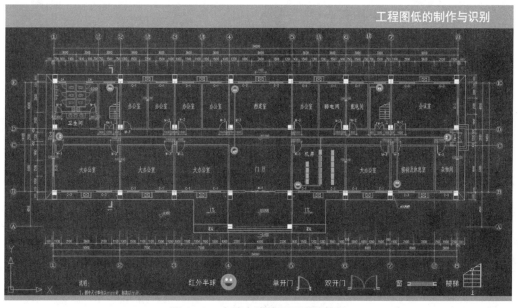

图 15.2　安防布线楼层平面结构图

15.3　甘特图的制作

工程施工前要制定施工进度表或称为甘特图，如图15.3所示，图中详细注明了项目的总周期、每个项目节点完成的时间以及相互之间的层级与逻辑关系等。甘特图一般用工程规划软件 Project 制作，Project 软件是 Office 办公软件套件中的一款，所以使用上并不复杂；Visio 软件也有此功能。喷绘出工程施工进度表应张贴在现场办公室的墙面上，以方便甲、乙、丙三方指导检查工程实施进度情况。

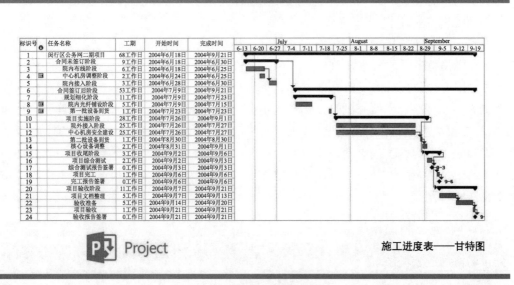

图 15.3　项目工期规划图

15.4　安防市场与知名厂商

国内安防行业经过模拟时代、模数混合时代及 IP 网络物联网 3 个时代的发展，并迎来了目前人工智能的新时代。

模数混合时代，国内安防产品的技术代表还是以索尼、三星、霍尼韦尔、西门子等外资品牌为主，国内厂商则比较散乱，形成了以广州、杭州及北京天津为代表的三大安防圈，安防产品厂家则多达上千家，大多以低端组装产品为主。但在这一阶段也涌现了以海康威视、大华股份及天地伟业为代表的国内优秀厂商，这些厂商不断地加大技术研发及市场拓展，成为国内市场与外资品牌抗衡的代表。

2012 年之后，安防市场逐渐进入了网络时代，我国已经成长成了全球最大的单一安防市场。在国家大力提倡自主创新的政策引领下，依托国内巨大的市场以及持续的研发投入，目前，海康威视与大华股份已经成为全球排名第一与第二位的安防巨头，成立仅 4 年的宇视科技则成长成为全球第六大安防厂商。这些厂家不仅技术实力雄厚，创新能力强，而且具有齐全的安防产品线，能够为行业各领域提供完整的解决方案，成为目前市场客户的首选品牌，它们逐渐结束了多年来国内安防行业散乱的市场状况，并将外资品牌完全逐出了国内市场。

一线品牌不仅具有完整复杂的产品线，而且新产品新技术的推出频率也很高，因此技术人员需要经常进入相关厂家的官网浏览，以便了解厂家的产品线变动，以及新产品的特点与新技术的发展趋势。

2017 年之后，以人工智能为代表的智能安防获得了迅猛发展，2018—2020 年进入了社会普及应用期，人工智能时代涌现了一大批新兴安防厂家，包括旷世科技、商汤科技、云从科技、依图科技、神目科技以及北航深醒科技等，这些厂家目前的优势主要集中在人工智能核心算法领域，并在资本的助力下逐渐完善产品线，未来将成长成为安防市场的重要力量甚至可能是颠覆性力量。

另外，通信行业世界级巨头华为也于 2018 年开始在安防领域全面发力，2018 年对于华为安防来说是发展元年，未来 3 年华为制定的小目标是在智慧视频领域做到全球第三，这对技术实力雄厚的华为不是难事。

过去的 10 年既是国内安防产业飞速发展的 10 年，也是从百花齐放走向少数行业巨头垄断的 10 年。由于人工智能的产业链条比较长，涉及从基础算法、基础硬件、基础产品、行业应用、场景应用、解决方案到应用交付的不同环节，单一厂家较难完成全产业布局，需要不同厂家之间的协作才能打造出一个完整的产业链。因此，人工智能时代安防行业将由上一代较封闭系统走向开放架构，这将有可能动摇行业巨头们的垄断地位，而且重构未来的市场格局成为可能。

15.5 综合布线工程施工

完整的结构化布线系统包括 6 个子系统，分别为工作区子系统、水平子系统、管理区子系统、垂直干线子系统、设备间子系统以及建筑群子系统。综合布线工程根据布线规模的大小，不一定都包括完整的 6 个子系统，但至少包括工作区子系统、水平子系统、设备间子系统 3 个子系统。按照国标 GB 50311—2007《综合布线工程设计规范》规定，综合布线的水平布线长度不能超过 90m，跳线的长度不超过 5m，需要严格遵守。

15.5.1 双绞线布线施工

综合布线系统不仅是模块化系统，而且是一套精密的数据传输系统，工程完工后需要用测试仪器对每个点的参数进行测试，这些参数包括接线图、长度、传输时延、时延差、回波损耗、衰减、线对间近端串扰、综合近端串扰、线对间等效远端串扰、综合等效远端串扰、衰减串扰比以及综合衰减串扰比等参数，测试合格用户才会验收。因此，为了保证布线系统的质量，在工程施工中有许多需要注意的环节。这些环节包括材料器件的选择、线缆的布放、配线架与模块的打线质量、跳线的制作、管理区与设备间线缆的整理与标记及系统的测试，下面分别进行介绍。

① 材料的选择

为了保证系统的质量，首先材料要选择经过认证的正规品牌，包括模块、双绞线、配线架、水晶头等。市场上有许多杂牌产品，其价格虽然低廉，但质量无法达到标准，这样的材料用在工程上无法通过严格参数的测试。其次整套系统要选择同一标准的材料，例如，要建立一套千兆传输的六类布线系统，其中网线、模块、配线架、水晶头等都需要使用六类的正规产品，才能保证系统的建设质量。

② 线缆的布放

综合布线工程中线缆的布放是一个精细工作，由于网线是按一定标准制作的精密线材，在施工过程中不能大力拉扯，更不能随意踩踏，否则会造成线缆结构的改变，使得线材传输标准下降，从而影响传输参数的测试。而一旦线缆布防完成，测试不合格将需要重新布线，将是一个巨大的工作量。

③ 配线架与模块的打线质量

将八芯双绞线两端打入配线架与模块时，要尽量减少双绞线打开的长度，因为互为双绞的线对能抵消辐射干扰及分布式电容，如果打开过多测试将无法通过。

④ 跳线的制作

跳线线序的排列有两种国际标准，即 EIA T568A 与 EIA T568B 标准，T568A 的线序排列从左到右依次为绿白、绿、橙白、蓝、蓝白、橙、棕白、棕；T568B 标准的线序排列从左到右依次为橙白、橙、绿白、蓝、蓝白、绿、棕白、棕。两种标准都可以使用，但是在综合布线工程中配线架与网络模块的打线以及水晶头的压制必须采用统一的标准，国内基本都是以 T568B 标准为主。

在网络视频传输工程建设中，网线水晶头的压制是必须要熟练掌握的基本技能。水晶头压制的关键有三点：一是芯线一定要打开到根部并进行致密的排列，如果不打开到根部或者排列不紧密，在将芯线插入水晶头后，从端面看芯线可能长短不齐，这样压制后芯线可能不能联通；二是芯线预留的长度要在 14mm 左右，如果预留过长外皮将不能插入水晶头卡皮口位置，压制完成后芯线容易被拉脱，这样压制的水晶头也是失败的，如图 15.4 所示；三是芯线的线序不能弄错，否则不能进行信号的传输。

跳线两端水晶头压制完成后需要进行测试，一般主要使用简易测试仪，即网络电缆测试仪进行连通性测试，网络电缆测试仪由信号发射器与信号反射器两部分组成。将网线的水晶头分别插入信号发射器与信号反射器的 RJ45 插口，如图 15.5 所示，打开测试仪电源，如果反射仪指示灯从 1～8 依次顺序点亮，则表示 8 芯线制作良好；如果反射仪指示灯点亮次序错乱，表示线序排列有误，则需要重新压制水晶头；如果反射仪指示灯点亮有缺失，例如，2 号及 5 号灯未点亮，则表示第 2 根与第 5 根芯线未与水晶头插针形成良好接触。

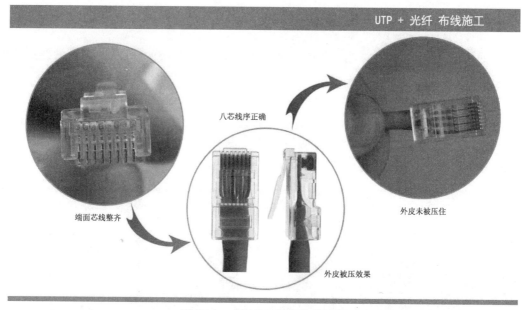

图 15.4 水晶头压线制作效果图

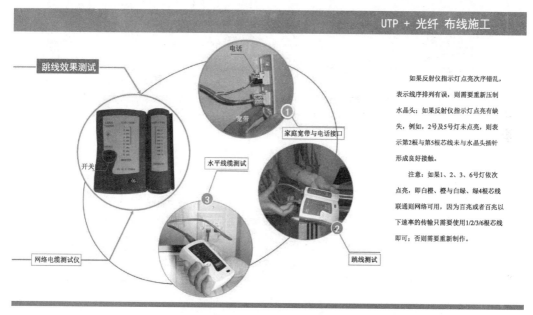

图 15.5 跳线通断测试

如果 1、2、3、6 号灯依次点亮，即白橙、橙与白绿、绿 4 根芯线联通则网线可用，因为百兆或者百兆以下速率的传输只需要使用 1、2、3、6 根芯线即可，否则需要重新制作。正是由于以上原因，许多由移动与联通提供的家庭宽带，一根网线往往只使用了其中的两对线来传输宽带网络信号，另外的两对线可以将其中一对用作电话信号线，另外一对留作备用，从而提高了芯线的利用率。

⑤ 管理区与设备间线缆的整理与标记

管理间与设备间机柜线缆需要捆扎，要达到条理、整洁的效果。机柜线缆的整理效果能直观反映一个布线施工队伍的水平，经验丰富的布线人员整理的效果可以堪称艺术品，如图15.6展示的就是一些严谨布线系统的效果，在实际工程中应统一按照这种标准对机柜线缆进行整理。杂乱的布线工程不仅给后期的维护带来麻烦，而且也无法通过用户的验收。此外，在机柜的下部或防静电地板下需要预留 1.5 ~ 2m 的长度，以方便用户在需要时能挪动机柜进行检修或设备的安装。

图 15.6　严谨综合布线效果图

为了方便综合布线系统的维护与管理，标签是综合布线系统中的一个重要组成部分。标签标示的部件包括：工作区的每一个信息面板、水平线缆的两端、垂直干线两端、管理间与设备间配线架端口以及跳线等，例如，最好将面板编号、线缆编号以及配线架端口编号统一标注为楼层号＋房间号＋序号，这样检修维护一目了然。标签一般采用聚酯、乙烯基或聚烯烃等材料打印，不允许采用手工填写的纸标签。要求材料能够经受环境的考验，在各种溶剂中仍能保持良好的图像品质。而标签的方式也有粘贴式标签、捆绑式标签、套管式标签以及旗标式标签等。对于成捆的线缆建议使用尼龙扎带或毛毡带进行捆绑固定。

⑥ 系统的测试验收

综合布线完成后要对每个信息点进行逐一测试，以判断是否达到数据传输标准，测试主要是对水平布线进行测试。常用的测试仪有美国的 FLUKE 测试仪、安捷伦测试仪、microtest PantaScanner 测试仪以及 Microwave 智能型测试设备等。智能测试仪由信号发送设备与信号接收反射设备所组成，液晶显示面板能自动显示测试结果。由于测试是在不同位置的两端，通常是工作区与设备间，因此需要两个人配合，如图 15.7 所示，通过对讲机（手机）进行交流并处理各种情况。在对所有的信息点测试完成后，用户再将测试仪通过串口（USB 口）线连接到计算机，将所有的测试报告下载到计算机中并打印出来，装订成册提交给用户。

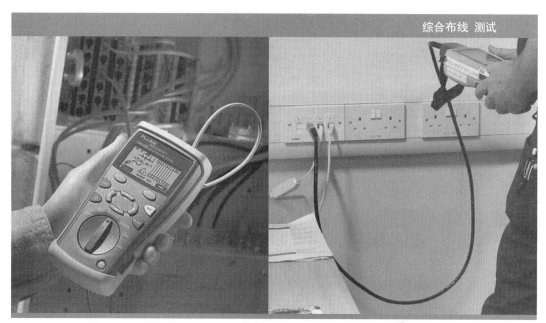

图 15.7　综合布线测试

15.5.2　光纤布线施工

在综合布线工程中，光缆也是常用的传输介质，主要用于垂直干线以及建筑群之间传输，另外，机房内各种高速通信设备与交换机之间也常用光纤跳线来连接。垂直主干光缆至少要用 6 芯光缆，最好能使用 12 芯及以上光缆，这是从应用、备份和扩容 3 个方面去考虑的。垂直干线光缆沿弱电竖井穿越楼层要整齐捆绑在竖井梯形桥架上，并做上标签以便识别。光缆在室内一般也要预留，通常盘成圆环，为防止过度弯曲损坏，光纤圆环的半径不能小于 30cm。

在综合布线系统中，垂直干线光缆连接设备间与管理间，终结于两端机柜内的光缆终端盒内。光缆终端盒是一个材质为金属或塑料的空盒子，高度一般为 1U，宽度尺寸适合在机柜内安装，如图 15.8 所示。盒内用于盘放熔接的尾纤与光缆的芯线。尾纤一端是裸纤，用于和光缆内的纤芯熔接，另一端有连接头，插入光缆终端盘的前面板接口，外部再通过光纤跳线连接到通信设备，如网络交换机或者光纤收发器的光传输端口。光纤熔接机能自动测试熔接的参数如衰减等，从而确定熔接是否合格。综合布线工程中如果光纤熔接点数量较少，施工单位又没有熔接机设备，可以按每个点 20 ~ 30 元不等的价格请外单位协作完成。

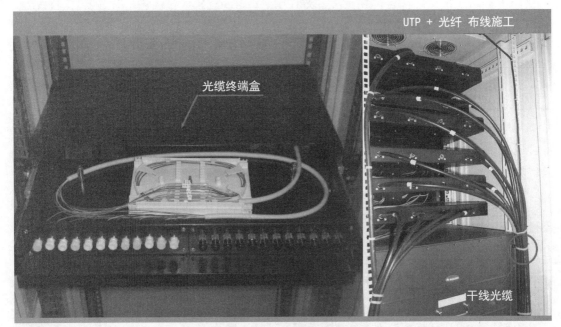

图 15.8　光纤光缆布线

15.5.3　布线施工注意事项

　　室外线缆一般穿 PVC 管，管径规格大多直径为 25mm 或者 30mm，注意根据综合布线规范，管内穿线不应超过容量的 25%，在实际施工中为了节约管材可适当放量，但也不应超过 50% 的容量，否则会给长距离的穿管施工带来不便，反而降低施工效率，目前人工成本也很高。线管一般采用地埋或沿墙壁隐蔽处固定，以防止被其他施工无意破坏。

　　室内线缆可以穿管或走线槽，如果是墙内走线，一般使用直径为 15mm 或者 20mm 的 PVC 线管，过粗的线管则不方便埋进墙内，至于室内布线是走天花板、墙面还是地板下，可以根据环境灵活应变。如果是在已经装饰完的室内走线，为了尽量减少对装饰的破坏一般使用线槽，线槽比线管相对美观。弱电走线应尽量隐蔽美观，例如，可以沿墙角或踢脚线走线，而且要避开强电与电磁干扰源，这应该在施工前现场考察时确定。

　　如果弱电线缆的数量较多，室内一般使用金属桥架，桥架的大小有多种规格，应根据线缆的数量以及施工环境来确定，一般走天花板或吊顶内时，应使用金属吊杆固定牢靠。桥架之间应使用金属连接片相互连接，如图 15.9 所示，并做好接地处理，形成一个防电磁与雷电的整体。除机房环境外，在开放空间的桥架一般不使用网格桥架，以防止线缆被鼠咬破坏。

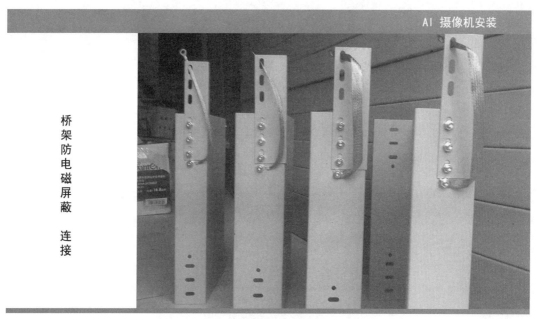

图 15.9　金属桥架间的电磁屏蔽链接

双绞线的布线与交流 220V 的强电线缆应尽量分开，从不同的方向铺设，如果实在无法分开，则应保持 25cm 以上的间距，否则会影响弱电信号的传输。

双绞线进机柜后应捆扎规范整齐，为防止机柜的移位检修，在机柜下方的防静电地板内要预留 1.5 ~ 2m 的长度，应对每个接头做好标记或编号，编号最好使用具有一定规律的文字加数字，并与前端摄像机一一对应。编号标签应使用塑性材质，不应使用普通纸或透明胶，以防止一段时间后字迹在透明胶化学物质的侵蚀下变模糊。

工程实施往往有一个周期，施工的流程是首先进行现场勘查，在勘察的过程中要做好详细的记录，如用户的要求、信息点的位置、数量、大致走线的方向以及在走线的过程中是否有特殊情况等；然后制定具体的技术方案、施工平面图以及工程施工进度表。甲方认可后即可按方案和图纸施工，在材料进场后就开始布线施工安装，再进行机房设备安装与系统调试。前端摄像机的安装与布线施工往往占用现场施工的大部分工期，作为一名技术人员应有脚踏实地的工作态度，认真做好这些琐碎工作，它直接影响到视频的质量。恰恰是这些基本技能造成了公司领导对一个技术新手的能力以及工作态度的认可。

15.6　AI 摄像机选型与安装

视频监控工程的施工是安防项目的重要构成部分，也是一个实践经验积累的过程。监控工程的施工主要包括前端摄像机的安装调试、弱电布线及机房设备安装调试 3 个部分，如图 15.10 所示。下面对施工过程的经验、规范与重点注意事项进行说明。

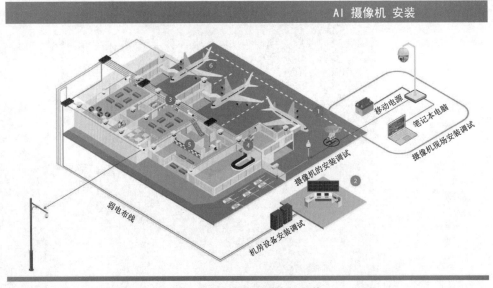

AI 摄像机 安装

移动电源
笔记本电脑
摄像机现场安装调试
摄像机的安装调试
弱电布线
机房设备安装调试

图 15.10 安防工程施工安装

监控工程的摄像机现场安装是一个重要的环节，目前一体化摄像机不需要进行镜头与防护罩的调整，只需要现场位置与监控范围的确定。IP 摄像机视场角的安装位置与方向可以通过连接笔记本电脑来调整。

目前人脸识别摄像机对安装有较严格的要求，包括摄像机选择、安装位置选择及镜头的选择。

15.6.1 摄像机的选型

摄像机一般选用百万高清摄像机。由于需要保证拍摄到的图像中人脸区域像素不小于 80×80，因此摄像机的监控范围与像素要求有着密切关系。

- 监控区域宽度小于 2m 时，可以选择 130 万像素的高清摄像机。
- 监控区域宽度小于 3m 时，需要选择 200 万像素摄像机。
- 监控区域宽度在 3 ~ 5m 时，则需要选择 500 万像素的摄像机。
- 如果监控区域宽度在 5m 以上时，则需要多加装高清摄像机。

现场环境复杂多样，根据具体的实际环境，摄像机还需要考虑，如果室内光线偏暗，或存在逆光情况，需支持低照度、宽动态等功能；如果用于夜晚抓拍，或抓拍场景光线变化剧烈，则需要支持自动光圈。

15.6.2 安装位置的选择

摄像机高度和俯视角度选择主要是避免一前一后人员经过通道时，人脸重叠产生遮挡，同时需要照顾不同高矮人员经过时能正常抓拍。

- 摄像机设在通道正前方，正面抓拍人脸，左右偏转 <30°，上下偏转 <15°。
- 建议架设高度为 2.0 ~ 3.5m。
- 推荐摄像机的俯视角度 α=13°。

15.6.3　镜头的选择

监控距离和选用不同镜头的焦距有关系，焦点在通道出入口且人脸像素不小于 80×80。不同的摄像机、镜头的焦距、监控的宽度也决定了不同的监控距离和摄像机架设。它们之间的换算关系如下：

$$U \approx f \times W/a \quad h=U \times \tan（13 \times 3.1415926/180）+1.7$$

其中，a 为传感器靶面尺寸（单位为毫米）；W 为监控宽度（单位为米）；U 为监控距离（单位为米）；f 为镜头焦距（单位为毫米）；h 为摄像机架设高度（单位为米）。

由于公式较复杂，在具体的操作中指导价值有限，实际操作可以查厂家产品型号的安装对应表，如图 15.11 所示是海康威视产品型号与安装对应表，可根据表中参数来指导选型与安装。

AI——人工智能安防技术					AI 摄像机 安装
摄像机类型	监控宽度W/m	相机监控距离U/m	镜头焦距/mm	相机架设高度h/mm	俯视角$α$/（°）
976	2.5	2.8	8	2.3	13°±3°
976	2.5	4.2	12	2.7	13°±3°
976	2.5	5.7	16	3	13°±3°
976	2.5	8.9	25	3.8	13°±3°
976	2	2.3	8	2.2	13°±3°
976	2	3.4	12	2.5	13°±3°
976	2	4.5	16	2.7	13°±3°
976	2	7.1	25	3.3	13°±3°
976	1.5	1.7	8	2	13°±3°
976	1.5	2.6	12	2.3	13°±3°
976	1.5	3.4	16	2.5	13°±3°
976	1.5	5.3	25	2.9	13°±3°
864	1.5	2.5	8	2.3	13°±3°
864	1.5	3.8	12	2.6	13°±3°
864	1.5	5	16	2.9	13°±3°
864	1.5	7.8	25	3.5	13°±3°
864	1	1.7	8	2.1	13°±3°
864	1	2.5	12	2.3	13°±3°
864	1	3.3	16	2.5	13°±3°
864	1	5.2	25	2.9	13°±3°

图 15.11　海康威视摄像机类型与安装对应表

如果摄像机需要单独配置防护罩，摄像机固定在防护罩内时，应尽量将镜头靠近防护罩窗口，防止防护罩阻挡摄像机视角。

15.6.4   现场清晰度的调整

由于大多数摄像机在空中安装，因此摄像机镜头清晰度的调整应在公司或者在地面调节好后再上架安装。注意不要用手摸镜头的镜片，以免油污汗渍等污染镜头而影响清晰度，轻度灰尘并不影响成像效果，如果需要对镜头或者防护罩外的浮尘进行清除应使用气吹或者洗耳球来进行清理，如图 15.12 所示。

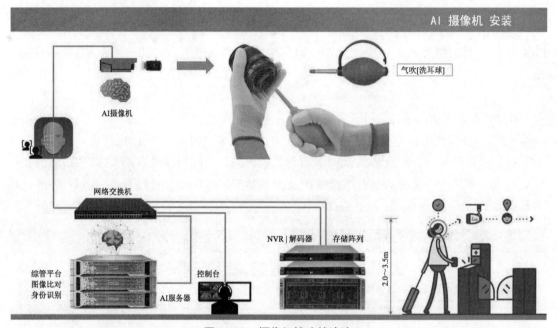

图 15.12   摄像机镜头的清洁

15.6.5   设备安装注意事项

摄像机引出的双绞线长度应尽量短，并应对裸露在外的线缆应进行捆扎整理。室外应穿包塑软金属管，并在两端做好密封。注意不要使用塑料波纹管，在室外强紫外线的照射下，塑料波纹管会很快老化。室外线缆要有一个回水弯，弯度的最低点要低于进线口和电子设备，这样雨水就会在最低点滴下而不会沿线材进入电子产品内部，如图 15.13 所示。

普通的 30 ~ 40cm 长度的支架就可以满足大多数环境的需要，如果有转角或视界阻挡，可以将摄像机拿到现场调试以确定支架安装的高度与角度，支架安装的高度一般在 4 ~ 6m 范围内，根据环境的实际情况也可以适当地提高，如果支架长度不够可以订购或者焊接特长支架使用。

室外立杆一般使用美观的金属立柱，在雷电较多的地区，金属立柱顶端应焊接有避雷针，并需要做好金属立柱的接地处理，以防止摄像机被雷击，如图 15.14 所示。注意，接地不是在地下垂直打入一根金属杆,而是要做接地体,这样接地电阻值才能达到国标要求的 2.5Ω 以下。

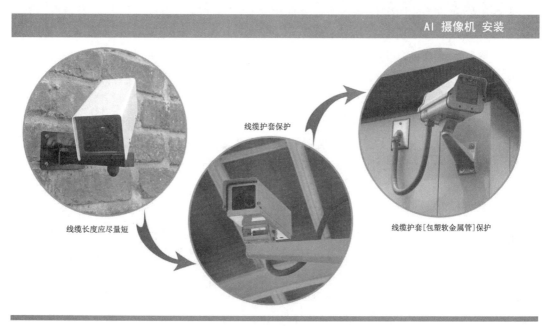

图 15.13 摄像机安装线缆管理

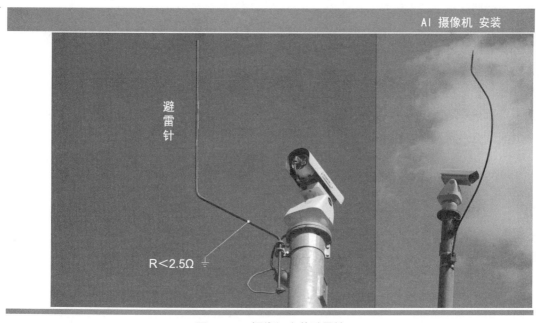

图 15.14 摄像机安装避雷针

15.7 本章小结

本章主要介绍了安防工程施工所涉及的国家标准规范、图纸设计以及厂家市场,综合布线工程的施工注意事项,AI摄像机的安装3个部分内容,下面分别进行总结。

(1)国家标准规范:由于安防行业所涉及的专业领域众多,所以与安防相关的标准规范很多,主要包括国家标准规范、行业标准规范以及单位标准规范3类。这些标准规范行业人员需要通读并熟悉,特别是其中的强制性条款内容部分。

(2)图纸设计:工程技术人员通常需要熟悉AutoCAD制图、Visio软件及Project工程规划软件的使用,这些都是一个工程技术人员所需要具备的基本技能。

(3)厂家市场:在上一个10年的IP网络视频监控周期内,国内形成了海康威视、大华股份、宇视科技、天地伟业、苏州科达等头部安防产品厂商的格局,自2017年起安防行业开始进入人工智能技术的新阶段,在人工智能安防发展周期内涌现出了以华为安防、新华三安防、阿里巴巴、商汤科技、旷世科技、依图科技、云从科技、北航深醒科技、佳都科技等为代表的一大批具有国际领先算法的安防新厂商,未来安防行业的市场格局还会发生新的变化。城市级的数据处理平台与云端应用是华为与新华三的传统强项,在物联网(大安防)连接云端应用的趋势下,未来海康威视与华为、新华三的竞争将会非常激烈,安防头部厂商地位存在变数。在AI技术的加持下,当前每年千亿元级别的安防行业市场将会在2022年左右提升到万亿元市场规模,行业新一轮以安防应用为代表的更大规模智慧城市物联网建设周期已经拉开了大幕。

(4)布线工程施工注意事项:包括布线施工注意事项、线缆整理、线缆标记以及系统测试等。视频传输网络每端口虽然传输速率并不太高,但为了将来业务的扩展与升级,使综合布线系统实现最大的传输价值,因此也应该严格按照数据传输网络的综合布线标准实施。

(5)智能摄像机的选型与安装:由于目前前端摄像机技术的局限性,因此对安装,包括摄像机选择、安装位置选择及镜头的选择等都有着较严格的要求,相信随着技术的快速发展,这些严格的要求将会逐步放松,并最终消失。

第 16 章
综合人脸识别系统技术架构

作为生物特征识别领域中一种基于生理特征的识别技术，人脸识别技术是通过摄像机拍摄人的行为图像，通过人脸检测算法、人脸跟踪算法、人脸质量评分算法以及高速人脸对比识别算法，实现实时人脸抓拍建模，从原始的视频图像中得到人脸区域，用特征提取算法提取人脸的特征，根据这些特征确认身份的一种技术。

16.1　综合人脸识别系统的组成

综合人脸识别系统如图 16.1 所示。系统由前端高清网络摄像机或人脸抓拍摄像机、流媒体服务器（可选）、人脸抓拍记录服务器、人脸智能分析服务器、人脸比对搜索服务器、人脸识别服务器、中心管理服务器、客户端管理平台等组成。

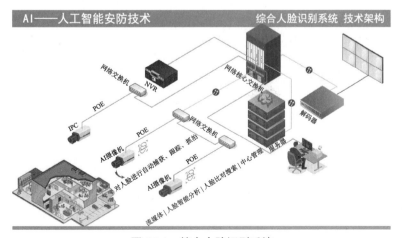

图 16.1　综合人脸识别系统

前端摄像机有两种选择，可以采用普通高清网络摄像机或者人脸抓拍摄像机。普通高清网络摄像机主要实现图像采集与编码等功能。人脸抓拍摄像机不仅实现普通高清网络摄像机的所有功能，其 AI 芯片内置智能分析算法，还能对人脸实现自动捕获、跟踪、抓拍等功能。人脸抓拍摄像机分担了人脸智能分析服务器的人脸抓拍运算量，使人脸智能分析服务器能有更多的资源用于人脸的建模、比对识别等功能。

此外，还支持利用监控系统内的摄像机，即前端可能是网络摄像机，也可能是通过 NVR 接入的 IP 摄像机 (NVR 接入的摄像机需要流媒体服务器对此视频进行兼容接入)。

视频存储流媒体服务器为可选服务器，通过视频存储流媒体服务器将不同品牌的网络摄像机和 NVR 视频接入进来，实现流媒体转发和录像功能，并为人脸智能分析服务器提供视频流媒体转发服务。一般在人脸识别报警后还需要联动查看当时录像时可以选配该服务器，或者在人脸识别系统和视频监控管理平台融合在一起使用时配用。

人脸抓拍记录服务器主要实现对前端摄像机采集的图像或从视频流媒体服务器获取的视频图像进行人脸抓拍、建模，并发起与中心后台人脸比对搜索服务器的检索识别功能。

针对小型人脸系统，人脸抓拍、建模、比对识别以及后检索功能可以在一台人脸智能分析服务器上全部完成。对于大型人脸系统中涉及人脸算法的高运算量，推荐使用人脸抓拍机，在前端摄像机中实现人脸抓拍功能，然后在后端将人脸建模、比对及检索，建模、比对功能和人脸后台检索功能分别采用两台人脸智能分析服务器来实现。

人脸识别服务器实现人脸样本库的管理、人脸搜索、人脸对比等核心算法计算服务，并提供相关检索与比对接口，是整个人脸对比系统中的核心单元。服务器默认人脸搜索模式中支持在 30 万张人脸库中实时对比时间少于 1s。同时支持海量比对模式，可支持 1000 万级别的高速比对。

中心管理服务器可以根据不同的规模和实际环境选择 NVR 或 IPSAN 等，另外建议架设单独的数据库服务器专门存储人脸系统的数据。

客户端管理平台主要实现人脸抓拍摄像机、人脸智能分析服务器、报警联动功能等配置和管理，实现对图像的预览、各种报警信息的查看等操作。

16.2　综合人脸系统实现的功能

综合人脸识别系统除可以实现传统监控系统的人脸异常报警、视频预览、设备管理、智能配置、报警设置、用户管理等功能外，还可以实现人脸登记、人脸抓拍、人脸识别与报警、人脸检索与查询等功能。

16.2.1　人脸登记功能

综合人脸系统能够通过平台客户端利用 USB 摄像机和导入相片两种方式实现人脸登记

入库。支持一人多态人脸样本登记入库，提高人员对比识别效果。除本地摄像机采集人脸登记入库之外，系统还支持批量导入身份证相片入库功能。

16.2.2 人脸抓拍功能

综合人脸系统能够对经过摄像机抓拍的行人进行人脸检测和人脸提取，并存储，然后根据系统对该摄像机的设置对比模式（黑名单模式与白名单模式），将捕获到的合格人脸图像发送到后台人脸对比服务器，获取识别结果，达到设定相似度的阈值就产生一个报警。操作人员可以在事后对报警记录或人脸记录过程图片进行查阅，或者转到当时的视频录像进行录像回放。

16.2.3 人脸识别与报警功能

综合人脸系统可以按通道对人脸进行布防，每个通道可以单独配置黑名单数据库，实现单独布防。人脸比对识别主要是利用人脸识别算法对抓拍到的人脸图像进行建模，同时与黑名单数据库中的人脸模型进行实时比对，如果人脸的相似度达到设定的阈值，系统可自动通过声音等方式进行预警，提醒监控管理人员。监控管理人员可以双击报警信息查看抓拍原图并和录像进行核实。黑名单报警识别在超远距离能够支持分辨率为 40×40 像素 ~ 300×300 像素的人脸图片，并能准确快速识别支持秒级实时比对报警，响应联动报警的实时视频弹出。

16.2.4 人脸检索功能

在系统中输入待查询的人脸照片，系统自动检测出照片中的人脸信息并截取人脸，用户选择需要检索的人脸后进行相似度、时间段等参数设置后开始检索，最后检索出相似人脸在界面上显示出来。

16.2.5 人脸查询功能

人脸查询功能包括黑名单报警查询和人脸抓拍查询，可以通过时间、通道等相关参数快速查询信息。

（1）黑名单报警查询：可以查询某个时间段、通道的所有报警事件，并可查看报警详细信息。

（2）人脸抓拍查询：可以查询某个时间段、通道的所有抓拍人脸事件，并可详细查看图片、具体抓拍时间点等信息。

除以上功能外，还包括传统监控系统的人脸异常报警、视频预览、设备管理、智能配置、报警设置、用户管理等功能。

16.3　综合人脸系统的性能指标

综合人脸系统的性能指标包括人脸抓拍率、建模成功率和比对性能等指标。

16.3.1　人脸抓拍率

在光线较好的监控环境下，正常的人脸抓拍率可以达到95%（其中抓拍到的人脸姿态左右偏转在60°以内、上下偏转在30°以内），即100个人经过，大约有95个人的脸会被准确地抓拍到。

16.3.2　建模成功率

由于当前的人脸识别主要对准正面人脸进行（左右偏转30°，上下偏转15°，脸部区域分辨率不能低于40×40像素，且成像清晰），因此在建模时必须要对抓拍到的人脸进行筛选。如果满足上述条件，建模成功率不低于90%，即100个人经过，大约有90个人的脸能够符合建模标准。

16.3.3　比对性能

人脸比对性能与黑名单注册图像质量和黑名单数据库大小密切相关，主要由两个性能指标进行衡量：误拒率和误识率。误拒率是指黑名单人员漏报的比率；误识率是指错误报警的比率。一般情况下，如果错误报警越多（误识率越高），那么漏报的可能性就越小（误拒率越低）；如果错误报警越少（误识率越低），那么漏报的可能性就越大（误拒率越高）。

在非常理想的情况下（注册图像的采集环境与真实监控环境接近，包括相机型号与架设角度一致且近一年之内采集），误识率为0.1%的情况下，误拒率小于10%，即可以达到90%以上的正确识别，系统可以根据客户实际需要设置不同的人脸相似度阈值来调节误识率和误拒率之间的关系。另外，人脸比对性能受黑名单注册图像质量、数据库大小、环境、光线等因素影响也很大，具体比对性能视实际场景及实际注册图像质量而定。

16.4　综合人脸系统的局限性

虽然人脸识别有其得天独厚的优势和广泛的应用，但是目前国内外的人脸识别技术还不是特别成熟，人脸识别率的高低还受很多条件的限制，所以详细了解人脸抓拍比对系统的局限性是系统应用好坏的一个关键环节。

16.4.1 相似性

不同人脸之间的区别不大，所有的人脸结构都相似，甚至有些人脸器官的结构外形都很相似，这种情况对人脸识别率有很大影响。客户可以手动调节本系统相识度的大小进行自动预警（如大于80%的相似度才报警），相似度越高识别的准确率也就越高，但是同时漏报的可能性也会增加。所以系统对人脸相识度的设置就显得非常重要，客户可以根据实际情况合理地调节其大小。

16.4.2 易变性

人脸的外形很不稳定，在不同年龄，不同时间段人脸也会有不同的变化，因此对人脸识别率高低也会产生一定的影响，所以导入黑名单时需要尽量选择最近时间的人脸照片。

16.4.3 照片质量

人脸照片质量（清晰度、人脸的分辨率等）的好坏直接影响识别的效果。人脸照片包括前端高清摄像机抓拍的人脸照片和导入黑名单库中的照片，所以导入黑名单时需要选择尽量清晰的人脸照片。

16.4.4 人脸照片的角度

一般需要一张正面人脸的清晰照片，如果始终没有一张正面人脸的清晰照片就会大大影响其识别率，所以导入黑名单时需要尽量选择正面的人脸照片。

16.4.5 遮挡物干扰

人脸上很多遮盖物（如口罩、墨镜、头发等），也会对人脸识别率高低产生一定影响，所以导入黑名单时需要尽量选择没有遮挡的人脸照片。

16.4.6 光线的影响

光线的变化会大大影响人脸的外观，从而影响识别的性能。现代人脸识别技术的多项测试都表明光照变化是实用人脸识别系统的瓶颈之一，所以现场环境尽量选择光线变化不大的场景，同时要做好补光。

16.4.7　黑名单来源

黑名单导入通常有 3 种方式，分别是前端摄像机、已有照片身份证照。目前识别率最高的是通过客户端 USB 摄像机采集的人脸照片，其次是已有照片（其他摄像机的照片或数码相机的照片等），最后是公安库中的二代身份证照片。

16.4.8　黑名单数据库的大小

人脸识别系统算法可达到在单服务器下 30 万人脸库中实现秒级速度的实时对比，建议黑名单或白名单库在 30 万条记录以内，如果实际情况超过此数量可以联系厂家，以二次开发方式实现 100 万级或 1000 万级的秒级对比业务。

通过以上详细介绍可以看出，新一代人工智能安防系统的核心是基于通用 x86 服务器平台的算法软件应用，它不再以传统安防系统的嵌入式 NVR 设备为核心，NVR 设备成为整个 IT 信息系统架构中的一种可选择接入设备，这也意味着整个系统从封闭走向开放，传统巨头的高产品壁垒开始出现松动。

16.5　本章小结

本章主要介绍了综合人脸识别系统的组成、综合人脸系统的功能实现、综合人脸系统的性能指标，以及综合人脸系统的局限性等。这些内容在现在人脸识别应用中具有重要的实际指导价值。

对于目前现存的 IP 网络监控系统，可以通过在后端添加人脸抓拍记录服务器与人脸搜索比对服务器来升级为具有人脸识别功能的 AI 分析系统；新建的视频监控系统则可以直接采用前端人脸抓拍摄像机配合后端人脸智能分析服务器来组成一套完整的人脸智能识别系统。

在小型监控系统中，采用前端人脸抓拍摄像机配合后端人脸智能分析服务器成本过高，一线安防厂商如宇视、海康威视、大华等企业推出了后端 NVR 插接 USB 智能盘的方式搭建人脸智能分析系统，USB 智能盘内置有人脸分析识别算法，通过前端普通 IPC 采集的高清视频即可实现人脸的监测与识别，不仅具有很高的实用性，而且降低了人脸识别系统的应用门槛。当然，后端 NVR 设备只有特定的型号才具有此功能，这就为人脸识别系统的普及应用提供了保障。

第2部分

行业应用案例

　　前面的章节从前端、传输到后端平台控制，全面而详细地介绍了人工智能安防行业的产品与技术，以及人工智能安防系统的架构与技术实现，基本覆盖了当今社会主流的安全监控应用技术。本篇精心挑选了智能楼宇、智慧银行、智慧校园、智慧社区、森林防火、智能交通、平安城市、天网工程以及雪亮工程9个经典的行业应用案例，详细介绍智能安防技术在各行业的细化落地应用，构成了全书从技术到应用的完整篇章。

第 17 章
智能大厦综合安防系统技术分析

随着智慧城市的推进，作为智慧城市基本构成单元的智能大厦是一座信息化集成度非常高的建筑，在现代社会弱电信息化集成系统中具有典型的代表性。智能大厦包含了楼宇自动化子系统（BA）、通信自动化系统（CA）、办公自动化系统（OA）、消防自动化系统（FA）、安防自动化系统（SA）以及信息管理自动化系统（MA）等多个通信子系统，如图 17.1 所示。

[1] 楼宇自动化子系统 [BA]　　　　[4] 消防自动化系统 [FA]

[2] 通信自动化子系统 [CA]　　　　[5] 安防自动化系统 [SA]

[3] 办公自动化子系统 [OA]　　　　[6] 信息管理自动化系统 [MA]

图 17.1　智能大厦通信子系统

17.1 智能大厦安防子系统总体设计

一个功能完善的智能大厦安防子系统集成了视频监控、入侵报警、门禁控制、停车场管理与电子巡更等齐全的安防子系统，如图17.2所示。智能大厦安防子系统的设计目标是采用行业先进的智能化技术，整合各个分离的子系统，使系统根据预设规则联动，从而实现高度的综合性管理功能。

通过建立一套适应整体需求的现代化综合监控系统，对运行、业务、设备等进行统一集中管理，实现以下目标。

（1）集中统一管理所属智能建筑的视频监控系统。

（2）集中统一管理所属智能建筑的入侵报警系统。

（3）集中统一管理所属智能建筑的门禁控制、梯控、停车场管理系统。

（4）为了及时发现监控画面中的异常情况，最大限度地降低误报和漏报现象，系统需要引入智能分析技术，对重要区域的视频进行智能分析。

（5）采用集硬件、软件与网络于一体的开放标准的专用平台软件iVMS-8700，对智能建筑的视频监控、入侵报警、停车场管理、电梯层控、智能分析、门禁控制等子系统进行整合并统一管理，通过平台软件实现各子系统之间的相关联动。

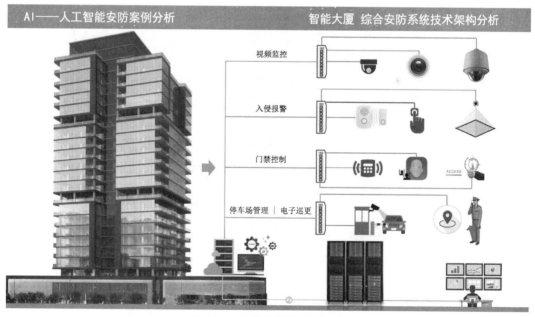

图17.2 智能大厦安防子系统

智能大厦安防子系统结构（参见图17.3）包括以下几部分。

（1）前端采集子系统：包括视频前端、门禁读卡器、各种探头等，前端设备负责将数据及各种信号通过传输子系统上传至中心平台，并支持报警联动。

（2）网络传输子系统：包括前端设备的接入传输、汇聚及中心之间的传输；另外支持利用无线专网，可以通过移动终端浏览相关的图像与信息。

（3）中心平台子系统：由管理服务器、数据库服务器、流媒体服务器、接入服务器、门禁服务器、入侵报警服务器等组成，管理平台负责对设备、用户及其权限进行集中统一管理，不同用户拥有不同的权限，登录系统将获得相应的操作权限，并对上传的数据加以转发，为监控终端提供数据来源，同时响应监控客户端的各种指令。另外，终端子系统也是中心平台子系统之一，通过各级监控终端来实时监看现场的情况。

（4）存储子系统：由网络硬盘录像机(NVR)与存储阵列组成，负责对区域内的图像数据进行存储。此外，还可以利用前端设备自带的存储卡，在网络传输有问题时进行前端存储，以保证系统存储的冗余。

（5）监控终端子系统：包括计算机监控终端与手机监控终端两部分，计算机监控终端主要包括总监控中心、分监控中心、领导办公室等，通过监控终端可以实时监控各前端监控点现场的情况，还可以通过手机实时查看现场的情况。

（6）安全子系统：安全子系统覆盖各个子系统，包括系统软件、数据、网络、机房等方面的部署，防止系统瘫痪及受到外界的攻击，保证整个系统能稳定运行。

整体智能建筑综合监控系统由前端部分、传输部分及中心部分3个相互衔接、缺一不可的部分所组成。

图 17.3 智能大厦安防子系统结构

17.2　智能大厦安防子系统功能实现

下面介绍一整套的智能大厦安防子系统所实现的功能。

1．实时视频监视

通过视频监视可以实时了解智能建筑内部及其周边的信息，与其他子系统形成有效的数据共享及联动功能。

2．入侵报警防范

实时显示报警地点图像，即时通知相关部门和人员，根据制定的处警预案及时准确地控制事态发展，因此入侵紧急系统具有很强的及时性和有效性。

3．门禁控制

以电子地图和系统结构目录两种形式显示门禁点的工作状态、设备信息、门禁系统的异常信息、联动电子地图显示等，监控异常刷卡事件、非法强行闯入、门开超时报警等异常事件。

4．远程控制

通过客户端和浏览器可以对所辖智能建筑的任一摄像机进行控制，实现遥控云台的上/下/左/右转动和镜头的变倍/聚焦操作，并对摄像机的预置位和巡航进行设置；并具有唯一性和权限性，同一时间只允许一个高权限用户操作；可以对门禁、照明、给排水和空调通风系统的开启进行控制。

5．系统联动

通过平台软件可以对各子系统进行关联，当周界防御或火灾报警设备被触发时，有预置功能的摄像机能自动转到预置点，并启动联动录像功能，预设的报警能弹出窗口。

6．语音对讲

在门禁刷卡处配置语音对讲设备，当巡检人员忘记带门禁卡时通过对讲设备呼叫远方值班人员开启门禁，可以节省等待时间，提高工作效率。

7．录像回放

对监控视频进行实时存储，记录告警前后的现场情况，记录智能建筑问题事件的过程；通过网络调用回放录像提供事故发生时的视频，为事故的分析和处理提供帮助，并为事故处理和标准化作业教学提供宝贵的资料。

8．配置维护

具有对前端进行校时、重新启动、修改参数、软件升级、远程维护等功能。站端处理单元及摄像机提供远程访问功能，管理员不必到达设备现场就可修改设备的各项参数，提高设备的维护效率。

9. B/S 方式访问

用户通过 B/S（Brower/Server）方式访问站端系统。B/S 方式采用标准的 HTTP，具有很强的开放性和兼容性。通过浏览器，领导和值班人员可以根据不同的权限对站端系统进行配置与控制，操作界面为中文可视化界面，使用非常方便。

17.3 智能大厦安防子系统分项设计

智能大厦安防子系统包括视频监控、入侵报警、门禁一卡通、停车场管理与电子巡更等系统，下面对各子系统的技术实现进行详细介绍。

17.3.1 视频监控子系统

智能大厦中视频监控系统是整体安防系统建设的基础，也是安装系统建设中首要及重要的构成部分。系统建设分为前端、传输与后端控制系统 3 个部分。

1. 前端摄像机

前端摄像机的选择与安装是实现视频监控功能的第一步，摄像机通常安装在楼层出入口、周界、走廊、中庭回廊通道等人流密集区域，选择摄像机时可参考以下原则。

- 围墙监控可采用变焦镜头的一体形摄像机，越界报警时，联动平台弹出视频窗口，由于围墙范围广，采用变焦镜头便于工作人员进行变焦操作，以看清可疑目标。
- 大门监控可采用固定红外枪机，具备红外夜视功能，满足全天候 24 小时监控的需要。
- 全景监控（主控楼顶）可采用高速球机，以实现大范围监控的需要，根据客户需求也可选用高清球机及智能跟踪球。
- 广场可采用高速球机实现大范围监控，以同时满足对细节监控的要求。
- 小范围的室内监控可采用固定枪机或固定半球，可根据装修风格选择。
- 大范围的室内监控可采用室内球机，实现广域监控的需要。
- 电梯半球可选高线半球接入 DVS 方式，也可选择网络摄像机通过无线网桥方式传输。
- 网络高清视频显示格式的标准为 1080P 以上，室外摄像机需配置 IP66 等级的室外型防护罩。

2. 网络传输系统

摄像机采集的图像经编码压缩后接入楼层接入交换机，利用汇聚交换专用传输网络上传至中心平台 NVR 设备。网络硬盘录像机支持人脸检测、区域入侵、越界侦测、虚焦侦测、场景侦测、音频侦测等智能分析功能。

3. 中心控制系统

中心控制系统可管理智能建筑成百上千个监控点，仅凭监控中心几十个显示屏和几个值班人员难以兼顾。通过智能视频分析服务器对多种行为进行智能分析，能够识别不同的运动物体，发现监控画面中的异常情况，并能够以最快和最佳的方式发出警报和提供有用信息，提高报警处理的及时性，从而能够更加有效地协助安保人员处理危机，大大减轻中心值班人员的工作强度，并最大限度地降低误报和漏报现象。

视频存储采用 NVR 本地存储方案。NVR 采用嵌入式操作系统不会因为病毒等原因导致无法使用或者异常关机重启，可确保系统的高可靠性。嵌入式 NVR 采用分布式存储方案，即采用就近存储、快速存储、分散存储的策略，可有效规避网络异常等问题，把单点故障的风险降到最低。

17.3.2　入侵报警子系统

入侵报警子系统是安防项目中最为实用和基础的组成部分，其结构如图 17.4 所示。它可以将即将发生或已经发生的事件在第一时间告知安保人员，使安保人员能够及时采取相关措施以减少损失，因此在部分城市和行业中将其作为必备的安防设备。

1．入侵报警子系统的组成

入侵报警子系统主要由红外微波探测器、报警控制主机、控制键盘、地址编码器、警号及报警处理平台组成。

入侵报警子系统采用总线制方式，报警信号、防拆信号、设备故障信号、线路故障信号、电源不良信号等情况均通过总线即时向控制主机进行通报，并且可由中心控制室通过检测操作对系统各设备进行检测与调整，还可对各探测器的灵敏度进行调节。

同时系统控制中心可以用一部计算机做报警用，其内置功能有：当接收机收到前端探测器的报警信号时，中心通过计算机软件检测，自动启动报警代码，并调出数据库内的相关数据，将报警信号楼层位置及报警探测器位置显示在屏幕上；如果报警信号未被处理，屏幕上将会有提示；自动记录处理报警的日期、时间并可打印出来。用户可通过密码键盘对主机系统进行布防与撤防。另外，当防区产生报警后，报警主机的键盘 LED 会显示防区号，报警中心平台能够针对收到的报警采取预先设置好的联动规则，进行报警联动图像、地图位置显示、报警上墙等操作。

从安装范围看，防盗报警装置主要分布在围墙、办公室、财务室等重点部位。在办公室、财务室等较敏感场所，可安装紧急按钮类的报警开关，在紧急状况下实现人为手动报警，防区联动视频则可实现录像和抓拍。

对于重点场所，防盗报警装置可采用各种探测器，如脉冲电子围栏、红外微波三鉴探测器、玻璃破碎探测器、震动探测器等，可利用这些主动或者被动的探测器来侦测意外的警情。一旦发生警情，会联动警灯、警铃，管理平台会显示警情信息，同时联动弹出电子地图的具体防区报警点，接警人员可以方便、及时、有效地处理警情。

图17.4　智能大厦入侵报警子系统结构

2. 报警防区分类

报警防区的选择和布置具有多种类型，按照报警防区是否设有延时时间来划分，包括瞬时防区和延时防区。

- 瞬时防区：在布防工作状态下只要接入防区的探测器被触发，报警控制器就将立即产生报警，没有任何延时时间。
- 延时防区：在布防状态下，探测器在延时时间内被触发，超过用户设置的延迟时间则产生报警。工作在延时状态的探测器在布防后，第一次被触发先按照"退出延时"工作，第二次被触发将按照"进入延时"工作。

按照入侵探测器的安装位置及其防范功能的不同又分为周界防区、出入防区、内部防区、日夜防区、24小时防区等。

- 周边防区：用来保护主要防护对象的周边，如外窗、阳台、围墙等，可视为防范区域的第一道防线。
- 出入防区：用来监控出/入口处，在布防后系统会为出入防区提供一定的延时时间，外出延时时间结束后，触发延时防区系统就会报警。在进入触发延时防区时，控制器会在进入延时时间内发出蜂鸣，作为撤防系统的提示信号，必须在设定的延时时间内对系统撤防，否则会报警。此防区类型适合设在用户操作键盘的必经之处。
- 内部防区：包括内部跟随防区、内部延时防区等。
- 日夜防区：该防区24小时处于警戒状态，但白天与夜间，当探测器被触发后报警控制器的告警方式不同。白天当探测器被触发，将以键盘发生的方式以示告警，目的是引起人们的注意；夜间当探测器被触发，则立即产生报警。

- 24 小时防区：工作于该防区的探测器 24 小时处于警戒状态，不会受到布防、撤防操作影响，一旦触发，立即报警，没有延时。24 小时防区分为 24 小时无声报警防区、24 小时有声报警防区、24 小时辅助报警防区等。

防区一般包括布防状态、撤防状态及旁路状态。

- 布防（又称设防）状态：是指操作人员执行了布防指令后，使该系统的探测器开始工作并进入正常警戒状态。
- 撤防状态：是指操作人员执行了撤防指令后，使该系统的探测器从警戒状态下退出，使探测器关机。
- 旁路状态：是指操作人员执行了旁路指令，防区的探测器就会从整个探测器的群体中被旁路掉，而不能进入工作状态，也就不会受到整个报警系统布防、撤防操作的影响。在一个报警系统中，可以只将其中一个探测器单独旁路，也可以将多个探测器同时旁路掉。处于旁路工作状态下的防区不受系统布防、撤防操作的影响，也不能正常探测报警信息，防区为非工作状态。

17.3.3 门禁控制子系统

门禁控制子系统属于智能安防中常用的一种安全防范系统，它是一种基于身份鉴别的安全控制系统，集自动识别技术和现代安全管理措施为一体。其结构如图 17.5 所示。

门禁控制子系统主要由门禁控制器、读卡器、电控锁、门磁和电源等组成，通常安装在建筑物的主要出入口、设备机房等重要区域的通道口，从而实现对出入口的控制。

门禁控制子系统的设计思路包括以下几个方面。

- 智能建筑所有建筑物的进出口建议采用联网型门禁系统，要想进出相关区域，必须具有相应的身份权限，门禁监控主机可对出入信息进行统计和分析。
- 区域较大的智能建筑，需配置多台双门（多门）门禁控制器，采用网络传输方式。
- 读卡器到门禁控制器的距离要小于 100m，建议在 60m 以内。
- 原则上一个门配一个进门读卡器和一个出门按钮，也可以根据需求安装出门读卡器。
- 门禁控制器应具备开关量输入节点，除了提供开门按钮使用外，当消防联动时消防主机可输出开关量至控制器来控制开门。
- 通过门禁监控主机能够对各通道口的通行对象及通行时间进行实时控制或设定程序控制。用智能卡代替钥匙开门，系统自动识别智能卡上的身份信息和门禁权限信息，持卡人只有在规定的时间和在有权限的门禁点刷卡后，门禁点才能自动开门放行允许进入；当忘记关门时就会发出报警信号。

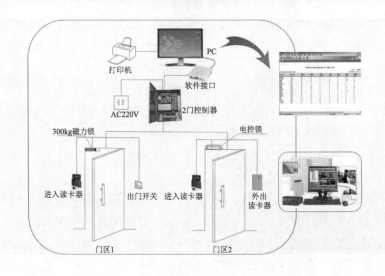

图17.5　智能大厦门禁控制子系统结构

17.3.4　停车场管理子系统

停车场管理子系统是一种车辆管理信息化子系统，它是对通过出入口车辆的进、出进行放行、拒绝、记录和报警等操作的控制系统。其结构如图17.6所示。

停车场管理子系统由前端子系统、传输子系统、中心子系统组成，实现对车辆的24小时全天候监控覆盖，记录所有通行车辆的信息，自动抓拍、记录、传输和处理，同时系统还能完成车牌与车主信息管理等功能。

1. 前端子系统

前端子系统负责完成前端数据的采集、分析、处理、存储与上传，负责车辆进出控制，主要由道闸模块、车牌识别模块等相关模块组件构成。下面对主要设备进行介绍。

（1）出入口抓拍单元：成像清晰是牌照识别技术的关键。本系统采用专用抓拍摄像机，整个图像成像控制系统是一个由抓拍摄像机、智能补光灯、成像控制软件组成的精密系统，它们之间的配合使得抓拍的车牌图像更利于识别。无论是环境照度比较低的情况（如夜晚），还是在强光照射下（如晴天正午），系统均会自动调整抓拍摄像机的成像模式，使用软硬件结合的方法控制图像的曝光，保证车牌成像清晰，这有利于人工辨认和机器自动识别车辆牌照信息。

（2）补光单元：智能补光灯由抓拍摄像机控制，在环境照度不足的情况下抓拍摄像机控制智能补光灯补光，保证在全天候环境下系统都能拍摄到包含清晰牌照图像的理想图片，采用闪光灯补光还可以清晰识别驾驶室内的人脸图像。

（3）车辆检测器：系统采用线圈触发方式，由前端车辆检测器来检测来往通行车辆，可以与防砸线圈车检器共用。

（4）出入口控制终端：负责进行前端数据（车辆信息）采集、处理并上传至后端平台，可实现实时视频、抓拍图片显示、进出抓拍图片关联、实时报警信息显示、系统日志显示、软件开关闸、高峰期锁闸、设备连接状态显示、报警联动等功能。

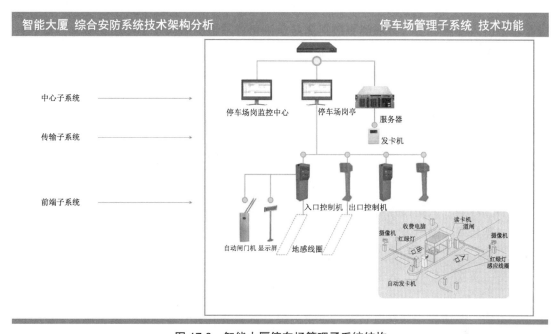

图 17.6　智能大厦停车场管理子系统结构

2．传输子系统

传输子系统负责完成数据、图片、视频的传输与交换。其中前端主要由交换机、光纤收发器等组成；中心网络主要由核心交换机组成。

3．中心子系统

中心子系统主要完成数据信息的接入、比对、记录、分析与共享，包括数据库服务器、数据处理服务器、Web 服务器等。其中，数据库服务器安装数据库软件，保存系统各类数据信息；数据处理服务器安装应用处理模块，负责数据的解析、存储、转发以及上下级通信等；Web 服务器安装 Web Server，负责向 B/S 用户提供访问服务。

17.3.5　管理平台软件子系统

海康威视 iVMS-8700 智能建筑综合管理平台是一套集成化、数字化、智能化的安防综合管理集成平台软件，包含视频、报警、门禁、访客、梯控、巡查、考勤、消费、停车场9大子系统。在一个平台上完成多个安防子系统的统一管理与互联互动，提高了系统管理的效率及用户的易用性。

iVMS-8700平台功能十分强大，具有基础管理功能与基础应用功能，基础管理功能包括资源管理、视频管理、用户管理、报警管理、地图管理、日志检索以及网络管理等功能；基础应用功能则包括了实时图像的浏览、录像回放与下载、拼控上墙、报警中心联动、电子地图应用、网络对讲、统计查询以及系统检测等。

智能大厦是一个十分复杂的智能化系统集成项目，包含的子系统众多，通过本方案的介绍可以了解智能化安防子系统的构成、部署及功能实现，对于更多更大范围的信息化子系统，则需要更广泛地学习。

第18章
智慧银行安防系统设计

目前，银行营业网点与 ATM 自动柜员机是金融系统经济管理和安全技术防范的前沿阵地，其安全保障对社会与经济的影响都十分重大。为了加强银行系统营业网点的安全管理，根据公安部在 2015 年颁布的 GA38—2015《银行营业场所安全防范要求》标准的要求，银行营业网点安防系统需要建设包括高清视频监控系统、入侵报警系统、门禁控制系统与网络对讲系统，同时实现各个系统有效联动整合的联网管理系统，来加强安全保障能力，实现震慑和打击犯罪活动，保障银行业务安全的目的，智慧银行安防系统如图 18.1 所示。

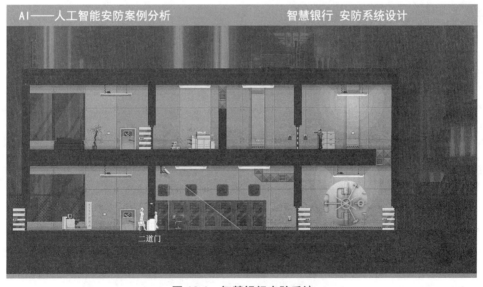

图 18.1　智慧银行安防系统

18.1　智慧银行安防国标要求

下面介绍国标 GA38—2015《银行营业场所安全防范要求》的重点要求。

18.1.1　视频监控系统需求

GA38—2015《银行营业场所安全防范要求》标准中针对营业网点高清视频监管要求系统应能实时监视、记录出入营业场所人员情况和营业场所出入口 20m 监控范围内情况，回放图像应能清晰显示往来人员的面部特征、车辆号牌等；应能实时监视、记录银行营业场所出入口 50m 监控范围内情况，回放图像应能清晰显示往来人员体貌特征、车辆颜色、车型等要求。

以上规定对视频清晰度提出了更高的要求。

18.1.2　入侵报警系统需求

GA38—2015《银行营业场所安全防范要求》中报警管理相关规范提出以下要求。

- 银行营业场所入侵报警探测装置应能与相应部位的辅助照明、安防视频监控及声音复核等设备联动。
- 启动紧急报警装置时，应在将紧急报警信号发送到接处警中心的同时，还要将紧急报警信号及相应部位的视音频信号发送到联网监控中心。
- 不同类型的报警探测装置不应串接同一防区，不同功能的物理区域应接入不同防区。

18.1.3　门禁控制系统需求

利用银行现有的办公网络和各网点计算机，在网点二道门上安装门禁机，实现对运钞车交接员进出通勤门办理款箱交接人员的控制，同时对进出人员、出入时间等信息进行记录。GA38—2015《银行营业场所安全防范要求》的规范中针对门禁控制系统提出了以下几个方面的需求。

（1）人员分类控制：网点现金营业区域进出人员按早晚出入库箱交接员、网点员工以及其他外来人员等划分，实现分类控制。

- 早晚出入库箱交接员：此类人员凭自己的身份卡加密码，并经现金区域员工确认方可进入通勤门的外门，但无权限进入内门。
- 网点员工：若两名网点员工同时在场，凭两人的身份卡加密码即可进入现金业务区。这种情况主要适用于早上第一次进入现金区。若 1 名网点员工在场，凭员工的身份卡加密码，同时经现金区内员工确认后发指令给后台计算机，由后台计算机开放权限方可进入现金区域。

■ 外来人员：指非营业网点工作人员。主要包括上级行（部）领导，本行科技、安防设备维修人员，业务部门检修人员，物业维修人员及其他临时维修人员等，此类人员凭自己的身份卡加密码，并经现金区域员工确认后发指令给后台计算机，由后台计算机开放权限方可进入现金区域。

（2）记录功能：对进出二道门人员的基本信息，如姓名、性别、照片、进出事由和进出时间进行即时的记录。

（3）门禁管理功能：对营业网点除二道门以外的门，包括非现金区、日常办公区相关门禁刷卡开关门的管理。

（4）防胁迫功能（属于系统扩展功能）：在网点员工被胁迫的情况下员工可以凭自己特定的身份卡或输入胁迫密码开启系统报警装置。

在行式自助银行、自助设备加钞间、设备间、保管箱库等重要部位的出入口控制装置实现非营业期间应与视频监控管理系统联动。

18.1.4　对讲管理系统需求

GA38—2015中针对对讲管理系统提出的相关要求包括以下几个方面。

（1）现金业务区、非现金业务区、远程柜员系统应安装声音复核装置，应能连续记录交易过程的对话内容。

（2）现金业务区应安装对讲装置，对讲系统应采用全双工模式，声音应清晰可辨，应能记录交易过程的对话内容。

（3）在行式自助银行、自助设备加钞间、客户活动区等部位宜安装声音复核装置。

18.2　安防子系统总体设计目标

针对用户现状需求分析及发展趋势，结合安防技术发展和GA38—2015标准要求，方案总体设计目标如下。

（1）将营业网点的视频监控、入侵报警、门禁控制、IP语音对讲等安防子系统进行集成管理，实现各个安防子系统之间的联动工作；实现相关安防数据存储和管理的智能化"微"机房建设。

（2）针对安防设备统计查询、硬盘故障、图像视频丢失报警等现象，系统自动进行报警及巡检。

（3）利用人脸抓拍智能安防技术提高银行的业务能力，辅助银行内部流程监管，例如，视频监控包含了营业网点高清视频监控、人脸图片抓拍、客流量统计等视频的监控管理。

18.3   安防子系统分项设计

下面介绍各个安防系统分系统的分项设计。

18.3.1   视频监控系统设计

根据 GA38—2015《银行营业场所安全防范要求》标准的要求以及网点自身的业务特点，本方案采用"高清网络摄像机+NVR"设计，实现对人员面部特征、车辆号牌、体貌特征、车辆颜色、车型等不同环境下相关数据的记录，有效消除营业网点的监控盲区，为日后业务纠纷处理、犯罪事件的侦破提供有力依据。如图 18.2 所示为智慧银行视频监控系统图。

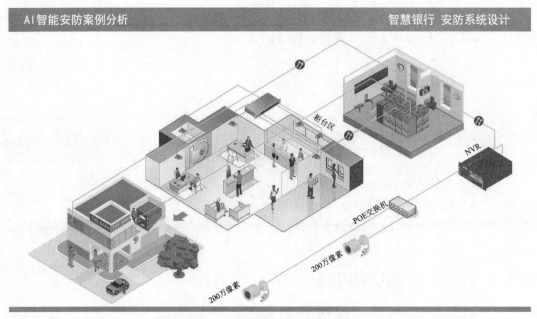

AI智能安防案例分析   智慧银行 安防系统设计

图 18.2   智慧银行视频监控系统

1. 视频监控重点区域设计

视频监控重点区域设计应包括网点门口、大厅等候区、走廊过道、业务区等的设计，下面分别进行介绍。

（1）网点门口：在营业厅门口部署多个 200 万像素高清摄像机，对门口周边情况进行实时监控，及时发现可疑人员的异常行为。针对运钞车停靠点位也应安装一个 200 万像素高清摄像机，在上下班款箱交接时进行监控。满足系统能实时监视、记录出入营业场所人员情况和营业场所出入口 20m 监控范围内情况，回放图像应能清晰显示往来人员的面部特征、车辆号牌等要求。同时系统能实时监视、记录银行营业场所出入口 50m 监控范围内情况，回放图像应能清晰显示往来人员体貌特征、车辆颜色、车型等功能。如需建设人脸抓拍技术应用，则应将营业网点出入口 200 万像素高清摄像机更换为 200 万像素人脸抓拍专业摄像机。

（2）大厅等候区：大厅是客户咨询与等候区域，人员复杂情况多变。因此在大厅应部署多个高清摄像机，对大厅内的人员及整体情况做实时监控，考虑到摄像机安装的隐蔽性和美观性，宜采用 200 万像素半球摄像机做吸顶式安装。为实现对进出网点门口的人员监控，应在大厅正对门口的位置安装人脸抓拍高清摄像机，要求能看清人员的脸部细节，考虑到背光环境，宜采用 200 万高像素人脸抓拍机。

（3）走廊过道：在网点的各个走廊通道及进入柜台内部的 AB 联动门处，都应安装 200 万高清摄像机。实时监视、记录人员出入及相关活动情况，回放图像能清晰显示人员体貌特征。

（4）业务区：针对柜员的监控应采用一对一的监控策略，即每个摄像机对应一个柜台业务窗口。考虑到柜台为逆光环境，应采用 200 万像素宽动态高清摄像机。在柜台内部两侧还应各安装一个 200 万像素高清摄像机，对柜台内部的整体环境进行实时监控。如需建设临柜鹰眼智能应用，则应将柜后台一对一高清监控摄像机更换为 200 万像素人脸抓拍专业摄像机。在柜台外部及客户办理业务的窗口两侧，应各安装一个 200 万像素高清摄像机，要求能看清柜台上办理业务的细节。在业务库房、凭证室等重要区域也应安装高清监控设备，应选用 200 万像素及以上红外高清摄像机。系统主要能够实时监视、记录现金、贵金属等交易全过程，回放图像应能清晰显示每个现金柜台柜员操作全过程及客户的面部特征。

（5）非现金及其他区域：在非现金业务区、客户活动区等其他区域安装 200 万像素高清摄像机，记录人员的活动情况，同时满足相应的监视、记录、回放图像要求。

2．录像存储设计

采用网络硬盘录像机（NVR）负责接入网络摄像机的视频信号，并进行存储。通过 NVR 的本地视频输出功能可连接视频显示设备进行图像预览。通过 NVR 自带的本地操作键盘可对 NVR 进行参数设置、录像回放等操作。同时 NVR 可以支持远程客户端进行各种操作，包括远程浏览图像、远程回放、远程参数设置等。

系统应保持 24 小时运行状态，营业期间采取连续录像，非营业期间采取报警事件触发录像，并有报警预录像功能，预录像时间不小于 10s，录像周期大于等于 30 天。

3．显示设备设计

在营业网点本地可直接在网络硬盘录像机上连接大于 19 英寸的显示器查看该 NVR 的图像，也可通过网络在运行有相关管理软件的管理主机上查看画面效果以及回放录像。

18.3.2 入侵报警系统设计

在金融行业对入侵防盗报警有很高的要求，需要入侵报警系统稳定可靠，警情上报快速准确，能迅速地远程与本地声光联动，还可以实现与监控中心的快速视频报警复核联动、可视对讲联动等功能。

目前营业网点的报警系统是以独立的报警主机进行组建，通过报警主机触发报警，经过电话线将报警信息发送给110接警中心，部分银行联网监控中心还未实现报警信息的同步。结合GA38—2015《银行营业场所安全防范要求》提出的针对报警联动及网络化报警的管理要求，应采用电话线和网络同步报警设计。如图18.3所示为智慧银行入侵报警系统图。

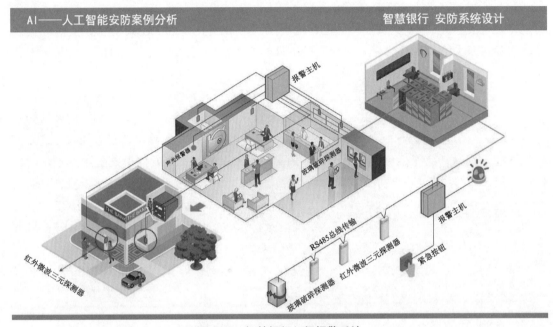

图18.3　智慧银行入侵报警系统

1．报警点位设计

报警点位设计应考虑大厅出入口、室内环境、现金业务区、二道门区域、监控室区域等，下面分别进行介绍。

（1）大厅出入口：在营业厅入口处部署红外微波三元探测器，在非营业时间当有人员进出时可触发报警信号上传监控中心，监控人员对进出人员进行实时监控或者身份核实；在营业厅区域的玻璃门上面安装玻璃破碎探测器，24小时布防。

（2）室内环境：在大厅部署声光报警器装置，网点触发报警后能够联动现场的声光报警器发出警铃声和闪光，用于恐吓、威慑犯罪分子。另外，在监控中心软件平台上也可以手动打开声光报警器，震慑不法分子。探测装置能与相应部位的辅助照明、安防视频监控及声音复核等设备联动。系统报警后满足及时准确地将报警位置等信息发送到联网监控中心或接警中心。

（3）现金业务区：现金业务区应安装不少于2路独立防区的脚挑开关报警装置。在紧急报警信号发送到接警中心的同时将紧急报警信号及相应部位的视音频信号发送到联网监控中心，同时应启动现场声、光报警装置。紧急报警装置应安装在隐蔽位置，且便于操作和维修。在营业厅现金业务区的玻璃窗口上面安装玻璃破碎探测器，24小时布防。

（4）二道门区域：在大厅进入柜台内部的门口部署红外微波三元探测器，在非营业时间当有人员进出时可触发报警信号上传监控中心，监控人员对进出人员进行实时监控或者身份核实。

（5）监控室区域：在监控室隐蔽处安装紧急报警装置，当有突发事件发生时在紧急报警信号发送到接处警中心的同时，将紧急报警信号及相应部位的视音频信号发送到联网监控中心，同时应启动现场声、光报警装置。

2. 报警上传设计

本方案的网络报警主机具备3种报警数据传输模式：网络、电话线、GPRS，3种方式6个中心冗余互为备份。在前端网点安装网络报警主机，并安装红外微波三元探测器、紧急按钮、震动探测器以及烟感探测器，本地采用警号做报警输出联动。同时，通过有线网络将警情同步上传至监控中心报警，监控中心结合具体情况做相应的事件处理。

（1）电话报警110上报实现：当警情触发时报警主机拨打110预设电话至110接警中心来实现警情上报，并通用CID格式报文上报至接警中心的接警设备。

（2）有线IP上报方式：当警情触发时，报警主机通过有线IP方式直接发送数据信息至中心，并支持中心对主机的回控操作，设备状态和防区状态实时显示，心跳侦测设备实时检测在线状态。IP双向通信是银行内部最可靠的方式（在使用该类方式时，应该预留报警上报带宽）。

（3）GPRS上报方式：当电话和IP网络都不能覆盖的场景下可采用GPRS无线方式，或者采用GPRS作为冗余备份上报方式。在报警主机上安装手机卡，通过无线天线发送GPRS网络数据包信息。双向通信支持中心对主机的回控操作和查询设备防区状态，接警平台和设备间心跳实时侦测设备的在线情况。通常该方式应用于公网环境，一般为保安公司或者110接警中心传输警情，APN专网可以应用于银行内监控中心接警。

报警的冗余设计有以下两种方式。

- 方式一：前端报警信号采用冗余报警方式。探测器将报警信号直接传至报警主机，同时探测器也将报警信号传至NVR报警输入口，双路传输保证报警的稳定性与可靠性。若报警主机由于偶发性事件出现故障，也可以通过NVR来实现上报中心和本地联动录像及警号警示等。
- 方式二：网络报警主机上报线路冗余方式。有线网络、有线电话、无线GRPS3种方式分别支持两个中心，主机具备6个中心组网，即6种上传方式配置，每个中心组都可设置为1个主通道和2个备用通道，方式可选同种传输信道或不同的传输信道（信道：报警上传的路径，如固话、IP网络、GPRS网络等）。

联网报警系统改变了传统报警系统各端设备孤立的工作模式。在电话线联网报警系统里，报警中心是被动地接收前端主机上报的报警信息和测试报告，在网络联网报警系统中，报警中心除了接收前端设备的上报信息和报告，还可以通过软件对前端设备进行访问和查询，以确认前端设备及通信线路的状态，并可以对前端主机进行编程和远程操作，实现在线管理；还支持与视频、门禁、对讲等系统的联动。

18.3.3 门禁控制系统设计

门禁控制系统通过读卡器或生物识别仪辨识，只有经过授权的人才能进入受控区域，读卡器能读出卡上的数据信息并传送到门禁控制器，如果允许出入，门禁控制器中的继电器将操作电子锁开门。

门禁管理系统可以采用多种门禁方式（单向门禁、双向门禁、刷卡＋门锁双重、生物识别＋门锁双重）对使用者进行多级控制，并具有联网实时监控功能。如图 18.4 所示为智慧银行门禁系统图，下面将对该系统的主要部分进行介绍。

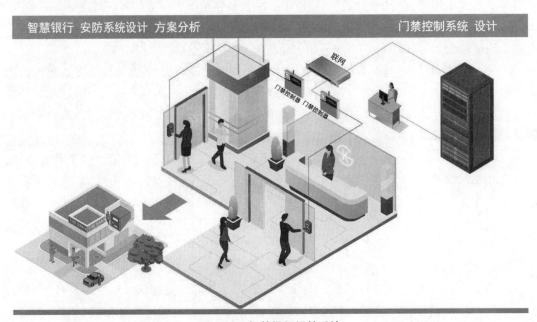

图 18.4 智慧银行门禁系统

1. 门禁管理

银行营业网点二道门（也叫 AB 门）是营业网点大厅（公共区）到网点内部工作区（受控区）的两道通道门，两道门中间有一个缓冲区（中转区），是营业网点公共区进入受控区的重要通道，原则上只允许银行内部工作人员进出。在营业网点内部，二道门主要分布在通勤区、现金业务区、办公区等重要区域。

非现金区及办公区门禁管理采用门禁卡刷卡及开门按钮的管理方式。

二道门设计使用人脸＋密码技术，每道门都通过双向管控措施实现对二道门的进出控制。

营业网点二道门门禁管理系统由门禁管理平台、TCP/IP双门门禁控制器、人脸机、门禁电气组等外围配套设备组成。

人脸机承担人脸采集、存储、验证及传输人脸信号等功能，TCP/IP双门门禁控制器是门禁管理系统的核心，承担获取人脸信息并进行逻辑判断、驱动电锁开门、异常报警侦测等功能。同时还配备有备用电源UPS，UPS提供停电时的系统不间断供电，断电后持续供电时间高于48小时，以保证当供电不正常、断电时系统的密钥（钥匙）信息及记录信息不丢失。门禁管理平台提供角色权限管理、卡片管理、门禁管理、远程授权、开门规则的策略配置、音视频复核身份认证、事后录像回放取证等功能。

2．门禁视频联动功能设计

在行式自助银行、自助设备加钞间、设备间、保管箱库等重要部位的出入口控制装置实现非营业期间与视频监控子系统联动，实现视频录像与上墙显示服务，并能进行相关视频监控的复核查看管理等。

3．系统流程

工作人员在银行营业网点正常进出时，员工在有效开门时间内验证人脸，此时可正常开启第一道门。员工进入到缓冲区后关闭第一道门，在第二道门上再次验证人脸即可打开第二道门。若员工进入到中转区域后忘记关闭第一道门，此时禁止开启第二道门，超时未关闭，现场蜂鸣器发出报警提示。员工退出时，同样要通过验证开门，流程与上述相反。

若员工遭受歹徒胁迫时，在第一道门上验证人脸+4位胁迫密码，此时第一道门可正常开启。开启门的同时系统自动向管理工作站上传胁迫开门的报警信息，接到系统报警后管理工作站内的警号鸣叫（或警灯闪烁）提醒安保人员采取应急措施。这些动作均在歹徒不知情的情况下悄然进行，可进一步保障员工的生命安全。

进入中转区域后员工可故意不关闭第一道门，此时用任何方式均不能开启第二道门。迫不得已时员工可关闭第一道门，并在打开第二道门的同时再次输入胁迫密码，将胁迫警情再次传递到相关部门。当系统发出报警信息后通过联网功能实时传达到管理工作站并详细记录下所有报警信息，如用户代码、地址、姓名、电话、单位名称、日期和时间、警情类别等。同时通过联动功能触发监控中心的联动设备（警灯及警号）并自动弹出视频提醒，自动保存相关视频录像信息。

4．系统特点

下面对系统的特点进行介绍。

（1）多种身份认证识别：可灵活采用非接触式IC卡＋密码或活体人脸认证等多种身份认证方式，提高安全性及操作便捷性。

（2）防尾随联动互锁安全门：银行营业厅内的二道门具有门点互锁功能，当任何一道门打开时禁止通过刷卡等方式开启另一道门，仅当第一道门关闭后才允许开启第二道门，具有自动防尾随功能。

（3）报警触发自动锁闭：无论是夜间的超声（红外微波）探测报警或门禁控制设备被恶意破坏的报警自动触发，营业网点二道门门禁控制器将根据联动预案自动强制锁闭，此时禁止任何方式开门，仅当通过管理软件解除报警后门才可以正常开启。

（4）紧急远程无线开门：当遇到突发事件时可按下营业厅内的无线遥控按钮以常开方式同时打开两道门，通行结束后松开营业厅内的紧急双开按钮，门恢复正常的工作状态。另外，当营业网点发生火灾时联动门禁系统自动开门。

（5）开门超时报警：任何一道门开启超过预设时间（可自定义）后未关闭，系统自动触发开门超时报警，并联动现场蜂鸣器或声光闪烁提示关门。

（6）胁迫开门报警：银行职工受到非法分子胁迫开门时，刷卡后输入胁迫密码门可正常开启，为迷惑不法分子，现场不会产生任何报警提示信息。在开门的同时可在不法分子不知情的情况下向管理工作站发出胁迫开门报警事件，工作人员可及时采取行动。

（7）报警视频智能联动：在自助银行、自助设备加钞间、设备间、保管箱库等重要部位的出入口控制装置实现非营业期间与安防视频监控子系统实现联动，并保证事件发生中所记录安防数据的完整性和真实性，数据存储时长高于 180 天。

18.3.4 IP 语音对讲管理系统设计

GA38—2015《银行营业场所安全防范要求》针对声音复核 / 语音对讲的管理要求包括："现金业务区、非现金业务区、远程柜员系统应安装声音复核装置，应能连续记录交易过程的对话内容""现金业务区应安装对讲装置，对讲子系统应采用全双工模式，声音应清晰可辨，应能记录交易过程的对话内容"。本方案采用 IP 语音网络化技术设计，如图 18.5 所示。

图 18.5 智慧银行门禁系统

IP 语音对讲管理系统采用标准的 TCP/IP 协议通过网络传输音频及控制协议，将音频信号数字化、压缩，经现有的网络发送出去。只需在前端部署一个对讲终端机，在监控中心部署一台对讲主机，通过 IP 对讲控制软件即可实现。IP 语音对讲已成为银行业对讲系统的发展和改造方向。下面对 IP 对讲管理系统主要部分进行介绍。

1．IP 语音对讲系统

IP 语音对讲系统主要将音频信号以数据包形式在局域网和广域网上进行传送，是一套纯数字传输的免提对讲系统。只需将终端接入计算机网络即可构成功能强大的数字化通信系统，每个接入点无须单独布线，即可实现计算机网络、数字视频监控、内部通信的多网合一。

2．声音复核系统

声音复核系统主要针对营业网点的现金区和非现金区，满足能够连续记录交易过程的对话内容数据。前端摄像机支持内置拾音器功能，对声音复核主要采用视频摄像机外置拾音器采集环境音数据，将采集的音频数据与相关的视频数据进行叠加，实现相关业务办理时声音的复核功能。

在前端营业网点现金区、非现金区等区域分别部署一台分体式对讲主机，中心配置一台或多台 IP 寻呼话筒，即可实现监控中心与营业厅之间的语音通信。可由监控中心对讲主机发起提醒柜员日常规范操作语音提示，有紧急状况发生时也可由柜员或现场安保人员通过对讲终端发起对讲上报中心。

同时，在前端营业网点现金区、非现金区等区域分别部署一对一的模拟对讲装置，用来在业务流程办理过程中记录相关人员的通话内容。

18.3.5　其他智能应用设计

下面对点钞机数字及卡号叠加、临柜鹰眼远程授权、VIP 客户人脸识别、可疑人员排查管理、客流量统计管理等其他智能应用设计进行介绍。

1．点钞机数字及卡号叠加

在柜台业务纠纷发生后，回放银行监控录像虽然能够观测到柜员的动作，或者观察到点钞机的工作，但是无法清晰辨识钱币面值与数量等具体信息，摄像机焦距、逆光、角度等因素也会影响到成像质量。当前硬盘录像机均采用有损压缩的储存方式，这造成图像质量下降，使这一情况更加突出。银行前台发生业务差错时一般是先行盘库，确定存在出入后再通过回看监控录像寻找差错业务笔次。监控图像无法清晰辨识，则给追寻差异账款、解决客户纠纷造成很大的难度。

利用点钞机字符叠加技术将点钞机工作时输出的数据信息，如状态、钞票面值、张数等信息以数字、汉字、图形的方式叠加显示在视频图像上，这样通过回放监控视频录像就可以清晰地辨识当时交易的钱款数量等信息，为查找业务差错、解决纠纷提供有力的视频证据。

只需要在每个柜台架设一个柜台信息采集器，就可以将多个厂家品牌的点钞机和刷卡器进行统一协议转换，最后以统一标准的 RS485 信号输入到高清 IPC 摄像机上，实现柜台信息的叠加功能，如图 18.6 所示。

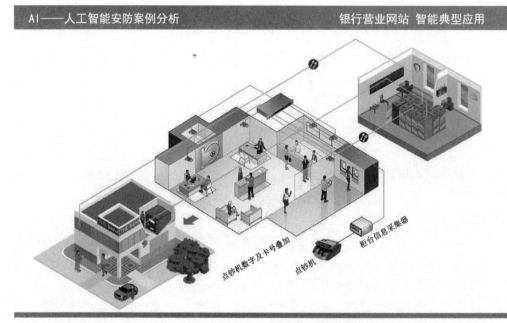

图 18.6　点钞机数字及卡号叠加系统

2. 临柜鹰眼远程授权

目前大多数银行都设有集中授权制度，即在总行或分行有一个集中授权中心，专门负责对全省或者全市需要授权的业务进行审核处理，审核的内容大致包括纸质单据、电子流水单据、身份证、客户人脸等信息。

针对客户人脸，很多银行的现有模式是通过 USB 摄像机对用户进行抓拍，然后上传到中心，中心人员对图像进行比对再进行授权处理。这种方式抓拍的图像不够清晰，而且需要客户抬头配合将姿势摆到合适的角度再进行抓拍，客户体验较差。

采用高清智能人脸抓拍机能够实现对客户人脸的智能抓拍，并自动筛选出效果和角度最好的一张上传至授权中心进行审核。提取到的图片分辨率可以达到 1920×1080，能保证顾客的面部细节特征清晰，相较于传统的授权系统，不需要顾客刻意地配合进行面部信息的提取，通过抓拍机进行自动地识别与抓拍则更为人性化。

银行通过使用抓拍机与业务授权系统进行对接，将抓拍机抓拍到的人脸图片及场景图片连同电子凭证、身份证扫描件等客户业务信息共同打包上传至中心进行保存，以便日后的查证。

3. VIP 客户人脸识别

在银行营业网点进门处安装 1 ~ 3 个高清人脸抓拍摄像机，中心部署人脸检索服务器、人脸图片存储服务器及人员对比应用系统。对经过的人员进行人脸抓拍，并把人脸照片、抓拍地点、抓拍时间等信息上传到人脸管理平台进行统一存储，建立重点场所的 VIP 人员信息数据库，进而进行智能比对分析，针对比对分析的结果数据和应用软件功能相结合，智能识别出网点的 VIP 客户人脸并推送提醒相关工作人员及时接待 VIP 客户，提升服务质量，增加客户的满意度。

4. 可疑人员排查管理

通过在银行营业网点门口外围安装 3 ~ 5 个高清人脸抓拍摄像机，中心部署人脸检索服务器、人脸图片存储服务器及人员对比应用系统。对经过的可疑人员进行人脸抓拍，经过智能比对分析，识别在网点门口反复出现的可疑人员，并提醒监控中心人员复核确认，将传统的事后侦查模式转变为事前防范，有效提升了银行的安全保卫水平和科技含量。

5. 客流量统计管理

银行营业网点的视频客流统计主要是针对出入口的客流数进行统计，得到该出入口进出的人流数量则可以得到该场所的保有量，并提供保有量预警。

客流统计红外高清半球内嵌客流统计智能算法，融合了图像处理、视频分析、模式识别以及人工智能等多个领域的技术，对采集到的视频图像进行实时运算，有效计算出画面中离开（进入）通道的人数。

系统基于 B/S 架构可直接在 Web 客户端实现视频画面预览、智能规则配置、客流统计报表的显示查询及导出等功能，还可实现历史客流量的查询；可以通过选择报表类型（日报表、周报表、月报表和年报表）、统计类型（进入人数和离开人数）以及统计时间查询对应的客流量数据。

第 19 章
智慧校园安防监控系统设计

　　大学校园普遍具有占地广、校区分散、人员密集、防范意识差等诸多因素，校园安防与其他领域相比更具有特殊性，同时因校园开放、包容的人文环境更使学校结构日渐社会化，校园治安问题日益突出。据调查，目前学校存在的主要安全问题有交通、火灾、体育活动意外伤害、食物中毒等安全事故及盗窃、打架、诈骗等案件。如何减少和预防校园各种事故的发生，成为学校和社会需要积极应对的问题。

　　随着安防技术的不断成熟，以视频监控为核心的大安防系统可以帮助学校在人力防范的基础上，对校园进行全方位、全天候的全面防范，最大限度地减少各种安全隐患。通过综合监管平台构建一个多层次、多功能、反应迅速、信息共享的指挥调度体系，同时校园安防系统还可以与平安城市系统进行无缝对接，为平安城市建设贡献力量。智慧校园安防监控系统设计如图 19.1 所示。

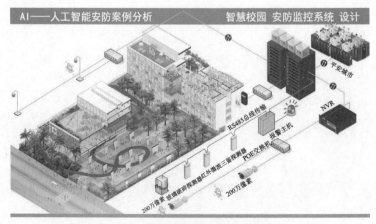

图 19.1　智慧校园安防监控系统设计

19.1 智慧校园安防监控系统的设计目标

智慧校园安防监控系统的设计目标是建设一套综合监管平台进行统一管理，使用全 IP 化的高清智能设备实现高清监控、宿舍进出管理和入侵报警有效管理，并从节省资源、降低成本等角度考虑原有系统的利用。

系统需要与入侵报警、门禁、消防等系统进行联动，将多套系统进行有机整合，形成综合监管。

采用全高清 1080P 系列产品，能够清晰地呈现监控现场原貌，查看现场人物、车辆细节信息。

利用人工智能技术实现区域入侵监测、人员聚集监测、流量统计、人脸抓拍报警等功能。

19.2 总体结构设计

智慧校园安防监控系统的总体结构设计包括教育局总控中心、校园分控中心、监控前端、视频存储系统、视频解码拼控、大屏显示和视频信息管理应用平台，下面分别进行介绍。

（1）教育局总控中心：负责对分控中心分散区域高清监控点的接入、显示、存储、设置等；主要部署核心交换机、视频综合平台、大屏、存储阵列、客户端、平台等中心平台控制系统。

（2）校园分控中心：负责对前端分散区域高清监控点的接入、存储、浏览、设置等功能；主要部署接入交换机、存储阵列、客户端等设备。

（3）监控前端：主要负责各种音视频信号的采集，通过部署网络摄像机、球机等设备将采集到的信息实时传送至各个监控中心。

（4）视频存储系统：采用集中存储方式，支持流媒体直存，减少了存储服务器和流媒体服务器的数量，确保了系统架构的稳定性。

（5）视频解码拼控：视频综合平台通过网线与核心交换机连接，并通过多链路汇聚的方式提高网络带宽与系统可靠性。视频综合平台集视频智能分析、编码、解码、拼接控制等功能于一体，极大地简化了监控中心的设备部署，更从架构上提升了系统的可靠性与健壮性。

（6）大屏显示：大屏显示部分采用最新 LCD 窄缝大屏拼接显示系统。

（7）视频信息管理应用平台：部署于通用的 X86 服务器上，服务器直接接入核心交换机。

19.3 智慧校园安防监控系统分项设计

智慧校园安防监控系统规模比较庞大，可以分为前端、传输网络与后端控制 3 个分项设计，如图 19.2 所示，下面对每项分系统的设计进行详细阐述。

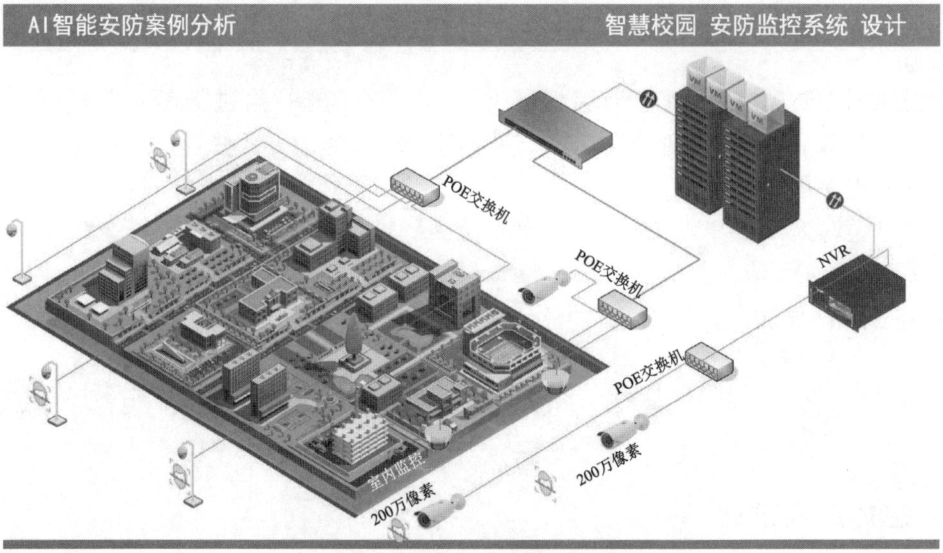

图 19.2　智慧校园安防监控系统

19.3.1　前端设计

校园安防监控场景可以分为室内场景与室外场景，其中室外场景主要包括学校大门口、校内主要道路、足球场、篮球场、广场和室外停车库等，室内场景主要包括教学楼、行政楼、宿舍楼、图书馆、体育馆、食堂和监控中心等建筑内部场景。前端摄像机选型应根据不同应用场景选择不同类型或者不同组合的摄像机。

室内可以采用红外半球（红外半球形摄像机）、红外枪机（红外枪形摄像机）与室内球机（球形摄像机）搭配使用，确保满足安装的美观与细节的不丢失需求。其中大门口由于逆光抓拍所以选择宽动态摄像机，对出入人脸进行抓拍；走廊由于较狭长所以选用红外半球；楼梯口可选用红外枪机；重要办公室则建议选用红外半球、迷你球机实现全景监控。教室一般选择高清红外半球或室内球机，其中红外半球用于看全景，室内球用于看细节，解决既看全景又看细节的监控需求。食堂为人员聚集度较高场所，在食堂的出入口、操作间、食堂大厅等重点区域部署高清红外枪机、高清红外半球和高清室内球机等设备，对食堂进行无死角、无盲区实时监控。

室外可以依据固定红外枪机与球机搭配使用、交叉互动原则，以保证监控空间内的无盲区全覆盖。例如，大门口、场馆主席台、观众席等由于监控面积较广，建议使用智能球机，校园主干道、道路交叉口与场馆出入口建议使用红外枪机，图书馆或体育馆广场由于范围较广建议使用室外鱼眼或者智能球机，机动车停车库建议使用智能球机等。

同时，根据实际需要配置前端基础配套设备，如防雷器、设备箱等，以及视频传输设备和线缆。针对室外监控点位的实际情况，摄像机、补光灯（选配）安装于监控立杆上，网络传输设备、光纤收发器、防雷器、电源等部署于室外机箱内。室内摄像机安装比较简易和方便，直接通过交换机、电源模块连接网络和取电。

此外，对于校园大门口、宿舍楼、考场、各建筑物的出入口以及十字路口等卡口建议采用人脸识别摄像机，以方便进行身份识别及智能行为分析，下面分别进行介绍。

（1）校园人员管理：学生入校、离校可通过设在校园门口的人脸抓拍相机自动识别出相对应的学生信息，并可根据学生的上课及休息时间进行管理，上课期间学生离校会自动推送相应照片和人员信息到教导处。在非本校人员进出学校时，也会自动记录下来访者的照片并与数据库进行实时比对，能更加精准地识别可疑人员；当有可疑人员进入校园时人脸识别能及时报警，从而降低校外人员扰乱校园正常秩序的概率。

（2）宿舍人脸签到管理：通过人脸宿舍管理系统在宿舍考勤时间内，自动识别记录学生归寝考勤信息，生成考勤报表。无须学生排队刷卡和设备操作，既节约了时间，又避免了代打卡的行为。同时通过这些考勤报表可以方便学校和宿管老师、班主任实时了解学生的住宿信息。

（3）考场管理：在考试期间通过考生的人证比对，部署在教室的抓拍机可自动识别考生与身份证信息是否匹配，防止替考等作弊现象的出现，极大地降低了监考老师在监管上的工作压力。

（4）建筑物出入口管理：通过建筑物出入口的人脸识别摄像机可对进出人员进行识别，如有可疑人员进入，即可自动识别报警，从而降低校外人员扰乱校园正常秩序的概率。

（5）十字路口管理：在十字路口设置人脸识别摄像机，可对人流车流进行分析，对学生骑行与车辆通行进行监管，可有效降低校园交通事故的发生。

19.3.2　传输网络设计

传输网络的整体设计不仅关系到整个网络系统的性能，还涉及未来系统如何有效地与新技术接轨以及平滑升级等问题。本系统立足于满足高清视频接入、转发、存储、解码等需求，同时选择适合极有发展前途的网络技术，充分满足未来 5 年监控系统业务的需求。

传统网络的设计是按核心层、汇聚层、接入层分级设计，由于高速数据传输的需要，本系统采用扁平型设计，即采用核心与接入层两层设计，有利于快速收敛与降低延时。传输性能要求应满足前端设备直接接入监控中心设备间端到端的信息延迟时间不应大于 2s；前端设备与用户终端设备间端到端的信息延迟时间不应大于 4s。

核心层主要设备为核心交换机，作为整个网络的大脑其配置与性能较高。目前核心交换机一般都采用双电源、双引擎，故一般不采用双核心交换机的冗余部署方式，但是对于核心交换机的背板带宽及处理能力要求较高。

前端网络接入目前通常采用的方式有两种方式：远距离传输通常采用点对点光纤接入的方式；近距离则可采用直接接入 POE 交换机的方式。

1. VLAN 的规划

VLAN 就是虚拟局域网，随着视频专网中用户和终端设备的大规模接入，网络广播的流量呈几何级数增多，通过 VLAN 技术把一定规模的用户和终端归纳到一个广播域当中，从而限制视频专网的广播流量，提高带宽利用率，如图 19.3 所示。

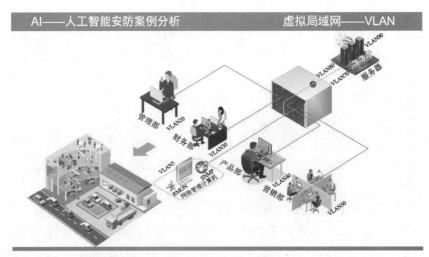

图 19.3 VLAN 划分

每一个 VLAN 在数据转发时，可以通过二层和三层方式实现数据转发，二层 VLAN 技术能将一组用户归纳到一个广播域当中，从而限制广播流量，提高带宽利用率。三层 VLAN 是基于 IP 协议，一组用户归纳到一个网段内，通过网关与其他组进行交换。

在网络用户 VLAN 规划方面，一般可以根据终端用户、前端设备、后台设备所属的部门和网络应用权限来划分。在具体 VLAN 规划中应合理规划每一个 VLAN 中实际用户的数量。

一般规划 VLAN 资源参考如下几种做法。

（1）VLAN1 在所有设备上不启用三层接口地址，不使用 VLAN1 承载实际业务或者作为网管 VLAN。

（2）全网每台设备的网管 VLAN 可以使用同一个，方便设备预配置与日常管理。

（3）一般建议按照每个区域进行 VLAN 资源的划分，所有 IPC 使用的 VLAN 均遵从所在区域的 VLAN 规划。

（4）尽管在不同的汇聚设备上使用相同的 VLAN 并不冲突，但是不允许这样做，因为会对后期的维护和故障的排除造成很大的困难。

（5）如果所使用的网络设备不能直接在端口上配置互联用的 IP 地址，并需要绑定相应的 VLAN，则还需要单独划分出一大段 VLAN 资源用于设备互联，建议全网设备互联用 VLAN 按照链路划分，每条链路使用一个互联 VLAN。

注意，交换机中标记 VLAN 的数据长度是 12 位，所以 VLAN 取值范围是 0 ~ 4095，通常 0 和 4095 是系统保留，1 通常是交换机的默认 VLAN 号。

2. 网络 IP 地址的规划

IP 地址的合理分配是保证网络顺利运行和网络资源有效利用的关键，要充分考虑地址空间的合理使用，保证实现最佳的网络地址分配及业务流量的均匀分布。

IP 地址空间的分配与合理使用与网络拓扑结构、网络组织及路由有非常密切的关系，将对网络的可用性、可靠性与有效性产生显著影响。因此，在对网络 IP 地址进行规划的同时，应充分考虑本地网对 IP 地址的需求，以满足未来业务发展对 IP 地址的需要。

IP 地址规划原则如下。

（1）唯一性：一个 IP 网络中不能有两个主机采用相同的 IP 地址；因此需要选择一个足够大的 IP 地址范围，不但能够满足现有的需要，同时能够满足未来网络的扩展。两个不同网络互联时应避免使用同一网段 IP 地址，以免造成 IP 地址冲突。

（2）简单性：地址分配应简单易于管理，降低网络扩展的复杂性，简化路由表项。

（3）连续性：连续地址在层次结构网络中易于进行路径叠合，大大缩减了路由表，提高路由算法的效率。IP 地址分配既要考虑到扩充，又要能做到连续。

（4）可扩展性：地址分配在每一层次上都要留有余量，在网络规模扩展时能保证地址叠合所需的连续性。

（5）灵活性：地址分配应具有灵活性，以满足多种路由策略的优化，并充分利用地址空间。

3. 网络传输带宽规划

考虑到网络传输过程中及其他应用的开销，链路的可用带宽理论值为链路带宽的 80% 左右，为保障视频图像的高质量传输，带宽使用时建议采用轻载设计，轻载带宽上限控制在链路带宽的 50% 以内。

（1）核心层交换机到接入交换机的网络采用光模块来传输，带宽需达到千兆以上。

（2）传输设备，如光纤收发器到接入交换机之间的带宽建议达到百兆或以上。

（3）传输设备，如光纤收发器之间的传输带宽建议达到百兆或以上。

结合项目实际需求，网络带宽规划可做相应调整。

4. 网络可靠性设计

网络的可靠性是为了保证视频在传输过程中，重要环节在出现设备损坏或失败时，还能够保证正常传输。网络可靠性主要从传输链路可靠性、网络设备可靠性两个方面进行设计。

（1）传输链路可靠性：传输链路的可靠性一般通过链路聚合技术进行保障。链路聚合设计增加了网络的复杂性，但是提高了网络的可靠性，使关键线路上实现冗余功能。除此之外链路聚合还可以实现负载均衡。

（2）网络设备可靠性：网络设备的可靠性主要通过关键部件冗余备份、设备冗余备份、传输告警抑制和快速链路故障检测进行保障。关键部件冗余备份是指网络设备提供主控、电源等关键部件的 1+1 冗余备份；另外系统各单板及电源、风扇模块等均具有热插拔功能。这些设计使得设备或网络出现严重异常时系统能够快速地恢复和做出反应，从而提高系统的平均无故障运行时间，尽可能地降低不可靠因素对正常业务的影响。设备冗余备份是指通过双机虚拟化或虚拟路由器冗余协议等方式实现网络设备的冗余备份。一旦出现设备不可用的情况可提供动态的故障转移机制，允许网络系统继续正常工作。

19.3.3 后端设计（监控中心系统设计）

校园监控中心设备包含智能 NVR、高清集中式存储阵列、高清解码器、显示大屏以及视频综合平台等。监控中心系统设计包括管理控制系统设计、存储系统设计、视频解码拼控设计、大屏显示系统设计等，下面分别进行介绍。

1. 管理控制系统设计

后端 NVR 是监控系统的大脑，承担对监控视频进行控制与管理的功能。本方案建议采用深度学习技术的智能 NVR，配合前端人脸识别摄像机，实现智能化管理、人流统计以及人脸识别等功能应用。

智能化管理功能包括如下几个方面。

（1）校园可疑行为识别：通过视频分析技术对可疑人员进行识别与报警，并通知安保管理人员及时处理。

（2）校园违章停车管理：通过视频分析技术检测规定区域异常停靠车辆，进行识别、报警、通知安保管理人员及时处理。

（3）重点物品管理：通过视频分析技术检测规定区域重点物品，进行识别、报警、及时通知安保管理人员。

（4）统计进出人数预防安全隐患：通过视频检测技术，识别进入图书馆与运动场所的人流量，提前报警，通知安保管理人员进行人员疏导及流量控制，防止踩踏事件发生。

（5）校园惯偷人员管理及识别：摄像机抓拍人脸照片与黑名单人员实时比对，然后输出结果并联动报警。

通过智能分析的应用将事后取证转变为事前防范，化被动为主动，以做到避免损失或将损失降到最低。

2. 存储系统设计

由于前端摄像机数量多，视频存储容量要求巨大，所以采用中心集中式存储架构，校园本地存储采用独立 IP SAN 视频存储阵列，支持视频流经编码设备直接写入专业存储设备，省去存储服务器成本，避免服务器形成单点故障和性能瓶颈，并可实现视频流的多路实时转发，直接的视频管理包括录像、回放、检索等功能。

3. 视频解码拼控设计

视频解码拼控系统要在监控中心部署拼接屏、解码器实现大屏预览，系统采用集图像处理、网络功能、日志管理、设备维护于一体的电信级综合处理平台设备，即视频综合平台设备，满足数字视频切换、视频编解码、视频数据网络集中存储、电视墙管理、开窗漫游显示等功能。下面介绍视频解码拼控系统的主要功能。

1）多种输入／输出

■ 支持网络编码视频输入、VGA 信号输入，数字矩阵交换和网络 IP 矩阵交换输出。

■ 支持 DVI/HDMI/VGA 接口输出，整机最大支持 256 路 D1/128 路 720P/64 路 1080P 解码输出；BNC 整机最大可支持 1792 路 D1/896 路 720P/448 路 1080P 的解码。

2）解码上墙

■ 支持实时视频解码上墙，用户可以用鼠标直接拖曳树形资源上的监控点到解码窗口中，完成该监控点实时视频的解码上墙处理。

■ 支持历史录像回放视频解码上墙，用户可查询前端设备或中心存储录像，并将播放的录像视频直接拖拽到解码窗口中，立刻进行该监控点当前回放视频的解码上墙功能。

■ 支持动态解码上墙云台控制功能，在监控点实时视频进行解码上墙时，用户对解码窗口进行选中后，单击云台控制操作盘进行云台控制操作。

■ 支持多画面分割，解码窗口支持多画面分割，能够支持 1、4、9、16 等多种分割模式。

3）拼控管理

■ 支持大屏拼接功能，系统支持模数混合矩阵接入，能够实现模数混合矩阵解码板大屏拼控功能，通过鼠标框选的方式快速地将多个独立的解码窗口拼接成一个大屏，适用于高清画面等需要重点监控的视频。

■ 支持开窗漫游功能，整机满配最大可实现 448 个漫游窗口显示，漫游窗体图像可以叠加和自由调节位置与大小，满足更多用户个性化图像解码上墙的需要。

4）报警上墙

■ 支持单屏报警上墙，用户可以在独立的监视屏或拼接大屏中进行报警上大屏的配置，当计划内的报警产生时能够在配置的大屏中进行报警上墙功能操作，整个配置可按监视屏配置多个报警，各个监视屏可独立配置。

■ 支持报警场景切换，用户可以单独配置一个报警场景，当该报警场景上配置的报警触发时，监视墙自动切换到报警场景中，并进行相应的视频解码上墙显示。

5）超高分辨率显示功能

支持 PGIS、GIS、CAD 等高分辨率矢量图类的地图及图片实现上墙显示；支持至少一亿像素分辨率的图像实现上墙显示，地图、软件提供至少每秒 10 帧的显示效果，视频提供至少 25 帧显示效果。

4．大屏显示系统设计

大屏显示系统不仅包含视频图像显示的大屏部分，还包括解码控制等产品。整个大屏系统可以分为以下几个部分。

1）前端信号接入部分

海康威视的大屏显示系统支持各种类型信号的接入，如模拟视频信号、高清数字视频信号以及网络 IP 视频信号等，除接入远端摄像机信号之外，还能接入本地的 VGA 信号、DVD 信号及有线电视信号等，满足用户所有信号类型的接入。

2）解码与控制部分

前端摄像机信号接入视频综合平台之后，可由视频综合平台对各种信号进行解码和控制，并输出到大屏显示屏幕上，并可通过在控制主机上安装的拼接控制软件实现对整个大屏显示系统的控制与操作，实现上墙显示信号的选择与控制。

3）上墙显示部分

大屏显示系统支持 BNC 信号、VGA 信号、DVI 信号及 HDMI 信号等多种信号的接入显示，通过控制软件对已选择需要上墙显示的信号进行显示，通过视频综合平台可以实现信号的全屏显示、任意分割、开窗漫游、图像叠加及任意组合显示，还能实现图像拉伸缩放等一系列功能。

5. 监控中心综合监管平台

海康威视 iVMS-9600 智慧校园综合监管平台以校园空间地理信息系统为基础，建立集安全保卫、防范监控、GIS 应急实战、安保业务应用为一体的安防应用平台，通过将多种应用功能模块集中整合在系统中，打破传统安防系统仅是对视频信息监控的功能局限，从多个维度对校园的安保工作进行管理。

智慧校园综合监管平台是集查询、定位、管理、分析为一体的校园安防综合管理系统，平台依托于数据库、中间件、地理信息技术及基础应用框架技术，接入编解码设备、存储设备、校园空间信息数据及安保日常业务应用数据，有效地帮助用户对校园安防相关信息进行管理与分析，不仅是一个集展示性与美观性的 2.5 维校园安防管理系统，同时也是一个具有详细用户应用价值的业务系统。

iVMS-9600 智慧校园综合监管平台包含 7 大应用模块，分别是全景地图、报警管理、车辆管理、业务管理、值班巡更、运维管理和配置管理。下面重点介绍全景地图。

通过全景地图可对校园全景进行可视化监控与管理，操作全景地图前需要在地图中配置各种需要用到的资源，如地图资源（监控点、报警点、建筑物、停车场、出入口、门禁、展示型监控点、微卡口、巡更设备、一键报警柱），绘制盲点、案情多发区和网格区域等。

全景地图的功能包括监控点操作、监控点预览、监控点回放、监控点上墙及监控点报警查询等操作功能。

iVMS-9600 智慧校园综合监管平台集查询、定位、管理、分析为一体，可以有效地帮助用户对校园安防相关信息进行集中管理与分析，是一个体验良好、功能强大的业务系统。

第20章
智慧社区安防系统方案分析

近年来充分融合了物联网技术与智能信息技术的智慧社区解决方案逐渐出现，并成为智慧城市中的一个重要构成部分。智慧社区典型应用包括智慧家居、智慧物业、智慧政务、智慧公共服务等智慧服务功能模块，其中，智慧物业借助网络通信技术把物业管理、安防、通信等系统集成在一起，通过网络连接到物业管理中心，为社区住户提供一个安全、舒适、便利的现代生活环境，从而形成基于大规模信息智能处理的一种新的管理社区形态。

智慧社区的综合安防系统主要依托于智能建筑综合管理平台来实现对视频监控系统、入侵报警系统、电梯层控系统、门禁控制系统、智能停车场管理系统及电子巡更系统等各子系统的综合管理和控制，如图20.1所示。系统服务软件主要包括中心管理服务、存储管理服务、网管服务、流媒体服务、告警服务、设备接入服务、移动接入服务、图片服务、大屏显示服务等功能。下面介绍安防各分系统的技术实现。

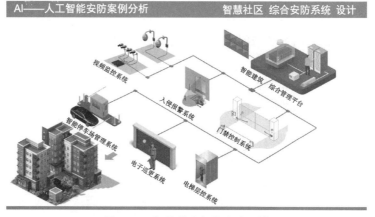

图 20.1 智慧社区智能安防系统

20.1   视频监控系统设计

视频监控系统已经成为现代智能小区的基本组成部分，其作用在于通过监控系统使物业安保人员能够方便、实时地监测各主要场所、重要通道、建筑区死角以及小区边界区域状况，一旦有突发事件发生，则能通过录像手段将情况实时记录，为调查、处理事件提供资料及依据，并辅助小区周界光电报警系统对小区大门入口、围墙、地下车库出入口以及中心绿地等处进行报警联动监控并录像，如图20.2所示。

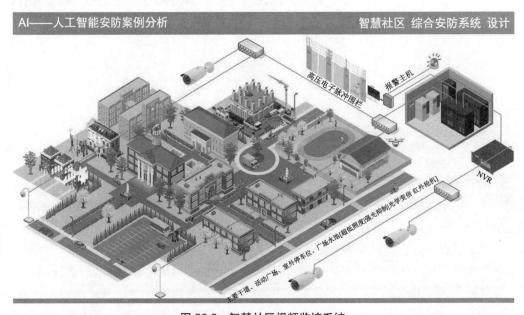

图20.2   智慧社区视频监控系统

1．小区周界监控

周界为小区安防的第一道边界，通过布置室外防水红外枪机对社区周界进行无死角24小时监视。配合围墙上高压脉冲电子围栏形成第一重防范，摄像机应根据具体的地形因素选择制高点并覆盖全周界观察。

利用图像监控系统与周界防范报警系统有机结合的特点，设置监控系统与报警系统的联动功能。当周界报警系统的某个防区报警时，报警信号传输到后端的报警主机驱动监控视频联动，监控全屏弹出监视画面，并通过联动硬盘录像机开启录像，同时联动闪光警号报警，并在显示屏上显示报警具体位置。报警联动的设置更进一步实现了小区安全防范的自动化管理。

2．小区出入口、中心绿地和公建处监控

在主要干道、活动广场、室外停车位、广场水池等设置超低照度、强光抑制、宽动态及手动/电动变焦与光学变倍等功能的红外枪式摄像机，全天候监视出入口往来车辆及行

人。摄像机镜头采用可变自动光圈镜头，随着室外光线的变化，光通量自动调整，使图像清晰可见、亮度稳定。

在每栋大楼的各个立面布设红外枪式摄像机，监测高空抛物等行为。

3．小区停车场出入口监控

由于停车场出入口是车辆的必经之处，应在每条进出车道安装红外枪式摄像机，监控出入停车场车辆，并在地下停车场主要干道及周围角落设置视频监控点，兼顾每个车位车辆的进出与停放情况。

前端摄像机接入控制中心的 NVR 设备，并通过综合管理平台统一管理。视频存储采用 NVR 的存储模式，通过 N+1 备份方式实现视频的存储，以提高系统的可靠性。N+1 热备份功能是指系统中多台 NVR 组成工作集群，设置其中一台 NVR 为热备主机，其他 NVR 为工作主机。当任意一台工作主机网络中断或工作异常时，热备主机自动接管工作主机的任务；当工作主机恢复正常后热备主机放弃接管，并将异常期间的录像数据自动回传到工作主机中，保证录像的完整与可靠。目前，在 N+1 的配置中，1 台热备主机支持 32 台工作主机。

解码拼控子系统主要采用集解码、控制与拼控功能于一体的视频综合平台来进行设计，满足解码拼控等功能需求。视频综合平台支持视频图像行为分析、视音频编解码、集中存储管理、网络实时预览、视频拼接上墙等功能，是一款集图像处理、网络功能、日志管理、用户和权限管理、设备维护于一体的电信级视频综合处理交换平台，解码拼控子系统采用视频综合管理平台来实现，不仅性能强大，而且集成度高。

随着智能化应用的普及，智慧社区采用人脸识别系统已成为趋势。在社区的公共活动区域，如小区入口、单元楼门口、楼道区域安装人脸识别摄像机，配合后端的智能 NVR 或人脸识别服务器，可实现比传统监控更高的安全级别，实现封闭社区居民通过"刷脸"进入社区、陌生人被挡在社区外的功能，从而保障社区的安全。如果是非封闭社区，通过动态人脸监控预警系统，一旦出入人员的人脸与公安机关黑名单数据匹配，系统将会主动报警，通知警务人员进行抓捕。

人脸识别系统能够针对每一个进出小区的人进行年龄、性别、家属、活动规律的识别，之后再通过数据整合与分析，区分哪些是常住户，哪些是串门等，办案民警只需要将一张人脸图片输入进去，就可以发现该人在过去 12 个月的所有活动轨迹。

20.2　入侵报警系统设计

入侵报警系统是一种主动预警系统，与视频监控系统形成互补关系，因此成为智慧社区综合安防系统不可或缺的构成部分。入侵报警系统由前端探测器、传输网络和接警中心组成，前端各类探测传感器连接到监控中心的报警控制主机，然后接入视频监控系统，形成报警与监控的联动安防系统，如图 20.3 所示。

图 20.3 智慧社区入侵报警系统

入侵报警系统通常由多道防线构成立体纵深探测系统，智慧社区可设置 3 道防线区域，下面进行介绍。

（1）第一道防线区域包含园区周界与大厅出入口，园区周界主要防范外来人员的翻墙入侵、越界出逃，目前主要采用高压脉冲电子围栏系统，集警示与预防功能于一体。大厅出入口主要防范进出大厅的人员，一般使用玻璃材质的幕墙、大门，可配置门磁开关和玻璃破碎探测器来探测预警。

（2）第二道防线区域包括建筑物对外出入口与单元楼层顶部，建筑物对外出入口主要防范进出建筑物的人员，可配置红外幕帘探测器和门磁开关，如有玻璃门窗可配置玻璃破碎探测器。单元楼层顶部主要防范来自楼层顶部入侵的人员，按功能强弱可选择激光探测器或者双鉴探测器来布防。

（3）第三道防线区域包括电梯、一二层住户门窗、阳台、室内通道、地下停车库、园区室内区域、楼梯前室/楼梯、社区住户厨房以及监控中心等区域。

- 一二层住户门窗主要防范低层住户的室外人员入侵，一般配置幕帘探测器和玻璃破碎探测器。
- 室内通道主要防范室内楼道等固定环境的人员入侵，可配置吸顶式三鉴探测器或双鉴探测器，同时在通道汇聚点需配置烟感探测器，用以防止火灾等突发情况。
- 地下停车库主要应对突发情况（火灾等）的报警，可配置烟感探测器和紧急按钮。
- 园区室内区域主要监控办公室、库房等重点区域，一般采用吸顶探测器和幕帘探测器，并辅以烟感和紧急按钮等作为报警探测器。
- 社区住户厨房主要应对住户家庭的煤气泄漏事件，一般配置专用的煤气（CO）探测器。
- 监控中心主要防范中心的人员入侵，一般配置吸顶式三鉴探测器或双鉴探测器，并配有紧急按钮，用于紧急情况下的手动报警，同时辅以声光警号等发出警示。

报警系统的拓扑可以采用总线型和网络型布线方式两种，下面分别进行介绍。

1. 总线型布线方式

总线型布线方式适用于社区周界报警部分，一般社区的周界范围都比较大，围绕周界的报警探测器比较分散。这时就比较适合使用总线式报警主机，通过总线的方式将所有前端探测器通过地址扩展模块接入到主机端，报警主机再通过网络上报社区管理中心。

2. 网络型布线方式

网络型布线方式适用于社区单元楼层的报警部分，由于社区园内单元楼层分布不规则，且楼层与楼层之间的距离也远近不一，但每栋单元楼层内的探测器分布却较为集中，因此适合采用网络型报警小主机。通过网络小主机将独栋单元楼的探测器先做汇聚，然后以网络传输的方式将每栋单元楼层的探测器信号传送至社区管理中心，从而达到统一控制的目的。

社区接警中心是整个社区联网报警系统的信息控制和管理中心，负责接收网络内所有控制通信主机的各类状态报告和警情报告，对前端设备遥控编程，并监测本系统和通信线路的工作状况。接警中心的设备功能、组织形式、管理水平直接影响着整个网络的性能及稳定，因此常把它比作整个社区联网报警的大脑和心脏。接警中心设备通常由专用接警机、计算机、接警管理软件和其他打印、传真辅助设备组成。

20.3 电梯层控系统设计

物业管理公司为了能有效地控制闲杂人员的进入，可以通过对电梯的合理控制实现这种功能。通过采用 IC 卡电梯刷卡管理系统对电梯按键面板进行改造后，所有使用电梯的持卡人都必须先经过系统管理员授权才可以进入指定的区域或楼层，未经授权则无法进入管理区域的楼层，以实现对重要楼层进行有效控制的目的，如图 20.4 所示。

电梯层控系统的电梯楼层权限控制主要包括人员楼层访问权限控、楼层常开时段设定、公共楼层设定、假日配置、报警上传与展示、刷卡记录查询等。

电梯层控系统由感应卡、感应读卡器、联动控制器、电梯楼层控制主机、管理工作站及系统管理软件等组成。

系统采用 B/S 架构，通过 WebService 协议支持 C/S 客户端，通过 DAG 服务器进行数据下发及事件数据采集上报，通过 MQ 消息服务器将数据在客户端、服务器、中心管理平台之间转发，保证数据能够实时上报展示。同时集成视频管理系统，提供了集控制、管理、监控于一体的梯控解决方案。

电梯楼层控制器主要用于楼层控制，对授予楼层权限的人方可使用该楼层的电梯按键并只能到达被授权楼层。感应读卡器通过 RS 485 总线方式与电梯楼层控制器通信，最多可挂载 4 个感应读卡器，最多可控制 64 层楼层。

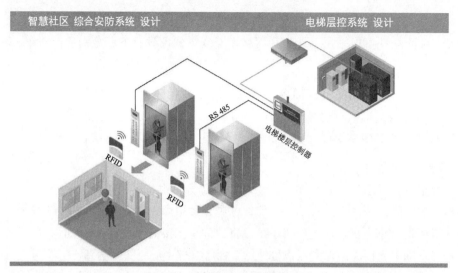

图 20.4　智慧社区电梯层控系统

20.4　可视对讲系统设计

在信息技术飞速发展的今天，安防各个子领域都在向 TCP/IP 网络化演进。TCP/IP 可视对讲系统作为智慧社区建设的核心，可将安防报警、信息发布、智能家居等功能都整合在可视对讲室内机内实现，从而避免模拟数字混合技术时代各种子系统互不兼容的情况。

可视对讲系统主要有前端设备、传输系统（以太网单元控制器）与管理中心组成，如图 20.5 所示。

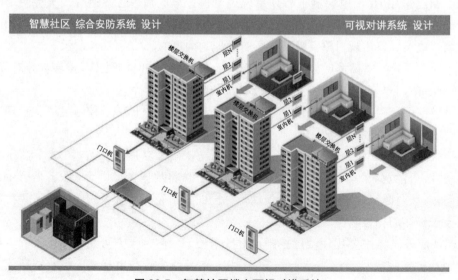

图 20.5　智慧社区楼宇可视对讲系统

系统实现的功能包括如下几个方面。

1. 三方通话功能

■ 来访者与住户通话：客人来访通过在单元门口机拨打住户号码，对应的室内机即发出和弦振铃声，同时将来访者图像传至室内机可视模块，主人通过点触接听键即可通话。

■ 来访者、住户与管理中心通话：来访者通过门口机可呼叫住户与管理中心，实现双向对讲。

■ 管理中心与住户通话：管理中心有事通知住户，也可通过管理机拨通住户分机，与住户实现双向对讲；住户可通过室内机直接呼叫管理中心，管理中心会同时显示出该住户的信息。

2. 门禁控制功能

■ 遥控开锁：访客呼叫住户后主人如需见访客，只要按下室内机开门键，大门即自动打开，访客进入后大门自动关闭；住户如果未携带开门感应卡，可拨打管理中心，中心管理员可通过管理机也可以遥控开启各楼栋门口电锁。

■ 感应卡开锁：住户使用感应卡可开启本栋楼大门，感应卡可参与社区一卡通。可采用独立门禁、联网门禁或预留门禁空槽，方便实用。

3. 电梯联动控制功能

■ 访客通过安装在一楼或者负一楼的可视对讲门口主机呼叫住户，住户通过室内机确认访客身份后开锁，开锁的同时输出楼层信息至门禁/电梯系统。

■ 住户通过安装在家中的对讲室内机上的"呼梯"按键（或室内机菜单选择），呼叫电梯到达指定楼层。当电梯到达指定楼层时对讲室内机发出电梯到达提示音。

4. 安防报警功能

当住户家里发生报警，室内机立即将报警信号传至管理中心，管理机在发出报警声的同时并显示该住户房号及报警类型，方便物业人员及时处理。

5. 信息发布功能

管理中心通过信息发布软件编辑特定的文字信息（如天气预报、社区活动、收费通知等），向所有住户或某一单元（片区）发送，所有住户均可收到相同的信息；或者通过发布软件编辑特定的文字信息（如催交物业费等），按房号等向指定住户发送。

6. 中心软件管理功能

中心采用全软件化管理，家居智能控制管理软件可以根据用户的功能需要选择相应的功能模块。此外，还可以选择家居智能控制模块、无线报警模块、可视对讲模块、信息发布模块等。

物管中心可以与业主与社区门口机实现双向呼叫。当住户家里发生警情，管理中心能及时显示出该住户的具体地址，并显示发生何种类型的报警信号（燃气泄漏报警、紧急按钮报警、入侵报警等）。物管中心可以通过管理软件向业主群发或向指定用户发送信息。

20.5　智能停车场管理系统设计

智能停车场管理是针对建设安全文明小区的管理需要，重点以小区内购买月租、月卡的固定停车用户为服务对象，以达到停车用户进出方便、快捷、安全的目的。智能停车场管理系统对提高物业管理公司的管理层次和综合服务水平起重要的作用，如图 20.6 所示。

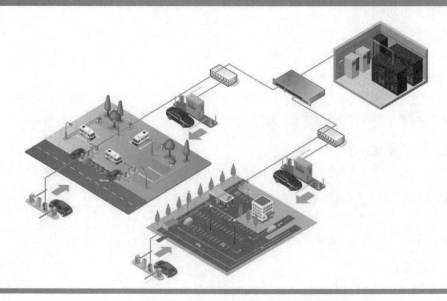

图 20.6　智慧社区智能停车场管理系统

智能停车场管理系统由车辆出入口子系统与停车场管理子系统构成。

1. 车辆出入口子系统

车辆出入口子系统主要由前端信息采集软硬件、数据处理及传输部分、数据管理中心3 个部分组成。实现的功能主要包括以下几方面。

1）车辆管控

- 固定车辆：车牌识别、远距离卡识别且比对正确即可进场，无须任何操作。
- 临时车辆：停车取卡，抓拍车牌并识别后放行。
- 布控车辆：对嫌疑车辆系统自动在前端和中心产生报警，同时人工参与处理。

2）LED 屏显示

控制主机包含语音提示系统与信息显示屏，车辆驶入驶出可以根据客户需要提示语音与显示欢迎信息等。

3）车辆信息记录

车辆信息记录包括车辆通行信息和车辆图像信息两类。

在车辆通过出入口时，系统能准确记录车辆通行信息，如时间、地点、方向等。

在车辆通过出入口时，牌照识别系统能准确拍摄包含车辆前端、车牌的图像，并将图像和车辆通行信息传输给出入口控制终端，并可以在图像中叠加车辆通行信息（如时间、地点等）。

可提供车头图像（可包含车辆全貌），在双立柱方案下，闪光灯补光时拍摄的图像可全天候清晰辨识驾驶室内司乘人员的面部特征，单立柱方案时，抓拍摄像机与闪光灯安装在同一根立杆上。

系统采用的抓拍摄像机具有智能成像和控制补光功能，能够在各种复杂环境（如雨雾、强逆光、弱光照、强光照等）下和夜间拍摄出清晰的图片。

2. 停车场管理子系统

停车场管理子系统由停车诱导和反向寻车两个部分组成。

1）停车诱导部分

需要通过各停车场的数据采集模块对各停车场的车位相关信息进行采集，并按照一定规则通过数据传输网络将信息传送至中央控制模块，由中央控制模块对信息进行分析处理后存放到数据库服务器，同时分送给信息发布模块，提供诱导服务。

2）反向寻车部分

需要通过各停车场的数据采集模块对各停车场的车位与车辆相关信息进行采集并绑定，并按照一定规则通过数据传输网络将信息传送至中央控制模块，由中央控制模块对信息进行分析处理后存放到数据库服务器，同时分送给信息发布模块，提供寻车服务。由车主通过寻车一体化触摸查询机查询车辆信息，系统规划最优寻车路径，完成寻车服务。

系统主要实现如下功能。

（1）无须刷卡方便简单：相比传统的刷卡式寻车系统，本系统停车后无须专门刷卡，避免了车主因为主观因素忘记刷卡而造成寻车功能失效的尴尬。

（2）探测监控合二为一：对于会被车辆和立柱阻碍视线或不方便安装车位灯的车位，系统发挥视频检测的优势，既可实时监控车位占用情况，又可实时显示车位占用情况，系统可以提供所有车位的高清录像，对停车场内最常见的停车刮擦、车窗被砸等现象能起到遏制的作用，使停车安全保障达到最佳效果。

（3）电子地图最优路线：用户确认车辆图片后系统会提供当前停车场的平面地图，并绘制当前查询点到目标车辆停放位置的最优路线，方便车主快速准确地找到爱车。

（4）成像清晰识别准确：车位识别器采用最新的视频技术，成像效果清晰自然、分辨率高。配合高效的视频识别软件可以快速、准确地识别车辆车牌号码。

（5）停车场软件平台：停车场软件平台 B/S 端提供给用户配置停车场信息、车辆信息、收费信息以及参数信息，还提供信息查询的功能。

20.6　电子巡更系统设计

电子巡更系统是基于固定巡更作业需求，采用技术防范与人工防范相结合的安防系统。利用现有的门禁和视频监控资源将门禁读卡器作为巡更点，灵活配置巡更路线，定期安排巡更员按路线进行巡更，从而实现对巡更工作及时有效地监督和管理，如图 20.7 所示。电子巡更系统结合视频关联、报警联动、电子地图与报表等功能，可实现巡更工作的自动化运行，实现全方位调度和可视化管理。

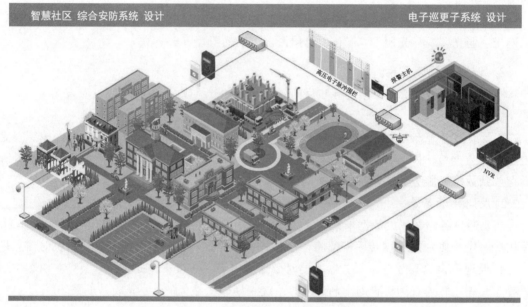

图 20.7　智慧社区电子巡更管理系统

系统主要针对保安巡逻人员的巡逻路线和巡逻方式进行管理并实时监控，根据各建筑物的整体布局情况设置在线巡更点，通过设置合理的巡更回路，在巡更管理主机上完成巡更运动状态的监督和记录，并能在发生意外情况时及时报警。

电子巡更系统主要由 3 个部分组成，分别为便携式移动巡查终端、传输网络和巡查管理平台，下面分别进行介绍。

（1）便携式移动巡查终端：包括监控主机、笔筒式摄像机、外接耳麦、大容量外置电池（可选）等。

（2）传输网络：指中心平台与前端便携式移动巡查终端之间的传输网络，具体包括有线网络、4G/5G 传输网、交换设备、防火墙等。

（3）巡查管理平台：iVMS-8700综合管理平台通过接入服务器、报警服务器以及管理服务器对在线巡更系统进行信息的获取、处理、转发与记录，从而实现对在线巡更系统的功能性集成。客户端能及时收到在线巡更系统的相关信息，并可对收到的信息进行查询。系统可通过报警服务器对在线巡更系统设置报警联动预案，与巡更系统产生相应的联动措施，实现智能化管理。

传统的电子巡更系统仅记录巡更人员的巡更轨迹，而无法实时查看现场的情况，导致指挥中心人员不能及时掌握现场的事态进展，从而无法进行指挥调度。可视化电子巡更系统不仅可以记录巡更人员巡更的轨迹信息，还可以查看巡更人员的实时画面。指挥中心人员可以根据当前巡更人员的分布情况进行指挥调度，并可与巡更人员进行相互对讲，指挥巡更人员操作。当巡更人员发现问题时可按下便携式巡更设备的报警按钮，同时上传现场实时图像和图片，指挥中心马上会接收到报警并执行报警联动预案，实现第一时间发现问题就第一时间解决问题，同时，可视化电子巡更可作为移动视频源成为传统视频监控系统的重要补充。

20.7　综合管理平台设计

综合管理平台主要解决安防系统综合管理的需求，集成了视频、报警、门禁、停车场、消防联动、网管等一系列功能模块，实现安防各子系统的统一管理，提高系统管理的效率，方便系统用户的使用，明确系统权限和职责。

综合管理平台包括设备接入层、数据交互层、基础应用层、业务实现层等，下面分别进行介绍。

1. 设备接入层

第一层为设备接入层，包含各安防监控系统设备资源，如视频设备、门禁设备、报警主机等系统主机、数据库、磁盘阵列等基础设施，为系统的应用提供可靠、有效与稳定的数据来源。

2. 数据交互层

第二层为数据交互层，包含关系数据库、安全数据交互中间件等组成的综合信息资源库。实现对操作系统、数据库、安全加密、多媒体协议的封装，屏蔽差异，实现上层应用的平台无关性，提高运行效率和系统兼容性。

3. 基础应用层

第三层为基础应用层，负责提供在软件框架之上实现各个子系统的应用，如视频、报警、一卡通、门禁、停车场、消费等，由基础应用和业务综合应用组成。基于基础应用层的智能楼宇系统开发设计满足用户实际操作应用需求，丰富安防综合应用功能，包括门禁子系统、停车场子系统、报警子系统等，实现了各子系统间的统一管理，并可兼容多厂商、多种类、多协议的各种异构硬件，及提供第三方系统接入服务。

4. 业务实现层

第四层为业务实现层，负责提供在统一的智能楼宇行业应用软件框架之上的各类应用，由基础应用和业务综合应用组成。

综合管理平台提供在一个统一的安防应用软件框架之上的各类应用集成，实现监控管理功能，包括实时监控、视频存储管理、视频分发管理、拼控上墙、录像查询回放、智能管理、报警配置、系统配置管理、用户权限管理、信息发布通告等。

第21章
森林防火监控系统技术方案

森林防火监控是一项森林资源综合防护工程，除应用于森林防火工作外，还涵盖林业有害生物防治、野生动植物保护、林业资源核查、退耕还林监察、盗砍滥伐林木取证、私采乱挖林地取证、林业案件取证等功能，同时为社会治安管理、国土生态管理、旅游资源管理、矿产资源管理、环保监测等提供相关监控信息。

在森林的各种自然灾害中，火灾往往是最可怕的灾害，它能给林业带来毁灭性的后果。早期的火灾预防手段主要包括高点瞭望塔、人工巡防、飞机巡航、卫星遥感等，都存在监视周期过长、成本高、管理较困难等问题。随着电子信息技术的发展，建立一个具有高科技含量的现代森林防火监控系统就成了社会发展的必然趋势。

森林防火监控系统包括前端视频监控系统、前端防盗报警系统、前端基础设施建设、前端供电系统、网络信号传输系统、监控指挥中心建设等部分。

21.1 前端视频监控系统

前端视频监控点设定在制高点，主要由低照度透雾摄像机、长焦变倍镜头、红外热成像仪、前置烟火识别模块、室外高精度重载云台、室外大型护罩、野外设备控制箱等组成。通过获取覆盖范围内的监控红外及可见光视频图像，实现全天候不间断监控。

前端视频监控站采用200万像素的高清网络摄像机和500mm以上长焦变倍透雾镜头，由于森林防火监控系统安装在林区的山上，山区经常浓雾弥漫，普通的镜头无法达到正常的监控效果，使用透雾镜头解决了山区雾大成像难的问题。利用数字网络云台还可以实现左右360°、上下45°的自动巡航，近处能看清树叶上虫子的种类，远端能看到10km外燃烧的火灾现场。

其中,红外热成像仪利用热成像原理探测林区热辐射,通过不同目标温差实时成像,搭配测温模块可全天候对林区扫描检测,实时自动测量视场中物体的最高温度,如发现温度超过系统设置的报警温度值可自动报警。

热成像探测仪搭配可见光摄像设备互为补充,当热成像发现火灾点时由控制人员通过可见光摄像画面进行核实,确认无误即可实现林火的准确预警。

每个视频监控点周围分布多个烟感传感器、温湿度传感器与风速传感器,连接到环境监控报警主机,再将检测信号上传到中心的综合管理平台。采用与环境信息相结合的综合监测可以实时采集当前监控点的风力、风向、温湿度、烟雾等数据,生成曲线和报表,方便实现实时监控、历史查询与统计分析。为森林防火指挥提供有力的数据信息,满足当前森林防火的各种要求。

森林防火监测预警系统监控塔点位选址是决定整个系统建设成败的决定性因素,监控点位选择遵循以下原则。

(1)建立研究区域数字高程模型,运用地理信息系统的空间分析方法对其进行一系列处理,如填充洼地、提取潜在山顶点、剔除边界点和内侧区域中不适合布设视频监控点的地址;然后综合研究提出的视频监控点选址原则,采用人机交互的方式从研究区域的外层向内部逐步蔓延选点,对确立的方案中所有监控点进行可视域分析和结果统计,最后通过本研究建立的森林防火视频监控布局评价指标体系对确立的布局方案进行评价,判断该布局方案的优劣。

(2)选取点位应最大限度地有利于观测林火多发区或易发区,最大限度地控制人员活动区或林地与耕地的结合区。

(3)设备安装点位的选择必须保证信号能够通过有线方式(首选)或无线方式连接到林业局的指挥中心。

(4)考虑到山区建设铁塔的难度和建设成本,安装点的选择尽量利用现有的监控制高点、信号塔或者森林防火瞭望塔。

(5)点位的选择尽量在可直视信号传输站,应尽量避免采用中继方式。如果必须采用中继方式传送时中继总次数不得超过4次,否则信号传输的延时难以接受。

21.2　前端防盗报警系统

森林防火监控系统前端基站设备大多安装在无人值守的密林深处,需要考虑设备防盗的问题。对于野外森林防火监测基站的防盗,主要配备红外摄像机、红外微波探测器、警号、功放、喇叭等,当无关人员进入铁塔警戒区域内时前端就会发出报警,同时前端摄像机会自动对准相关人员进行拍照留证,值班人员在指挥中心可通过远程网络进行实时讲话，劝其离开，避免造成损失。

21.3 前端基础设施建设

为使森林防火监控系统获得一个较好的观测视角，需要建设牢固稳定的永久性铁塔，铁塔高度根据项目地植被情况、探测角度及信号传输需要，一般设计高度高于周围植被 5 ~ 8m，并根据观测角度进行适当调整，如新建 10m 四角监控铁塔。

为确保监控系统可靠稳定地运行，系统需进行合理优化的防雷设计，具体从以下方面考虑。

（1）避雷针：对于支架安装的摄像机，由于位置较高，可能会受到直击雷的危害，因此需要安装避雷针，采用扁钢或其他等效导体作为引下线泄放雷击放电电流。避雷针的架设需要综合考虑周边环境进行设计，确保林区设备（摄像机、终端盒）处于直击雷防护范围内。

（2）接地：摄像机外壳、摄像机支架及场地终端盒等应进行可靠接地，接入接地系统。

（3）线缆防雷器：为进一步提高系统的抗雷击能力，除设备需具备防雷功能外，电源线应满足三级防雷要求，弱电线路还应采取防浪涌措施，各类可能引入雷击的线缆应加装各种防雷器。对于网络摄像机，建议采用单相电源防雷器及机架式网络信号防雷器。

21.4 前端供电系统

远程智能视频监控系统实施系统供电是关键一环，供电系统的成败直接关系到整个系统的成败。供电设计通常采用风光互补供电方式，利用风能和太阳能同时供电，配合 UPS 电源系统提供稳定电流供应，如图 21.1 所示。太阳能和风力的功率一般在 1000W，电池储备在 10kW 左右，可以保证功率之和为 150W 的摄像机、云台和无线传输设备 2 ~ 3 天的电量。

图 21.1 森林防火监控系统

21.5　网络信号传输系统

森林防火监控系统具有特殊的地理环境，传输方式通常很少采用有线或光缆传输。因此应首先考虑无线微波传输方式，无线微波传输方式施工方便，造价低廉，图像传输实时清晰，并且可以根据传输距离的远近与现场自然条件的不同，按需求配制其功率的大小，在遇障碍物阻挡的情况下，可以采用微波中继系统。

1. 微波中继传输

微波是一种频率超过1GHz的电磁波，波长范围在毫米至厘米数量级，其波长比普通无线电波更短。微波传输类似光线的直线传输，是一种视距范围内的接力传输。由于微波的波长很短，因此不能像中波那样可以沿着地球表面传输，因为地面可以很快将其吸收掉；也不能像短波那样可以通过电离层反射传输到地面很远的地方，因为能够穿过电离层逃逸到太空。由于地球表面是一个曲面，所以微波只能在视距范围内做直线传输，因此决定了两个微波站之间的传输距离不能很远，一般在50km左右，否则将不能获得较稳定的传输特性。当前使用的频率是2.4GHz和5.8GHz的民用波段，频率无须申请即可使用。所以在森林防火监控系统中，远距离监控点的传输方式以开放波段的数字扩频微波为主。

2. 4G/5G无线传输

4G或者5G无线传输通过运营商的无线蜂窝网络传输，具有传输速率高、布点灵活的优点。但是由于视频码流较大，对带宽的占用高，因此租用价格昂贵，一般作为某些不方便架设传输设备点位的补充。

21.6　监控指挥中心建设

监控指挥中心包括平台控制主机系统、平台软件、地理信息系统（GIS）、录像存储与大屏显示系统等，以森林防火平台软件为核心。森林防火监控系统是集硬件、软件、网络于一体的联网系统，在监控指挥中心能够实现对各个林区防火监控系统的全方位管理，同时整合地理系统信息、环境量信息、报警信息等实现森林防火的综合监控。

平台控制主机系统主要由应用服务器、客户端、存储设备、解码设备、网络交换机、防火墙、大屏显示设备等组成，如图21.2所示。为保障前端系统的监控质量，需要具备完善的机房基础设施和先进的网络设备、丰富的网络带宽与光纤资源。为保障平台的稳定运行，平台网络采用双网配置，所有的设备都冗余配置在两个不同的网络中。

1. 服务器

系统的服务器可以分布式部署，独立运行，各服务器都可以支持集群的方式配置和在线扩充，具备彼此的接管能力。系统的服务器主要包括中心管理服务器、流媒体服务器、级联服务器、存储管理服务器等，其他软件模块可安装在这些服务器上实现功能的使用。

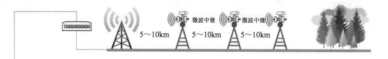

图 21.2　森林防火平台控制主机系统

（1）管理服务器是综合监控系统的核心单元，实现前端设备、后端设备、各单元的信令转发与控制处理，报警信息的接收和处理以及业务支撑信息的管理，同时也需要提供用户的认证、授权业务，以及提供网络设备管理的应用支持，包括配置管理、安全管理、计费管理、故障管理、性能管理等。

（2）流媒体服务器是综合监控系统省级主站的媒体处理单元，实现客户端对音视频的请求、接收与分发，流媒体服务器仅接受本域管理服务器的管理，在管理服务器的控制下为用户或其他域提供服务。流媒体服务器可实现集群部署与分布式部署，既可向前端或其他流媒体服务器发起会话请求，也可以接受客户端设备或其他流媒体服务器的会话请求。流媒体服务器能接收并缓存媒体流，进行媒体流分发，将一路音视频流复制成多路。

（3）存储管理服务器是网络存储的管理者，集中配置以海量存储方式实现录像计划，并按计划执行录像任务。存储管理服务器通过虚拟存储管理技术支持 DAS、NAS、IPSAN 等各种存储设备；支持集中存储管理模式，也支持站端控制主机分布式存储方式；支持 PB 级海量音视频数据存储与快速检索；支持灵活的备份策略；支持数据自动修复技术（数据补录）；支持报警集中存储和重要事件集中备份管理。

（4）级联服务器主要用于平台与平台之间的互联互通，它将本平台需要向其他平台传输的信令、音视频流转换成标准的协议，发往其他平台的通信服务器，同时将收到的标准协议的信令、音视频流转换成本平台所能解析的协议语言，送往其他服务器进行分析操作，由此实现平台与平台之间的互联互通。

2. 存储设备

系统由于管理着下面成百上千的设备，需对站端视频录像和数据进行存储。数据需通过数据库进行管理，NAS 对于读写频繁的数据库系统不是很适合，而 IPSAN 则比较合适，IPSAN 即基于 IP 以太网络的 SAN 存储架构，它使用 iSCSI 协议代替光纤通道（FC）协议来传输数据，直接在 IP 网络上进行存储。IPSAN 架构不必使用昂贵的光纤网络，而是使用 IP 以太网络、以太网卡和 iSCSI 存储设备。相比 FCSAN 要廉价得多，而且实施起来更容易。

3. 显示设备

监控指挥中心配置大屏幕综合显示系统，林区相关信息会显示在大屏幕综合显示系统上。充分利用大屏系统超高分辨率、超高对比度的显示特点，为森林监控提供大视野显示。

4. 短信模块

短信模块（俗称短信猫）是一种基于无线 GSM 技术的工业级 MODEM，内嵌 GSM 无线通信模块，插入移动运营商的手机 SIM 卡后可用来收发短信。

短信模块通过串口数据线和管理服务器相连，在平台软件中可以配置报警联动短信功能，当林区发生报警时，通过短信模块把报警信息及时发送给相关负责人。

5. 防火墙

防火墙是一种网络安全防护设备，通常部署在网络边界从而保护内部网或专用网免受非法用户的侵入。防火墙主要工作在网络层之下，通过对协议、地址和服务端口的识别和控制达到防范入侵的目的，可以有效地防范基于业务端口的攻击。

6. 平台软件设计

iVMS-8800 是海康威视专为森林防火用户量身定制的平台软件，主要包括中心管理、存储管理、存储、流媒体、报警、网管、云台代理、客户端等模块，还可按需添加设备接入、智能分析、监视墙等模块。监控中心以森林防火平台软件为核心，能够实现对各个林区防火监控系统的全方位管理。同时整合地理系统信息、环境量信息、报警信息，实现森林防火综合监控应用。

第 22 章
电子警察的功能及技术实现

　　道路交通违法自动记录处罚管理系统也称"电子警察"系统，是以视频检测、高清抓拍和车牌号码自动识别为核心的智能化信息系统。在城市的主要路段上安装电子警察，通过对交通区域的实时监控，实现对路口机动车闯红灯、压线、逆行、不按导向车道行驶、违法停车、不系安全带、驾驶时打手机等交通违法行为自动抓拍、记录、传输和处理，并能够实时记录通行车辆信息，满足交通管理和监控的需求，如图 22.1 所示，电子警察系统成为智能交通管理系统的一个重要构成部分。

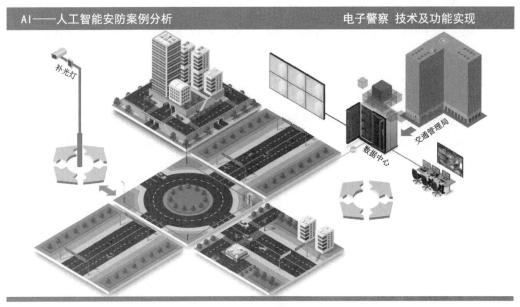

图 22.1　高清视频"电子警察"系统

高清视频"电子警察"系统由前端子系统、网络传输子系统以及后端管理子系统三大部分组成,下面分别进行介绍。

22.1　前端子系统设计

前端子系统负责完成前端数据的采集、分析、处理、存储与上传,主要由抓拍单元、补光单元、视频分析记录单元等相关组件构成。路口交通违法信息与卡口信息全部采用 IP 方式传输。

22.1.1　前端子系统工作原理

高清电子警察抓拍系统包含 500 万或 600 万像素高清一体化工业摄像机、高清镜头、存储工控机、全天候温控护罩,相关配件包含补光灯、路口交换机、光纤收发器、机柜、防雷器、稳压电源等工程设备。

电子警察的前端感应抓拍单元主要有摄像机 + 感应线圈与高清摄像机视频检测两种形式,下面分别进行介绍。

(1)线圈感应:是早期电子警察系统使用最多的一种感应方式,其原理是通过检测移动车辆切割地下线圈磁力线而产生的电磁变化来触发摄像机拍照取证,这种方式安装方便、准确率较高、价格低,因此被广泛使用。线圈感应的抓拍原理是在同一个红灯间隔内路口管理单元,如果同时产生两个脉冲信号即视为有效。例如,红灯时车前轮已经过线,而后轮没有出线则只产生了一个脉冲,此时系统并不拍照;但是如果车前轮已经越线然后又倒车回到线内,此时就会产生两个脉冲而被拍照。系统的车辆检测器还可以采用双线圈识别,双线圈不仅可以检测车速、流量、逆行,而且可以防止相邻方向左转车辆压到检测器线圈造成误拍。

(2)视频检测:是近几年来由于技术的发展而产生的一种新的感应拍摄方式,视频模式下通过电子警察抓拍系统对监控区域进行设置,一般每个车道的区域划分为停车线前、停车线后和人行线后 3 个区域,系统实时分析检测到当前车道处于红灯状态时,若有车经过则对该车辆进行连续抓拍,当汽车进入停车线前区域时抓拍第一张照片,当汽车离开停车线区域时抓拍第二张,当汽车进入人行道区域时抓拍第三张,整个过程在红灯状态下完成才认为是闯红灯行为,摄像机对 3 张照片合成后作为违章记录发送到数据库中。

同时,系统以卡口抓拍记录所有的过往车辆,当车辆离开停车线区域时,在 LED 补光系统配合下由计算机软件自动控制抓拍违章车辆的牌照。车尾特写照片大小可设置,一般取 2952×2048 分辨率,能够在一张照片上清晰显示车辆的所有细节信息,同时合成整个路口的全景图片。所有处理结果都通过网络传输至前端嵌入式闯红灯处理主机上,进行存储与信息叠加。

存储信息可通过光纤或者其他有线网络自动传输到中心服务器管理系统，并由计算机自动识别并保存至违章数据库。违章记录采用计算机图文管理模式文档，除了车辆图像之外还可以记录拍摄时间、拍摄地点等辅助检索信息，便于大量数据文件的分析检索。数据库技术的应用不仅减轻了管理人员的工作量，而且能方便地做到不同职能部门之间的信息共享。

22.1.2　前端子系统主要功能

下面介绍前端子系统的主要功能。

1．闯红灯监测和记录功能

系统通过视频触发自动感知红绿灯信号，在红灯信号时车辆经过系统主机将会快速地检测到这些变化，并通过对这一变化进行分析处理来判断是否有车辆通过，当检测到在红灯状态下有车辆通过时自动抓拍违章车辆图片，拍摄3张违章过程和一张特写的高清图片，图片可清晰辨别红灯状态、红灯时间、停车线、违法时间、违法地点、违法类型、车辆类型、车牌颜色、车牌号码、车身颜色等内容，3张连续图片能够准确清晰地反映车辆违法闯红灯过程。4张图片会合成为一张证据图片，同时一组违章图片有一段高清视频对应。

2．不按规定车道行驶监测与记录功能

由于系统采用直接分析视频的方式监测车辆的行驶状态，系统可以准确判断直行车道左右拐、右拐车道直行与左拐、左拐车道直行与右拐等违章行为。同时一组违章图片有一段高清视频对应。

3．车辆逆行自动监测与记录功能

系统采用视频跟踪技术对画面中每一台机动车进行跟踪，可直接检测抓拍车道中逆向行驶的车辆，同时直接识别出车辆的车牌信息，并且一组违章图片有一段高清视频对应。

4．车辆违法占用车道的监测和记录功能

系统基于车辆的轨迹进行跟踪和判定，能够对监测区域内车辆在公交车专用道、非机动车道、应急车道内违法行驶与违法停车等行为进行检测与记录。可以设定公交车道报警时效等参数，抓拍图片中包含禁行标志、车道线、车辆位置以及车牌等执法要素。

5．车辆号牌自动识别功能

对车牌照号码进行自动定位、号牌结构化识别。

6．卡口记录功能

系统采用视频检测技术，在红灯、绿灯、黄灯时对通过每个车道的所有车辆进行检测、抓拍、记录、保存和识别，并识别车牌信息。卡口图片为合成式图片，左半部分为该车辆全景，右半部分为该车辆的特写。所记录车辆通过的信息包括时间、地点、方向、车型、

车辆牌照号与号牌颜色等。

7. 高清录像功能

提供基于高清摄像机的高清录像功能（720P），不低于 25f/s、2～4Mb/s。录像文件不仅能够直接发送到后台存储，而且可以在前端设备存储，存储时间不低于 7 天。摄像机能独立管理录像文件，支持循环自动覆盖。支持策略性录像，当违章抓拍时提供一段 20s 左右的过程录像，具有 3s 左右预录功能。24 小时实时录像和违章录像可同时进行，能够很清晰地看见所有过往车辆的号牌，为交通事故及追查事故逃逸提供有力证据。

8. 图片防篡改功能

遵循 GA/T 832—2009 相关技术要求，系统采用 MD5 技术对高清抓拍单元采集的图片进行防篡改处理，通过加入原始防伪信息，防止原始图片在传输、存储和校对过程中被人为篡改，保证数据的有效性。

9. 前端数据管理功能

前端系统具有网络传输功能，可根据用户的设置定时或实时将证据图片、前端设备工作状态等信息自动传输到后台系统指定的数据接收端，并接收后台系统传来的控制命令与时钟同步等信息。

前端设备还具有 RJ45 连接端口，可以实现现场数据的下载，满足系统维护人员通过笔记本电脑在设备点位下载数据的需求。

前端数据存储根据不同数据类型的存储需求划定相应存储配额及权限，数据存储过程中不会相互挤占空间。

10. 断点续传功能

前端实时检测数据通过光纤网络自动传输，并与中心服务器实时通信，将违章信息（违章图像和相关信息）和过车信息及时传送至中心进行处理。当网络发生故障时可以支持断点续传，网络恢复后自动完成上一次没有完成的传输任务。

11. 数据安全性功能

为了保证数据的安全性，系统为每个前端路口配置一个智能抓拍处理主机，存储容量不小于 300GB，当前端路口和中心服务器的链路发生故障时，前端设备的数据自动保存在路口机柜中的智能抓拍处理主机中，当链路恢复正常时，智能抓拍处理主机的数据会自动上传到中心服务器。当链路长时间故障时，维护人员可到前端路口直接从智能抓拍主机导出数据。

22.1.3　前端子系统的安装模式

前端子系统的安装主要包括镜头、立杆距离设计与路口各方向的汇聚设计两部分。

1. 镜头及立杆距离设计

镜头及立杆距离设计主要包含以下几项重点。

- 立杆距离标准设计为离停车线 22m，也可根据路口条件在 20～25 m 范围内选择。
- 立杆的安装高度标准为 6 m 设计，摄像机最好安装在马路中间正上方。
- 图像底部距离立杆 14 m，停车线距离立杆 22 m。因此摄像机能够看到停车线内 8 m 左右。此处车牌大小为 95 个像素，停车线内 100 个像素以上。
- 在摄像机和补光灯安装支架上加装避雷针，铺设有效的接地网，采用一点接地的方式，接地电阻小于 4Ω。摄像机端的视频线缆安装视频避雷器，所有的用电设备通过防浪涌和防雷击电源插座接出，具备外部和内部二级避雷措施，且装有漏电保护开关。

2. 路口各方向汇聚设计

一个路口一般有 4 个方向，如果使用光纤传输方式，则选取路口的一个角落安装一个落地机柜，各个方向的抓拍系统通过短距离光纤或网线汇聚到落地机柜的交换机上，再通过长距离光纤收发器接入到中心机房服务器。路口机柜同时安装前端嵌入式抓拍处理主机和稳压电源。

22.2　网络传输子系统设计

网络传输子系统负责完成数据、图片与视频的传输与交换。建设视频专网，其中，路口局域网主要由外场工业交换机、点到点裸光纤与光纤收发器组成，中心网络主要由接入层交换机与核心交换机组成。

网络传输子系统将前端抓拍识别系统输出的数据（包括车牌识别图片、识别数据、设备状态监控信息等）上传到中心综合管理平台，同时可能还会将综合管理平台的命令和控制信息及时下行传输到前端抓拍识别系统，让前端抓拍识别系统可以实时地做出相应的响应。

各检测点应主动将采集的图像与数据上传至中心机房数据库服务器，如遇网络中断或其他故障应将车辆信息储存于路口机中，待故障恢复后自动断点续传。

车辆抓拍识别系统通过网络向中心系统发送数据，系统能对通信状态进行监测，当网络故障或其他通信故障时系统进行日志记录，并备份存储数据，当通信恢复时，所有临时备份数据能及时上传到中心系统。

在传输数据中，车牌自动识别数据和图片优先实时上传。综合管理平台可对车辆识别系统进行控制与管理，如编辑修改地理信息、设备信息、传输时间设置的属性、自动校时、控制车辆识别系统设备重启等。

系统支持各种有线（电信专网、光纤等）、微波、4G/5G 无线传输等方式的通信设备，根据具体的通信方式选择合适的终端接入设备。由于数据量较大及时延小等要求，建议采用裸光纤，并采用数字非压缩光端机传输。

22.3　后端管理子系统设计

后端管理系统设立在交通指挥中心，负责实现对辖区内相关数据的汇聚、处理、存储、应用、管理与共享，由中心管理平台和存储系统所组成。中心管理平台由平台软件模块搭载服务器，包括管理服务器、应用服务器、WEB 服务器、图片服务器、录像管理服务器和数据库服务器等。

22.3.1　服务器系统

服务器是整个硬件系统的核心部分，利用相关软件向客户端发送信息，并提取客户端的各种相关数据。

- 数据库服务器接收并存储前端系统抓拍的车辆图片和信息。
- WEB 服务器实现整个指挥中心网络的资源共享。
- 识别管理主机通过通信系统接收前端高清网络摄像机发送回来的图片信息、交通信息和状态信息，存储在数据库中，供应用程序处理使用，以对车牌号进行自动识别。
- 管理服务器进行整个系统的控制管理、病毒防控、时钟校对等。

22.3.2　软件服务系统

软件服务系统主要由车牌识别软件与处罚管理软件所组成。

1. 车牌识别软件

目前的识别算法将车牌作为目标，即针对视频流中通过的车牌进行响应，从而保证了车牌的高识别率，做到既可以实现对车辆的识别，又解决无牌车辆的抓拍问题。

系统采用先进的计算机视频检测技术对视频流逐帧实时处理，特别是独特的车牌跟踪和比对技术可以将帧间有效信息充分利用起来，从而大大提高系统的识别精度。

系统在算法上突破了传统车牌识别的框架，将车牌作为一个整体，利用先进的机器学习技术通过对大量样本的分析，由计算机自动选择车牌的固有特征进行识别，不仅提高了车牌的检测率和识别率，同时解决了传统系统对环境适应能力差并对图像质量要求高的缺点，针对物体的通用算法还可以较好地解决车牌格式变化时软件升级的问题。

计算机视觉技术与整体解决方案的有机结合使得车牌识别系统对车牌大小的适应能力非常出色，图像中车牌的宽度在 90 ~ 120 像素时即可保证极高的识别率。可识别的最小车牌宽度为 85 像素，在车牌宽度为 85 像素时仍能保证 90% 以上的识别率，这使得单个设备可覆盖完整的车道。

2. 处罚管理软件

管理软件具备远程监控、管理和控制功能，工作人员可随时监视与检查各远端子系统的工作状态，并具备远程控制子系统重新启动的功能，防止子系统停止工作。

多级权限管理功能，并可自行设置相应的密码。只有相应级别的管理员才能进入系统和车辆数据库，对系统进行重新设置及对车辆信息进行删减和更改，其余人员只能监看整个系统的运行状态。普通值班人员只能对传送来的车辆信息进行甄别、筛选、复核、校正与录入等操作，不能删除相关信息。

所有操作均会有详细日志记录，拦截点的报警数量和车辆信息也将实时保存在管理数据库内，管理人员可定期或不定期地对操作员工作内容进行检查。只有管理人员才能进入和检查日志记录的内容，值班人员不能更改和删除，防止值班人员的徇私舞弊行为。

值班人员可对违章车辆进行登录、查询、浏览、统计与管理，打印违章车辆通知书与违章车辆统计表，并对交通事故进行分析，采集违章信息及流量信息、监控前台主控机工作情况等。

第23章
平安城市安防系统工程分析

平安城市安防系统即城市级别的大型公共安全防范系统，平安城市安防系统的建设从最早 2004 年开始的 21 个试点城市及 2005 年的 3111 工程，至今已经过近 20 年的建设，形成了省、市、县三级的综合性大型监控报警联网系统工程，业务范围涵盖治安、交管、消防、刑侦、内保等多个公安类别。

平安城市安防系统是一个特大型功能复杂的安防管理系统，前端摄像机数量往往达到数万乃至数十万个，如何做到这个巨型系统的互联互控以及资源的有效管理难度很大。由于时间跨度比较大，其技术也经过了几代的升级。

在 2004—2006 年间的早期，试点城市的技术类型有些采用"矩阵 +DVR"的模拟数字混合组网方式，实践证明这种组网方式对于平安城市特大型安防系统存在着如何保持灵活性、扩展性、兼容性、稳定性以及如何统一协调等一系列难题。

所以 2006—2015 年间的第二代系统多以"网络编解码器 + 管理服务器 + 存储设备的 IP 编码网络系统"为主，这种开放式的系统平台能够兼容不同厂商的设备，系统的灵活性以及扩展功能强大，并且有利于资源的分级管理与统一管理，因此，IP 网络编码系统成为实现分布式视频联网的最佳方案。

平安城市安防系统建设经历了从模拟数字混合监控系统逐步过渡到 IP 网络型系统，再从 IP 网络系统升级到高清、智能化系统的建设历程。早期平安城市建设强调摄像机的覆盖，后来逐步解决看得见、看得清的问题，自 2016 年，开始随着基于大数据平台深度学习技术的实用化，平安城市开始由网络高清化向智能化升级，即从看得清逐渐过渡到看得懂的阶段，而看得懂就需要依赖视频结构化处理技术，目前，视频结构化处理技术可以实现识别人脸、性别、年龄、身高、人体、车牌、车辆特征以及物体等功能。有了视频结构化处理技术，平安城市建设就逐步过渡到以视频大数据为核心的智能化时代。

23.1 前端视频采集系统

目前，平安城市建设的前端摄像机以 IP 网络高清与人脸识别相机为主，摄像机数量非常庞大，基本覆盖了城市大街小巷与重点场所，其中，城市的汽车站、火车站、地铁、机场、港口、市场内外、街道等人员相对密集复杂的地方，以及政府办公场所出入口、小区主要出入口等处是平安城市的重点监控区域，人脸识别摄像机可在这些重点区域进行全面部署。

目前，在治安卡口中常用的摄像机高清分辨率以 1080P 与 2K 两种为主，除了高分辨率外，高帧率也是判断图像是否清晰的一个重要指标。60f/s 的高帧率可以保证视频中的每一张截图都非常清晰，不会缺失细节的特征。

23.2 数据传输系统

由于视频数据量巨大，所以平安城市视频由单独组建的视频传输专网进行传输。数据传输系统主要采取两种建设方案，即裸光纤点对点方案与 EPON/GPON 传输方案。

（1）裸光纤点对点方案提供了纯粹物理层的链路连接，在接入品质及安全性方面拥有巨大优势，可以实现专网专用，网络传输带宽不受其他业务占用，使得带宽得以保证。另外，网络链路从前端设备端直接连接到监控中心，数据传输不会受到其他因素干扰，安全级别高。

（2）EPON/GPON 传输方案在光纤资源有限或监控点成总线分布、监控点密集等情况下，可为用户提供低成本、高品质、大规模的视频监控接入解决方案。该方案采用点对多点拓扑结构，大大降低光纤资源耗费。系统组建均为无源器件，可靠性高，并且采用扁平化的网络结构，易于维护和管理；组网模型不受限制，可以灵活组建树形、星形拓扑结构的网络。

视频传输以光纤网络为底层的基础业务承载网，而上层则通过以太交换网来进行 IP 视频数据的转发。TCP/IP 传输网络采用核心层与接入层的两层扁平化结构设计，有利于降低数据传输与转发的时延，提高平台的响应速度。

核心层主要设备是核心交换机，作为整个网络的大脑，核心交换机的配置性能要求较高。目前核心交换机一般都具备双电源、双引擎，核心交换机一般不采用双核心交换机部署方式，但是对核心交换机的背板带宽及处理能力要求较高。

前端网络采用独立的 IP 地址网段完成对前端多只监控设备的互联，视频资源通过 IP 传输网络接入监控中心或者数据机房进行汇聚。目前前端网络接入采用两种常用的方式，即点对点光纤接入与点对多点的 PON 接入方式。接入层需要对 NVR 存储设备的网络接入提供支持，确保NVR存储设备的网络环境安全可靠。

用户端需要增加相应的接入交换机，主要为用户提供上网的服务。监控中心部署接入交换机，通过万兆/千兆光纤链路接入到传输网络中，保证监控中心解码器及客户端的正常适用。

由于监控范围广及监控点数量众多，平安城市安防系统一般采用分级组网的形式。大中型城市通常采用三级组网，以市公安局指挥中心为核心，各区分局监控中心为二级，前端摄像机接入派出所、服务站为三级，而监控中心则分为市局中心与分局监控中心两类，如图23.1所示。

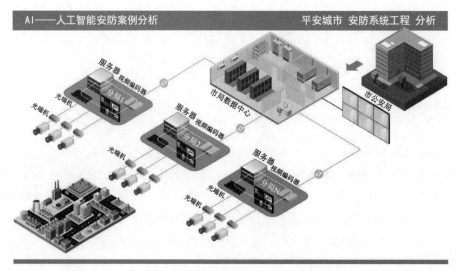

图23.1　平安城市安防系统结构

23.3　中心管理平台系统

通过视频传输专网前端摄像机将视频图像传输到分局机房集中存储与展示，各分局再将视频数据通过专网集中传送到市局监控中心进行云存储备份，并通过大屏幕实现全局展现，各分局监控中心与派出所也可以通过网络实时查看本辖区内任意一路摄像机的监视画面。各派出所与服务站没有严格要求存储视频数据，但可以实时监看本辖区视频。

市公安局作为一级视频共享平台，同时与交管、消防、水利、建委、城管、环保、教育以及运营商等单位联网建立数字视频图像共享平台，例如，交通卡口一般是由交警建设的独立系统，交警平台会与市级视频共享平台进行互联并实现图像资源的共享。基于数字化的IP智能监控解决方案表现出了突出的优点，系统能够提供高品质的监控图像。由于采用一次编码全网传输的方式，为公安人员提供高清晰图像，对保障城市治安、震慑打击犯罪起到了有效的作用。

23.3.1 管理平台的构成

市局一级共享平台主要用于联网视频专网图像资源以及汇接社会图像资源,并可向公安机关以外单位提供图像信息资源。市局一级共享平台主要包括平台管理服务器、交通流媒体交换服务器、点播和转发服务器、数据库服务器、数据检索服务器、图像转码服务器、日志审计服务器、地图服务器、图像智能分析服务器、运维管理服务器、云存储系统、监控主机等设备及配套应用软件。平台管理服务器、流媒体交换服务器和云存储系统3种服务器业务为最核心业务,用于确保监控系统的正常运行,其余服务器为监控增值服务业务,下面分别进行介绍。

(1)平台管理服务器:主要提供案件管理与串并案管理,并支持卡口电警管理,可实现图片查询等业务;支持IPC、解码器等核心设备管理,支持用户权限管理;图像从前端IPC直接存储写入后端存储阵列,不经过服务器转发存储,减轻服务器的压力。

(2)交通流媒体交换服务器:主要实现实况流的数据交换、复制与分发,解决多人同时看一路视频的问题。

(3)云存储系统可支持对存储设备统一的配置管理,当服务器故障或网络中断时,不应影响当前正在进行的视频录像存储;支持检索和回放,精确到秒;支持对监控的重要数据的备份。

(4)交通流媒体交换服务器:可支持卡口系统接入,实现图片查询、车辆布控、黑白名单与图片字段信息的转发转存,并可实现车辆轨迹显示。

(5)图像转码服务器:支持非国标码流到国标码流的转换,高码率码流到低码率码流的转换,便于后续接入部分社会监控资源时,非标准码流可直接转成标准的国标码流。

(6)图像智能分析服务器:实现图像的智能处理,如支持录像浓缩、在线实时智能分析等,可以根据分析结果直接浓缩录像;支持车辆违停抓拍;支持禁区传入报警,人员绊线检测分析等,提升后续图像的使用效率。

(7)运维管理服务器:支持视频质量诊断,可实现异常检测、偏色检测、视频信号丢失检测、遮挡检测、对比度异常检测、画面冻结等问题检测;支持录像状态侦测,录像状态检测;支持设备管理和拓扑分析展示,支持设备故障率统计、设备故障时长统计,支持统计报表导出等功能。

23.3.2 管理平台的部署

市公安局共享平台作为主要的管理中枢。各区分局主要实现本地的图像管理,可只考虑部署核心的视频管理服务器、流媒体交换服务器、云存储系统等,这样既能满足功能上的要求,也可减少投资,降低后续维护难度。

23.3.3　手机图像业务调度

通过无线网络，公安实战人员可以通过手机方便地查询与浏览各个摄像监控点的现场情况。无线视频监控系统能把远程现场摄像机拍摄的视频图像通过运营商 4G 网络发送到装有手机客户端视频监控软件的 4G 普通移动手机或者警用 PDA 上，从而满足实时在线监控的需求，用户无论在何时何地均可进行察看，并及时掌握被监看现场的情景，通过移动通信软件和传统安防行业的有机集成形成专业级监控系统。

在现有的视频采集系统上安装数字设备，将摄像机采集到的模拟信号进行数字化转换，并在压缩编码后传输到视频服务器，移动视频服务器接收裸数据，并负责压缩、编码和控制传输到用户的手机上，用户可选择观看不同摄像机捕获到的街道与路口的实时现场情况。

23.3.4　云存储系统设计

平安城市视频存储系统用于周期性存储所有网内的高清前端视频和视频数据备份。整体系统基于云计算技术组成网络视频云存储系统。网络视频云存储系统不部署独立服务器，而是采用统一规格的分布式网络视频存储架构。

1. 云存储系统功能实现

网络视频云存储系统接收各分局上传的视频信号，并注册到管理平台接受统一的管理和调度。视频流存储到网络云存储系统，同时按需转发实时视频流到授权客户端和大屏显示系统。网络视频云存储系统需要能够基于前端视频采集系统的报警信息、后端智能分析系统的报警信息、人工标注的信息以及周边程序对接的各类系统提供的信息对视频进行标注，再提供给后端系统进行深层次数据挖掘使用。

平台系统对网络视频云存储系统进行统一配置和管理。网络视频云存储系统独立运行，在前端局点与后端平台网络中断或者管理服务器宕机的情况下，不影响派出所操作人员对前端视频的实时监控、图像存储和历史图像检索回放。

前端摄像机主动向网络视频存储进行注册，可实现跨 NAT 部署功能，简化系统部署。在派出所网络中断的情况下，前端自动保存视频，网络恢复后停止前端视频存储并回传视频存储，实现视频图像保护，防止取证图像资料丢失的目的。

网络视频云存储系统可以通过统一窗口实现共同配置、维护和管理，并提供开放的集成接口（SDK、API 等），便于第三方集成软件实现异构存储设备的集中运行监控和维护。

云存储系统包含卡口数据存储、人脸数据存储与案件数据存储；视频存储周期为 30 天，卡口视频与过车图片保存 180 天，违章图片保存 1 年。系统支持对存储位置、存储时间、备份策略、整理策略等存储策略的设置，能对监控系统内的数据统一管理，当监控 IP 存储资源的状态发生变化时能够及时上报。数据管理平台为每台 IP 摄像机订制存储计划，实现视频、图片数据的秒级检索。在确认视频管理客户端要求的检索数据之后，把检索结果（指定时间段内是否有相应的数据）返回给视频管理客户端，客户端可以选择某一时段的数据进行回放。云存储系统还提供数据备份功能，允许用户把与案件相关联的视频、图片备份到案件管理平台存储资源中，并提供点播回放功能。系统提供方便快捷的录像查询机制，能按照指定设备、通道、时间、报警信息等要素检索历史图像资料并回放和下载，支持模糊查找摄像机。存储管理系统支持为计划内的不同时间段设置不同的存储码流，时间段可以任意设置。

2. 云存储系统高性能设计

云存储系统基于分布式架构实现，原理是将数据分散在所有的存储节点上，并且由云存储客户端直接与存储节点进行数据读写通道的连接，使云存储服务器在数据存储与读取的过程中同时会有多台存储服务器对应用服务器的需求进行响应，形成一个多对多的数据访问通道，大大提升数据读写带宽，提高计算工作效率。

分级分区域的多种管理模式可以为不同级别的公安人员赋予不同的权限，让他们能够分别调取不同范围内的视频图像，也得到不同的云台控制优先权，既可以实现灵活应用，也可以让公安总局对全市的治安有整体掌控。

在总局和分局监控中心可以通过电子地图 GIS 系统显示街区分布、派出所辖区范围、警力分布、社区警务室及联防点、治安点位置等，并能单击显示监控点图像，通过电子地图对监控网点的图像进行调出操作。

IP 监控系统采用高处理性能服务器，并且采用多种可靠性技术设计的网络存储设备，分散了单点设备故障的风险。同时，监控数据采用了端到端的直接写入机制，不通过任何服务器进行转存，解决了系统对数据传输的瓶颈。系统还采用了专业的存储数据管理，从而保证了整个监控系统的高可靠性。

系统的集中式维护管理也特别简单。通过视频管理服务器和数据管理服务器，工作人员不仅可以对前端设备实行集中的管理和控制，还可以对分布在各分局的存储终端设备进行远程的集中管理。只需要通过一台计算机就可以对整个网络设备进行配置下发、远程升级、远程操作、业务实现等操作，这样大大减轻了总局的负担，也有利于节省出更多精力来解决其他治安问题。

整个系统采用标准的 TCP/IP 传输协议，并提供业界标准设备接口，不仅扩容简单方便，还可以通过第三方接口提供业务的应用开发，使得监控系统能同报警等公安常用系统紧密整合，实现监控报警的联动，可以大大加快出警速度，充分体现出监控系统的价值。

23.4　视频大数据平台设计

共享平台通过视频大数据分析实现事前预研、预判，事中视频指挥调度以及事后图侦研判。基于大数据 Hadoop 或 Spark 架构搭建实战应用平台，满足系统在上亿条甚至几十亿、上百亿级数据中的快速检索、查询和分析。

实战应用平台依靠前端城市卡口、电警、违停球（前端智能）进行取证，然后通过后端的视频分析进行线索的捕捉并还原案件发生的过程，所以要求共享平台具备治安监控与智能交通统一部署、统一管理的能力。

针对日益丰富的公安业务系统，应充分考虑使用的便捷性和人性化。在客户端设计上需要满足用户的专业定制需求，以降低使用的难度和提高操作的便利性。例如，精细定位刑侦用户的刑侦客户端软件、日常安保指挥的治安指挥客户端软件等。

实战业务系统采用大数据架构，并针对实际应用进行优化以保证性能和可靠性。系统数据容量大于 100 亿条，精确检索时间小于 10s，写入能力不低于 8 万条 /s，能实现全网业务统一管理、业务统计、业务分析、数据备份、智能应用、运行维护、综合管理等功能。

23.4.1　大数据系统主要技术分析

Hadoop 与 Spark 是目前比较成熟的大数据开源项目，其在云计算架构中快速发展并得到普遍使用的最重要的因素就是开源，各行各业都有企业采用该架构技术并在使用中发现问题，最终反向优化该技术。

行业中商用的 Hadoop 或 Spark 一般都是企业发布的商业化发行版本，如星环大数据、明略大数据、华为大数据、华三大数据等。企业一般较少直接使用开源 Hadoop 组件来搭建大数据应用平台，原因是开源 Hadoop 是面向所有行业，而各个行业的企业都有各自的业务模型，直接使用从技术上来说并不是最优。

Hadoop 对大数据最大的贡献是它推广了其所代表的大数据分层体系，目前这已基本成为了行业事实标准，但从具体技术来看，Hadoop 开源软件只有最基础的内容，待优化补充的内容还较多，而且当前各个分层的技术发展特别快，未来 Hadoop 这些基础组件快速更新的可能性也很高。

23.4.2　安防大数据平台结构

安防大数据平台划分为 4 层：数据采集层、数据仓库层、数据应用服务层和数据可视化层，下面分别进行介绍。

1. 数据采集层

在数据采集层接入集群完成设备数据接入、预处理，然后转成统一方式存储，接入集群可部署在虚拟化系统上，这将便于各类网关和代理设备能力共享与扩展。

2. 数据仓库层

数据仓库层设计有 3 种存储方式：原始视频云存储、信息视频云存储和信息数据云存储。原始视频、信息视频和信息数据在安防领域的价值和防护等级是有较大差别的，原始视频存储量大，且 90% 以上是无效数据；而信息视频和信息数据存储空间小，但数据价值高，所以在存储方式上把三者做了分离。

依据计算类型的不同，数据计算可分成静态数据计算和动态数据计算。静态数据计算做离线计算，无须实时性，为了计算便利应屏蔽 SQL 和 NoSQL 数据调用的差异性。动态数据计算是实时性计算。安防实时计算有事件性业务和多媒体计算业务两类，事件性业务如报警处理和车辆布控等需要系统具有高并发、低延时的推送能力；而多媒体计算业务如流量预测和人脸比对则要求有更高并发强度的计算能力。

在静态大数据计算应用中，系统所采用的分布式批处理计算框架对通用 Hadoop 架构做了优化，通过增加时空数据库使计算性能获得极大提升。

Hadoop 起源于网页类数据的处理，而安防数据是由时间、空间、人物及事件特征所组成，具有行业特殊性。Hadoop 商业发行版使用经过试验得到的数据并对数据组织进行优化，从而实现性能的大幅度提，这不仅优化了工具，更重要的是在 Hadoop 的基础上通过时空数据库来优化安防数据的存储，最终性能远好于开源版 Hadoop。

开源 Hadoop 体系不存在主动对用户进行信息实时推送的过程，也不存在需要对输入信息进行过滤或融合的过程，但在安防领域信息实时的主动推送是一种常态，信息过滤或聚合也是一种常态，所以在 Hadoop 最新发行版体系中引入了事件中心，负责完成信息的高速写入、过滤、聚合和实时推送。

Hadoop 计算处理网页数据，其计算特点是数据量大，但计算处理单个数据的计算量小，而安防多媒体数据不仅总体计算量大，而且单个数据的计算量也很大，最新 Hadoop 商业发行版针对多媒体数据整合了多媒体计算框架 MPI，充分利用了系统的计算性能。

在数据应用服务层，多媒体数据是非结构化数据，所以还需部署视频分析调度的集群，它的作用是从多媒体数据中提取结构化数据，但它本身不能绑定智能算法，调用的算法或第三方智能系统应可由用户来择优选用。多个监控业务能够以动态互补的方式，通过统一的调度器，共用集群的计算资源，从而实现对设备资源的最大利用；在共用模式下，支持前台业务对后台业务的抢占，后台业务在系统空闲时的自动调度。

3. 数据应用服务层

在数据应用服务层联机分析为决策者提供多维度的数据统计支持，数据挖掘提供基础的多媒体挖掘算法，搜索引擎实现对结构化数据的索引和秒级查询，多媒体检索提供以图找图的功能；用户行为分析则提供给系统更多的智能管理能力。

4. 数据可视化层

数据可视化层基于底层统一的数据能力可提供基础安全防护功能，并提供各种基础数据的展示功能。在此基础上可提供安防工作流来实现更高层的行业应用逻辑，提供图形 API 和可视化引擎定义行业数据的展示方式，数据可视化本质是要和用户实现互动以发现更多的隐藏信息。

　　为保障海量数据能够安全存储、快速查询与深入的挖掘，大数据系统使用分布式存储方式实现对海量数据的有效管理，利用高效的搜索引擎技术实现对各种查询的秒级响应并通过云计算的方式实现海量数据的深入挖掘。

　　大数据系统使用分布式数据库（HBase）实现对海量数据的有效管理。通过部署在X86服务器集群上提供高效的容错备份机制和动态的硬件扩容能力。

　　系统使用高效的搜索引擎技术实现对各种查询的秒级响应。根据业务需要对海量数据的查询进行索引，并提供专项的索引性能优化。利用分布式搜索引擎架构能够提供海量数据下的秒级查询响应。

　　系统通过Hadoop分布式计算框架实现对海量数据的深入挖掘；通过云计算的方式对海量过车记录进行数据挖掘，实现车辆轨迹分析、车辆套牌分析等相关研判功能。

23.4.3　安防数据量来源

　　平安城市共享平台数据量主要来自以下几个方面。

　　（1）电子警察、治安卡口、天网卡口前端实时抓拍的过车图片和车辆信息，需要存储180天。

　　（2）电子警察、卡口前端自动抓拍和道路监控手动抓拍的违章图片和车辆信息，需要存储一年。

　　（3）GPS/车载等其他系统产生的图片、数据等信息。

　　（4）治安监控摄像机产生的视频数据等。

23.4.4　数据量模型计算

　　全区接入平台的卡口系统规模随着技术的发展将大大提升，从业务应用角度要求卡口系统除了抓违章行为之外，还要抓拍每一个过车图片，无形中造成项目建成后系统中的图片和过车信息将会呈几何级增长。在这样的海量数据系统中，实现数据的查询、车辆布控、轨迹分析、车辆研判等业务时对整个系统的架构有着非常高的要求。

　　数据量计算模型介绍如下。

　　单车道每日过车数据量估算：小城市3000辆/日，中等城市5000辆/日，大城市8000辆/日，按照中等城市计算，假设共有28400个车道，过车信息存储180天，违章信息存储一年，则数据库存储数据量为：5000辆/日×28400个车道×180天×3幅×2MB/幅 $\approx$ 153.36GB。

23.4.5　大数据系统组网设计

　　数据存储分多媒体数据云存储和信息数据云存储两种，两者的价值和防护等级有较大差别，所以在存储方式上把两者分离，分别存储在 Hadoop 数据集群和视频 / 图片存储设备集群上（内网视图库）。

Hadoop 数据集群采用 HBase 做信息数据的存储，相对于传统的关系型数据库具有以下优势。

（1）支持更大的表：支持相比传统关系型数据更宽的表，并针对大数据做优化。

（2）内建集群支持：对外只暴露一个入口，集群内部做负载分担，查询写入性能更高。

（3）支持在线扩容：随着数据量的增大可以在线扩展集群规模。

（4）容忍各种异常：数据节点或管理节点宕机不影响在线业。

23.4.6　商业发行版大数据系统优势

商业发行版大数据系统在开源组件的基础上针对具体的应用进行了二次开发，使得部署更容易，系统更稳定可靠，具有如下优势。

1. 数据节点集群优势

数据节点集群优势有：

- 充分发挥了 Mapreduce 集群计算框架自动并行化、负载均衡和容灾备份等功能。
- 可融合支持高效迭代算法的 Spark 集群计算框架。
- 极大提升了多种不同类型数据挖掘算法的性能。
- 充分发挥了集群系统的计算资源。
- 良好的集群扩容能力。
- 检索服务器集群在数据查询上使用搜索引擎服务器集群，加速了数据查询请求的响应。

2. 搜索引擎优点

搜索引擎优点有：

- 性能指标：支持近实时索引功能；支持快速检索，百亿数据秒级响应。
- 功能多样性：丰富的检索功能，支持模糊查询、多条件查询，可定义相似性查询等。
- 稳定性：持久良好的运行，如高并发操作服务的稳定。
- 支持容灾：优秀的灾备机制，如集群中单节点故障（宕机）不影响计算与查询功能。
- 集群扩展：支持动态扩展，集群扩展易部署。

第 24 章
天网工程的技术实现

平安城市与天网工程都是公安部主导发起的以城市为主体的大型公共安全工程，平安城市是一个集技防、物防与人防于一体的综合安全防范系统，而天网工程则主要以智能化视频监控系统为主。目前，平安城市建设的技术主体还是以视频监控为主，辅助入侵报警、门禁控制、北斗定位、防爆防毒、灾难事故预警、安全生产监控等技术与应用，并借助人工智能技术与物联网技术不断向智能化升级改造，因此天网工程的功能与平安城市有些重叠，未来两者将走向融合。

24.1　功能实现

天网工程的目标是为满足城市治安防控和管理需要，在交通要道、治安卡口等公共聚集复杂场所安装视频监控设备，利用 GIS 地图、图像采集、网络传输等技术对固定区域进行实时监控和信息记录的视频监控系统，为城市综合管理、预防打击犯罪和突发性治安灾害事故提供可靠的影像资料。天网工程人脸识别系统如图 24.1 所示。

天网工程人脸识别系统采用高效的人脸识别与比对，可以帮助公安侦查人员快速识别特定人员的真实身份，将过去难以想象的千万级海量照片库比对需求变成现实，从而为公安视频侦查、治安管理、刑侦立案等工作提供有效的帮助和解决方法；还可以协作侦查办案的追查和通缉工作，真正变被动为主动，从而极大地减少警力消耗和事故发生概率。

目前人脸抓拍比对主要应用在以下 3 个方面。

1. 公安治安人员黑名单比对实时报警
前端针对一些人员密集区域（如车站、地铁站、机场、社区等）的关键出入口、通道等卡口位置布置卡口摄像机，后端对重点关注人员、防控人员进行黑名单布控，通过实时视频流抓拍的人脸比对布控黑名单，实现治安人员的比对识别。

2. 不明身份人员身份确认

治安人员在日常巡逻人员身份验证过程中，使用前端摄像机或手机进行抓拍，后端通过数据库进行人员信息比对分析，达到人员身份确认的目的。

治安或刑侦人员对流动性人口中的无合法有效身份证件、无固定住所、无正当职业或合法经济来源的人员进行非接触性身份确认。

3. 重要点位重点人员身份排查

针对一些重要管控区域，如大型保障活动场所、政府、公安出入口等布置抓拍摄像机对现场进行人脸抓拍，每日安排公安人员人工进行重点人员筛选排查。

图 24.1　天网工程人脸识别系统

24.2　建设目标

建设目标主要包括重点人员布控、敏感人群布控、身份信息确认和身份信息查重。下面分别进行介绍。

1. 重点人员布控

重点人员包括高危人员与特殊人员等。高危人员包括全国在逃人员、全国违法犯罪人员、重大犯罪前科人员、肇事肇祸精神病人等；特殊人员包括水客、涉恐涉案人员、涉毒人员等。手动或自动批量导入重点人员信息至人脸注册库，通过摄像机实时视频检测和照片信息检索，与人脸注册库进行实时比对识别，在出现重点人员时通过平台告警方式通知公安部门。

2．敏感人群布控

敏感人群包括来自特殊地区、特殊身份、特殊职业等人员，如个别涉及恐怖行为的少数民族人群、非法上访人群等。通过在出入境与关键人脸采集卡口对这些人群进行身份信息和人脸信息采集，使用人脸识别系统对敏感人群的行为轨迹、出没时间等进行管控，从而实现敏感人群防控的目的。

3．身份信息确认

在日常巡逻、火车站身份证检查及其他民事应用中，可通过单兵、手机、相机对相关人员进行脸部拍照，上传照片至后端进行人脸识别，确认人员身份信息。这种方式适用于未携带身份证件、驾驶证件等相关人员的身份快速确认。

4．身份信息查重

对全国人口基本信息资源库中人员身份证进行检索比对，排查一人多证的问题。

24.3 总体设计

本方案以大华全套人脸识别系统为例来介绍天网工程智能化系统的技术实现。天网工程采用自主可控国产技术的人脸检测算法，人脸跟踪算法、人脸抓拍算法、人脸质量评分算法及人脸识别算法，并结合配套的前端摄像机设备和后端智能分析服务器实现实时人脸抓拍建模、实时黑名单比对报警、事后静态人脸图片检索等功能。

方案针对人脸注册库／人脸抓拍库小于300万、黑名单库小于30万的系统。前端可采用普通高清摄像机，也可以采用人脸抓拍摄像机，通过人脸检测服务器对实时视频中出现的人脸进行检测抓拍。

人脸识别服务器可对抓拍的人脸照片进行数据库比对，在前端多路摄像机环境时，根据人流量和抓拍照片的数量，可部署前端人脸识别服务器并上传照片。

采集的人脸照片和结构化特征数据可保存在人脸识别服务器中，若采集的图片和结构化特征数据量巨大且要求保存的时间长，可采用IPSAN存储设备或分布式存储系统以保证存储容量。

系统业务逻辑包含3个部分，下面分别进行介绍。

1．人脸采集系统

人脸采集系统包括专业人脸抓拍机和普通高清网络摄像机配合人脸检测服务器两种方式，人脸采集系统将前端采集到的视频图片等非结构化数据进行分析处理，定位检测获取人脸图片，并结合人员身份信息采集系统获取人员身份信息进行关联管理。

2．人脸比对系统

人脸比对系统是对人脸采集系统传输的数据进行智能分析处理，结合脸部、眼睛、鼻子、嘴、下巴等局部特征进行人脸建模，将人脸特征数据提取入库，并根据业务需求进行实时比对识别和人脸检索应用。

系统数据库包含3种业务库：人脸抓拍库、人脸注册库和黑名单库，下面分别进行介绍。

（1）人脸抓拍库：包含抓拍现场图片、人脸小图和结构化的人脸特征数据、抓拍地点、抓拍时间等信息，此类库的主要业务应用场景是图片检索比对，查询目标人员的出没地点、时间等信息。

（2）人脸注册库：主要由导入的大规模人像图片、结构化的人脸特征数据和身份信息等组成，如一个地级市的社保人像信息库等，导入后的主要应用场景是图片检索比对和身份信息查询，用来确定人员身份。

（3）黑名单库：包含高危人员、特殊人员的人脸图片，结构化的人脸特征数据和人员身份信息，主要的应用场景是在各个人脸卡口进行实时人流的人脸比对预警。

一般，人脸抓拍库和人脸注册库作为静态库，适用于事后查询检索目标，黑名单库作为动态库，用于实时比对报警。一个或多个黑名单也可以进行勾选布控，形成具有针对性的人脸布控库，与前端实时视频进行人脸比对报警。

其中，抓拍库因人流量的增加和时间的推移将越来越大，需要根据实际情况合理计算存储容量大小。黑名单库由公安部门或专业人员导入，存储大小一般有微调，但是不会有数量级上的变化。

3．业务应用

通过平台进行实时布控、查询检索、配置管理等应用。

24.4 系统架构设计

系统由前端摄像机、人脸检测服务器、人脸识别服务器、人脸视频存储设备、人脸数据库服务器、人脸识别系统平台6类设备组成，下面分别进行介绍。

（1）前端摄像机：包括普通高清网络摄像机和专业人脸抓拍机。普通高清网络摄像机主要实现图像采集、编码等功能；专业人脸抓拍机不仅实现普通高清网络摄像机的所有功能，其内置自主研发的智能分析算法，还能实现对视频中人脸进行自动捕获、跟踪与抓拍等功能。同时，专业人脸抓拍机拥有人脸区域自动曝光优化、人脸小图优化处理等功能，更适合于在人脸卡口场景下获取最优人脸图片。

（2）人脸检测服务器：搭配普通高清网络摄像机对传输的实时视频流进行人脸检测、定位、跟踪与人脸图片选优，将人脸图片进行抠取，传输到识别服务器进行存储和人脸建模与比对。

（3）人脸识别服务器：利用自主研发的人脸识别算法对人脸检测服务器传输的人脸小图进行建模和结构化，获取人脸特征数据后，为人脸实时比对识别、人脸后检索等功能提供算法支持。

（4）人脸数据库服务器：专门用于存储人脸系统的人脸数据，主要包括抓拍库人脸特征向量、注册库人脸小图、注册库人脸特征向量、黑名单人脸小图、黑名单人脸特征向量；另外，抓拍库图片（人脸小图和抓拍大图）存储在人脸识别服务器中，当识别服务器存储容量不足时，可外扩 IPSAN 设备进行存储。

（5）人脸视频存储设备：实时视频可存储在平台下挂载的 IPSAN 或专业监控存储设备中，也可以通过网络硬盘录像机进行视频存储。

（6）人脸识别系统平台：主要实现人脸系统相关的设备管理、识别场景规则设置、报警联动配置等，并结合客户端实现对图像的预览检索、各种报警信息的查看操作等。

24.5　联网设计

人脸识别系统部署在公安视频专网中，在出入口、重点道路等位置安装前端摄像机直连人脸抓拍服务器或人脸识别服务器，识别服务器对接基础平台，通过平台进行统一管理。同时，数据通过网闸共享到公安专网，从而实现对重大嫌疑目标的检索和轨迹跟踪，并实现根据目标出没时间和地点安排警力部署等功能。

24.6　人脸识别

人脸业务包含人脸实时比对和人脸历史查询。进行人脸实时比对，当系统发现有布控人员出现时执勤人员可以迅速做出反应；人脸历史查询则是针对事后重点人员的排查，通过可疑人员图片查询系统记录人员信息。人脸识别有如下两种方式。

（1）实时视频人脸比对：普通高清网络摄像机通过人脸检测服务器或专业人脸抓拍机分析视频中的人脸，提取人脸图片转发给人脸识别服务器，人脸识别服务器通过智能算法，从抓拍的人脸中提取特征数据，与黑名单库中的人脸特征数据库进行遍历检索，最后由平台展现人脸比对结果。

（2）图片检索人脸比对：通过平台客户端提交需要检索的人脸图片，人脸识别服务器提取人脸图片特征数据，与人脸抓拍库或人脸注册库中的人脸特征数据进行遍历比对，最后由平台展现比对结果。

24.7　性能指标要求

性能指标主要包括人脸抓拍率、建模成功率和识别成功率。

24.7.1 人脸抓拍率

在符合施工规范（人脸距离摄像机中心左右偏离 ±30°，上下偏离 ±15°，平面偏离 ±15° 以内）、光线较好的场景（人脸光照亮度 250 ~ 800lx）下，正常人脸的抓拍率可达 95% 以上。

24.7.2 识别成功率

人脸比对性能与黑名单注册图像质量及黑名单数据库大小密切相关，一般情况下，识别成功率可达 90% 以上。系统可以根据实际需要设置不同的人脸相似度阈值来调节识别率。另外，人脸比对性能受黑名单注册图像质量、数据库大小、环境、光线等因素影响也很大，具体比对性能视实际场景及实际注册图像质量而定。

24.7.3 单台人脸检测服务器性能

支持 4 路 1080P 的视频接入检测；1080P 分辨率下检测所需最小人脸像素大小为 60×60；同时，可以对画面中最多 20 个的人脸进行检测抓拍，检测准确率达 95%。

24.7.4 单台识别服务器性能

人脸特征向量大小在 2KB 左右，人脸识别像素大小支持 100×100；实时识别支持 30 万的黑名单库，可以支持 16 路以上 1080P 人脸识别前端摄像机；人脸抓拍 / 注册库检索性能最大可支持 300 万的人脸检索。

24.8 子系统设计

系统子系统主要包括前端、存储与应用 3 个部分。

24.8.1 前端设计

人脸识别前端主要分为两类：一类为普通高清 IPC 配合人脸检测服务器进行人脸检测，再接入人脸识别服务器；另一类为人脸抓拍 IPC 可以直接接入人脸识别服务器。通常，人脸抓拍摄像机对于安装的场景有比较高的要求，包括以下几个方面。

- 人脸大小：人脸大小在 100 像素以上（双眼距离大于 50 像素）。
- 安装角度：上下角度在 15° 以内，左右角度在 30° 以内（眉尖可见）。
- 图像质量：聚焦清晰，光照均匀，特别注意避免逆光与侧光，必要时进行补光。

■ 其他要求：表情自然，尽量避免帽子、围巾、墨镜等遮挡面部信息。

通常在一些城市中典型的适合人员抓拍的地点和场景有火车站汽车站出入口、机场安检处、政府机关企事业单位重要场所的走道、大型商场出入口、上下扶梯处以及小区社区出入口（非室外环境）等。

人脸采集系统采集场景一般分为专业采集场景和人脸比对场景，其中，专业采集场景一般为室内场景，确保光线和环境标准化，建设完成后可采集标准的人脸图像，为后续建设人脸注册库做准备。人脸比对场景根据公安部门要求建设，用于道路和室外场景对目标人脸进行比对识别。下面对场景要求进行介绍。

1. 专业采集场景环境要求

专业采集场景环境要求包括以下几个方面。

■ 采集环境建议在室内，高度 ≥ 3 m，长度 ≥ 6 m，宽度 ≥ 6 m。

■ 确定被采集人员点位，若环境光低于人脸采集要求，则顶部需要安装光源进行补光，注意背后不要有强光源。

■ 摄像机安装高度距离地面 2 ~ 2.5 m，安装距离距被采集人员点位 4 ~ 6 m。

■ 若采用 3 个摄像机抓拍，中间的摄像机正对采集点位，其他两个摄像机部署在中间摄像机的两侧 1.5 米处。安装人员甲站到采集点位，安装人员乙依次对 3 个摄像机进行调整。调整摄像机上下角度与焦距，使得人脸位于图像的中心位置，双眼距离大于 50 像素。对人脸进行对焦调整清晰度到最佳。

■ 相机与水平线的夹角最好在 –15° ≈ 15°。

2. 安装距离要求

摄像机一般选用百万像素高清摄像机。距离和选用镜头的焦距相关，焦点在通道出入口且人脸的宽度不小于 100×100 像素，因此摄像机的型号与监控范围有着密切关系。

3. 人脸大小和姿态要求

人脸距离摄像机中心左右偏离 ±30°、上下偏离 ±15°、平面偏离 ±15° 以内，免冠，不戴墨镜、口罩、帽子等遮挡面部的饰物，眼镜框、头发不遮挡眼睛。

4. 环境光照要求

环境无逆光，面部无明显反光，光线均匀且无阴影。另外，为了保证抓拍人脸时现场光照足够，若镜头画面中人脸不够明亮时，需要增加相应照明设备对人员脸部补光（一般应达到 250 ~ 800lx）。

5. 摄像机的安装位置和安装高度要求

高度建议在 2.0 ~ 2.5 m 范围，焦距距离摄像机在 4 ~ 6 m 处，保证摄像机照射目标人脸角度小于 15°。

通常对人脸进行采集过程中因人员不受控制，常常无法采集到人脸的正面图片，在后续比对识别过程中非标准的人脸图片将降低人脸识别准确率。通过部署 3 台摄像机，每台摄像机相距 1.5 m，两侧摄像机距抓拍点呈现 30° 夹角，人员经过采集点可以同时进行人脸抓拍并关联存储入库，可以大大缩减因抓拍人脸角度问题引起识别比对准确率不高的问题。

24.8.2　存储子系统设计

人脸存储子系统主要包括以下 3 个方面。

- 人脸注册库存储：包括人脸图像和结构化的特征数据，是公安人员对重点管控人员建立的人脸库，在人脸识别系统中充当标准库供人脸系统查询比对。
- 人脸抓拍库存储：包含实时抓拍的现场图像、人脸小图和结构化的特征数据，在人脸识别系统中充当实时抓拍下来的人员面部特征库，供人脸系统检索比对。
- 视频录像存储：针对系统需要存储实时视频进行视频搜索的需要，可通过挂载 IPSAN 存储设备存储前端的实时视频录像；在前端视频路数较多情况下可以通过前端直连 NVR 进行视频存储，减轻平台转发存储的负担。

其中，前端摄像机抓拍到的现场图片和人脸小图存储在识别服务器中，一般人脸识别服务器存储容量较小，在无法符合大量的抓拍图片时可挂载 IPSAN 进行扩展存储；抓拍库人脸特征数据存储在人脸数据库中，特征数据较小，一条人脸特征数据大小约为 2KB；后端人脸注册库中的人脸图片和人脸特征数据、人员身份信息存储在人脸数据库中，标准配置支持 300 万注册库存储。

存储容量计算主要包括抓拍库图片存储计算、人脸特征数据存储计算与视频存储计算 3 个部分，下面分别进行介绍。

1．抓拍库图片存储计算

图片存储周期为 12 个月，每路每分钟抓拍 10 张，工作时间 10 小时，一天存储 6000 张图片，每张图片平均大小为 300KB。存储一天的图片容量为 $0.3\text{MB} \times 10 \times 60 \times 10 \approx 1.8\text{GB}$；存储 12 个月则共需 $1.8\text{GB} \times 360 \approx 0.63\text{TB}$。

2．人脸特征数据存储计算

人脸识别系统中，人脸特征数据包括两部分：抓拍库人脸特征数据与注册库人脸特征数据。每条人脸特征数据大小约 2KB，300 万抓拍库、300 万注册库约占空间为 $5.7\text{GB} \times 2 = 11.4\text{GB}$。

3．视频存储计算

一般使用摄像机主码流进行前端摄像机人脸抓拍，子码流进行录像存储。可将前端直连 NVR，NVR 直接存储摄像机视频；或通过挂载 IPSAN 方式进行视频存储。

人脸识别系统前端摄像机以 200 万像素摄像机为例，视频存储按公安部门要求一般存储 1 个月。

1 路前端视频存储容量为 $4MB \times 60s \times 60min \times 24h \times 30$ 天 $\div 8 \approx 1.23TB$；

50 路前端视频存储容量为 $1.23TB \times 50 = 61.5TB$。

视频存储按项目实际情况计算，需要明确盘位数和所选单盘空间，一般建议选用 4TB 或 6TB 硬盘。

24.8.3 应用设计

人脸识别的应用比较丰富，主要包括以下几个方面。

1. 人脸检测抓拍

平安城市人脸识别系统平台提供简洁完善的人脸监控界面，可以方便快捷地调取各个设备和通道的视频信息，对视频监控中出现的多张人脸进行自动框定定位，支持实时刷新抓拍人脸图片；支持对检测区域出现的人员进行人脸检测和评分，并筛选出最为清晰的人脸图像作为抓拍人员的人脸图片。

2. 比对识别报警

根据前端摄像机中出现的人脸图片和黑名单中的人脸进行实时比对，如果人脸相似度超过预设报警阈值可自动通过声光方式进行报警。系统可按通道对人脸进行布防，每个通道可以单独配置黑名单实现单独布防。

使用人员可以在监控界面查看抓拍原图并与黑名单人员图片进行核实，也可以单击查看更多跳转报警查询页面进行录像核实。

3. 抓拍库查询

对案发时间地点出现的可疑目标查询，用户可根据时间、采集地点信息查询历史人脸图片，也可关联录像查看现场具体情况，并支持内容的导出。

4. 抓拍库检索

用户上传嫌疑目标人脸图片，根据抓拍地点、相似度、抓拍时间等检索条件通过以图搜图方式检索注册库比对结果，可以快速查询嫌疑目标是否在可疑时间段内出现在案发地点中。

5. 黑名单管理

支持外部批量导入符合要求的黑名单人脸图片及人员相关信息（包括姓名、性别、生日、省份、城市、证件类型、证件号码等），也可以删除或者修改黑名单中已有人员的信息。

同时支持通过图片的单个人脸注册，注册时需要输入姓名、生日、性别、省份、城市、证件类型、证件号码等信息；图片中包含多个人脸时，由人脸识别服务器进行人脸识别后，再由用户选择需要注册的人脸，最大支持 30 万张黑名单人脸图片。

6. 注册库查询

用户可通过名称、姓名、证件类型、证件号码、性别等信息对注册库进行人员检索，并支持内容的导出。针对重点人员在查询后可对其快速进行黑名单布控，实现人脸实时比对识别报警。

7. 注册库检索

用户可上传可疑人员图片，根据查询库类型、相似度条件快速检索确认可疑目标身份信息。

8. 注册库查重

公安人员通过注册库查重功能调节相似度条件可以快速地对注册库相似人脸进行检索，适合公安部门对一人多证案件进行快速排查。

9. 报警管理

支持用户对抓拍地点中发生的历史报警信息进行检索，也可对抓拍时间和抓拍库进行检索。相关人脸报警信息包括人脸图片、报警记录发生地点、报警记录发生时间，同时支持该时间段前后相关联动录像进行确认。

24.9 信息安全防护设计

基于人工智能技术的安防系统架构目前已经迁移到了开放的 IT 信息基础架构平台，特别是对于平安城市、天网工程、雪亮工程等大型公共安全工程，其后端由网络传输设备、X86 服务器、云计算、大数据以及各种应用软件所构成，并且对接了各种基础数据库，包括人口数据库、人脸数据库等，这些数据的安全级别都非常高，一旦遭到入侵泄露，将可能给社会或个人带来重大损失，甚至会上升到国家层面。

当今社会已经进入信息化时代，信息化已经融入社会生产与生活的方方面面，成为支撑社会运行的神经系统与大脑。而对信息系统的入侵也时有发生，并且会给社会的正常运行与人民的生命财产造成重大影响。

24.9.1 信息安全入侵动机

不法分子对信息系统的攻击主要有 3 个目的：一是敏感信息的窃取，如身份信息、账号信息的窃取，然后将这些信息进行贩卖或进行诈骗。目前我国每年形成了数百亿元的地下灰色产业链，对人民的财产，甚至生命造成了重大影响。二是对信息系统进行攻击破坏，使之不能正常运行，例如，利用计算机或者物联网终端的漏洞，如路由器、IP 摄像机的漏洞对设备进行控制，从而发动对某个目标的洪泛攻击，使攻击目标瘫痪。三是隐私窥探，例如，不法分子利用 IP 摄像机的漏洞远程控制开启网络摄像机，对用户进行隐私窥探等。

24.9.2 国家信息安全法律法规

由于信息安全的重要性，2017 年 6 月 1 日起，国家开始正式施行《中华人民共和国网络安全法》，这是我国第一部以法律高度所制定的信息安全法律法规，也是我国网络空间法治建设的重要里程碑。

《网络安全法》第三章用了近 1/3 的篇幅规范网络运行安全，特别强调要保障关键信息基础设施的运行安全。关键信息基础设施是指那些一旦遭到破坏、丧失功能或者数据泄露，可能严重危害国家安全、国计民生、公共利益的系统和设施。网络运行安全是网络安全的重心，关键信息基础设施安全则是重中之重，与国家安全和社会公共利益息息相关。为此，《网络安全法》强调在网络安全等级保护制度的基础上，对关键信息基础设施实行重点保护，明确关键信息基础设施的运营者负有更多的安全保护义务，并配以国家安全审查、重要数据强制本地存储等法律措施，确保关键信息基础设施的运行安全。

为适应新时期信息安全防护的需要，2017 年，公安部网络安全保卫局陆续发布了信息安全等级保护 2.0 国家标准，该标准包含了云计算平台、大数据、物联网、工业控制系统、移动通信等环境下信息系统安全等级保护定级、安全建设及安全测评等一系列国家规范，从而成为社会各行业进行信息安全建设的指导标准。

由于平安城市、天网工程以及雪亮工程不仅属于国家关键信息基础设施，而且也是广义物联网系统的一部分，因此信息系统安全建设必须严格遵守《中华人民共和国网络安全法》以及公安部所颁布的等级保护系列国家标准。需要从物理和环境安全、网络和通信安全、设备和计算安全、应用和数据安全 4 个层面进行安全防御部署，天网工程信息安全系统如图 24.2 所示。

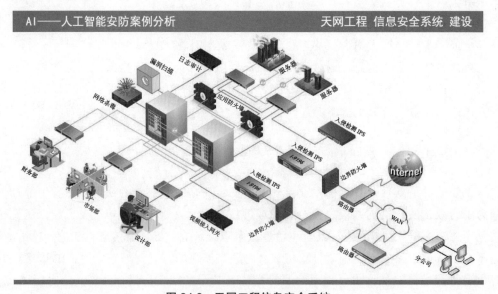

图 24.2 天网工程信息安全系统

24.9.3 信息安全防护方案

下面介绍天网工程信息安全建设的一般性思路。

1. 网络传输与接入安全

各级控制中心之间主要通过 IP 网络系统传输数字信号，IP 网络由于其开放性和简易性产生了不少安全问题，这些安全问题严重地威胁着系统的正常运行，因此，建议各级控制中心从以下几个方面入手，采取相应的安全技术措施来提高各级控制中心的网络层安全性。

1）防火墙技术

防火墙技术是一种重要的安全技术，其特征是通过在网络边界上建立相应的网络通信监控系统，达到保障网络安全的目的。防火墙安全保障技术是假设被保护网络具有明确定义的边界和服务，进而通过监测、限制、过滤跨越防火墙的数据流，尽可能地对外部网络屏蔽有关内部被保护网络的信息、结构，实现对网络的安全保护。在监控报警联网系统中，建议应用防火墙技术通过对网络拓扑结构和服务类型上的隔离来加强网络安全防护。一般，在一级控制中心处安装防火墙，中心作为被保护的内部网络；二级控制中心作为外网，建立过滤规则和其他安全策略。由于需要处理实时视频大数据流，应该采用高性能的硬件防火墙，直接在硬件设备中处理访问策略和加密算法，在千兆位传输速率下提供多项功能，包括封包分析、分类、加密、解密、网络地址翻译（NAT）及会话配对等。

2）入侵检测技术

在网络边界防火墙虽然能够提供访问控制，但有些通信端口需要对外开放，借助这些开放端口，外部用户能够访问内部某些应用，如邮件和 WEB 服务器等。通过这些端口黑客可以穿过防火墙攻击服务器，将其作为公司网络的入口。

入侵检测系统（IDS）是防火墙的补充解决方案，可以防止网络基础设施（路由器、交换机和网络带宽）和服务器（操作系统和应用层）受到袭击。入侵检测系统解决方案一般包含两个组件：用于保护网络的入侵检测系统（NIDS）和用于保护服务器及其上应用的主机入侵检测系统（HIDS）。NIDS 主要预防网络袭击，HIDS 则主要防止服务器操作系统和应用遭受袭击。

NIDS 检测器配置为分布式模式安装在多个位置上，最重要的位置是安装在防火墙前面，负责监控进入内网的通信流量，另外，每个重要的网段都安装一个检测器。HIDS 部署在服务器上（Agent），如 WEB、邮件服务器以及内网应用服务器上。

为了有效预防内网的入侵，需要在核心交换机旁路一台入侵检测设备，用来检测内网的攻击行为，并提供日志查询和报警功能。

3）端口扫描与风险防范技术

风险管理系统是一个漏洞和风险评估工具，用于发现和报告网络安全漏洞。一个出色的风险管理系统不仅能够检测和报告漏洞，而且还可以证明漏洞发生在什么地方以及发生的原因。它通过质询网络和系统来探测发现各种漏洞，还可以通过发掘漏洞以提供更高的可信度。漏洞扫描系统也包含两个部分：基于主机的和基于网络的安全漏洞扫描系统，下面分别介绍。

（1）基于主机的安全漏洞扫描和风险评估工具：它通过简化安全策略的设置最大可能地检测出系统内部的安全漏洞，使管理人员能够迅速对其网络安全基础架构中存在的潜在漏洞进行评估并采取措施。

（2）基于网络的安全漏洞扫描和风险评估工具：它可根据整体网络视图进行风险评估，能够安全地模拟常见的入侵和攻击情况，从而识别与准确报告网络漏洞，并推荐修正措施。

4）防病毒部署

病毒（破坏性病毒与木马病毒）是目前计算机网络系统的最大风险之一，因此需要在各级控制中心部署防病毒系统，防病毒系统能够保护服务器和工作站的安全。它应该是一个完善的安全解决方案，能够提供集中化的策略管理，为整个专网的工作站和网络服务器提供可扩展、跨平台的病毒防护。

5）IPC准入控制安

在公安部视频专网汇聚层部署IPC准入控制系统，实现L2～L7层准入控制，只有认证通过的终端发送的流量再经过L4～L7层协议解析通过后才能通过该设备，其他流量全部阻断。建立一张应用感知的网络，从L2～L7层解析网络中传输的数据包内容，实现只允许授权终端合法接入，并且只允许授权的视频数据、语音数据、控制信令等在网络中传输，其他数据一概屏蔽，保证网络的安全可控。

建议在市下属各区部署一台IPC准入控制系统，在市公安局进行统一管理，并对各区管理权限进行统一调配。若下联接入交换机被入侵，入侵者无法通过该分局汇聚设备入侵专网核心、汇聚级服务器及其他汇聚节点，以此保障接入终端的安全性。

（1）IPC准入控制实现技术：主要包括L2层MAC地址认证、L3层IP认证、L4～L7应用层协议过滤3种。

- L2层MAC地址认证：建立MAC地址准入数据库，提取各接入IPC摄像机的MAC地址，建立MAC地址准入白名单；只允许授权MAC地址认证通过，当授权准入的IPC摄像机数据流到达认证网关后，如果数据包中的MAC地址在准入白名单中则认为数据为合法视频流，反之则为非法数据流并丢弃。

- L3层IP认证：建立IP地址准入数据库提取各接入IPC摄像机的IP地址，建立IP地址准入白名单；只允许授权IP地址认证通过，当授权准入的IPC摄像机数据流到达认证网关后，如果数据包中的IP地址在准入白名单中，则认为数据为合法视频流，反之则为非法数据流并丢弃。

- L4～L7应用层协议过滤：选择开启应用感知功能的IPC厂家，应用感知协议库已经包含海康、大华、宇视等主流厂家IPC端发起的协议类型，包含IPC注册、实时/存储视频流、FTP/NTP服务、告警日志等公有及私有协议；只允许合法视频流及控制信令通过，开启应用感知功能后，可识别传输数据的 L4 ~ L7 层内容，只允许授权的视频监控业务数据流及控制信令进入视频监控系统，禁止其他非法数据接入，即使黑客伪装 MAC/IP 也无效。该功能可以和 MAC 地址认证或 IP 地址认证同时使用，实现双重保障。

（2）IPC 准入控制性能：IP 准入控制性能包含高性能的四七层硬件平台和 VSM 高可靠部署，下面分别进行介绍。

■ 高性能的四七层硬件平台：IPC 准入控制设备基于高性能 APP-X 硬件平台，可实现单板卡 800 路 8MB 码流高清视频业务处理能力，同时云板卡技术可实现同一机框内相同业务卡的性能叠加，实现整机最大 8000 路 8MB 码流高清视频业务性能。

■ VSM 高可靠部署：VSM 横向虚拟化技术可以将多台 L2 ~ L7 层设备虚拟成为一台逻辑设备，实现多机框性能叠加，同时实现机框间状态备份，单机故障业务不中断，切换时用户无感知。

（3）IPC 准入控制功能：IP 准入控制功能包含应用感知功能一键开启和精确的终端非法私接告警，下面分别进行介绍。

■ 应用感知功能一键开启：IPC 应用感知功能支持一键开启，无须复杂配置，实现只允许授权的视频监控业务数据流及控制信令进入视频监控系统，禁止其他非法数据接入。支持海康、大华、宇视等主流监控厂家的 IPC 设备准入。该动态感知特征库可以弹性扩展，只需将相关协议接入特征库即可。

■ 精确的终端非法私接告警：对于终端的非法私接问题可通过邮件、短信、声音等方式进行告警，精确定位非法私接位置，协助用户快速定位并解决问题。

2. 系统数据安全防护

系统数据采用集中存储方式，控制中心内存储的数据安全性尤为重要。数据安全防护包括 RAID 技术和热备技术。IPSAN 数据存储采用 RAID5 技术、热备份和镜像技术。即使出现硬盘损坏，RAID 5 技术可以保证数据不丢。关键服务器应支持双机热备份，如中心管理服务器、数据库服务器等，以提升系统整体运行的可靠性。

3. 应用安全防护

应用安全防护系统是由多个单元组成的，各单元都需要用户认证才可以进入。同时权限设置采用多层次与高加密技术，以保证系统各单元运行的安全。应用安全防护包括以下几个方面。

1）用户身份认证

用户认证信息采用 64 位的 DES 加密或 1024 位 RSA 加密处理，由认证模块对其进行验证，身份认证和实体鉴别是指通过对操作者、收发双方实体的身份认证进行鉴别，保证合法实体（操作者、通信双方）的真实性，防止非授权或冒充身份的操作访问。系统平台除用户名、密码和验证码登录机制外，结合公安统一的数字身份认证管理 PKI 和数字身份权限管理 PMI 方式设计。

2）访问权限控制

采用基于角色（岗位）的访问控制与授权策略为应用系统提供一种安全、灵活的用户权限控制管理机制。系统的授权面向角色（岗位）（人与权限属性的集合体），而不是面向用户，这样系统的授权和用户的定义可以分离，方便管理；在用户变换了岗位之后，系统只需赋予用户新的角色，即可完成用户授权的改变，而无须在很细的授权粒度改变用户的授权，从而使系统具有很强的灵活性。

3）用户权限管理

系统采用分级权限、安全加密认证等多种手段确保网络视频监控系统安全。平台提供多级用户管理架构，每级用户具有不同的管理权限，根据所赋予的权限可以进行相应的系统访问和监控操作，以防止非法登录和越权操作。

通过设定不同的管理员权限来保证网管系统的数据安全性。网管人员分超级用户和普通用户，超级用户可以执行网管系统的全部功能操作；而普通用户只能看到一般的信息显示，不能修改。而且对不同的普通用户还可以定义不同的网管人员视图，使不同的网管人员只能存取适当的信息。

4．行为审计措施

为了避免系统建设和维护中的安全漏洞，及时发现系统受到的攻击和失误操作，除建立上述各个层次的安全设施以外，系统还应支持多级安全审计。

安全审计能够将系统运行情况和用户的任何操作自动生成日志，方便维护管理和用户行为的事后审计；能够记录所有的事件信息，包括巡检、配置、视频、故障、基础维护等；查询的日志信息支持图表、类图的形式返回给用户。

以上思路是安防工程信息系统防护的一般性思路，实际上信息安全防护是一个非常复杂的工作，要构建一个合规严密的信息安全系统，不仅十分复杂，而且投资也十分巨大。另外，信息系统的建设并不能百分百保证安全，只是投资越大安全建设越严密，信息系统的安全级别就越高，不法分子攻击的难度与成本也越大。在加强信息安全技术防护建设的条件下，还需要与制度防护相结合，才能使信息安全防护起到相应的作用。

第 25 章
雪亮工程方案分析

平安城市工程经过十多年的建设与发展，技术日益成熟，并在社会治安方面发挥了巨大的作用，但乡镇信息化安防还未系统建设，因此，农村的基础安防设施较为薄弱。为完善城乡立体化社会治安防控体系，有效提升农村基层社会治安联防能力。2016 年 6 月，中央已将公共安全视频监控系统建设纳入"十三五"规划和国家安全保障能力建设规划，部署开展"雪亮工程"建设，雪亮工程安防系统如图 25.1 所示。

图 25.1　雪亮工程安防系统

25.1 建设目标

雪亮工程是以县、乡、村三级综合治理中心为指挥平台、以综合治理信息化为支撑、以网格化管理为基础、以公共安全视频监控联网应用为重点的"群众性治安防控工程"。它通过三级综合治理中心建设把治安防范措施延伸到群众身边，发动社会力量和广大群众共同监看视频监控，共同参与治安防范，从而真正实现治安防控全覆盖、无死角。因为"群众的眼睛是雪亮的"，所以称为雪亮工程。

本方案从治安防控、社会管理、服务民生3个维度出发，开展乡镇（街道）和村（社区）视频监控、出入口控制、人员车辆卡口、信息卡口、移动巡防、报警联防等建设，实现对重点公共区域及重点行业的网格化管理，构建一整套基层立体化治安防控体系，提供全面的安全保障。

从社会管理的角度出发，不断推进社会管理创新，借助移动应用、物联感知等高新技术，使用一人一档、一屋一档等信息化管理手段，实现更精细的社会治理。依托移动应用、信息发布技术提供更便捷的惠民服务。最后整合各类视频和非视频信息资源，建立跨区域共享服务平台，拓展政府与民众对基层治安综合治理信息的综合应用，形成基层治安综合治理信息化支撑服务体系。

25.2 系统功能实现

通过雪亮工程的建设实现以下6大功能。

1. 人员管控

做好人员管理和服务工作，动态管理人员身份、居住地址、社会关系、实时位置等信息。

做好人户关联（业主与房屋信息关联、租客与房屋信息关联、业主与租客信息关联），实现以人查住处落脚点的目的。

采集城中村、村居、社区、旅馆等区域内（流动）人口的身份证、照片、工作、社会关系等基本信息。

在医院、学校、娱乐场所、沿街商铺、农贸市场等重点位置部署高清视频监控，采集人脸以及其他属性特征，巡防人员对可疑人员进行人证合一验证并联网确认身份。

在医院、学校、娱乐场所、沿街商铺等地点通过视频监控智能分析以及时提醒人员聚集、打架斗殴等异常情况。

巡防人员、执法人员进行现场位置信息采集、现场视频画面采集、监控是否偏离规定路线。

2. 车辆管控

做好车辆信息管理工作，实时动态获取车辆轨迹，保障车辆安全。

在重点路段交叉口、村（社区）出入口、重点场所路口通过卡口抓拍，采集过往车辆信息，实现车过留痕、事后能查询取证、获取车辆轨迹的目的。

电动车加装 RFID 和 GPS 作为身份识别，实现防盗、人车关联、被盗电动车归还的目的。

3. 出入口管控

出入口管控分为人员出入口和车辆出入口两类管控。

对进出小区车辆进行管理，如车牌抓拍、远近距离读卡识别、进出时间、道闸联动、临时进出车辆和业主（常住）车辆区分。

对人员通道进行管理，刷卡或身份证验证通过后才能进入，访客由人工处理，同时抓拍人脸、获取虚拟身份信息，做到"合法顺畅出入、非法有效阻止"。

4. 虚拟身份管理

在重点场所和公共区域采集通过 Wi-Fi 上网设备的信息和虚拟身份。

在医院、学校、娱乐场所、重点路段交叉口、小区出入口等重要场所地点采集虚拟身份（MAC 地址、手机号、微信号等）并与现场人员图像相结合，确定人员真实身份。虚拟身份和人员真实身份、现场图像、车辆信息相关联。

5. 紧急求助

在村（社区）的公共区域和沿街商铺安装一键报警设备，通过有线或者 4G/5G 无线传输方式与管理中心进行通信，实现视频和语音对讲。

6. 信息共享发布

重要信息及时发布传播，方便群众查看周边的公共安全视频；通过警情通报和防范宣传，将群众身边发生的案件作为宣传题材；进行消防工作宣传教育、消防指导等信息发布；开通公共区域视频点播访问（通过手机 App、WEB 页面、机顶盒）。

25.3 子系统细化设计

雪亮工程是一个大型综合防护系统，逻辑上被分为 6 个子系统进行设计：智慧前端设计、传输网络设计、综合治理中心设计、平台设计、视图存储设计以及系统安全设计，下面分别进行详细介绍。

25.3.1 智慧前端设计

根据基层"人多、车密、房屋连片、路况复杂"的特点，提出"封圈、控格、守点、联户"的设计思路，首先将一个区县进行虚拟封闭，再进一步分格（乡镇街道、村社区）管理，对重点区域、重要场所进行守点管控，最后入户联防、让更多的群众参与基层治安综合治理。下面对封圈、控格、守点和联户进行介绍。

- 封圈：为了实现治理范围区域化，将进出区县（或乡镇）的高速公路、国、省、县道、城市干道等进行管控，在区县（或乡镇）的外围周界形成一个封闭的视频防控圈。周界的范围不完全局限于各区域边界，一般是在各区块接壤处的主干道路出入口、十字路口、丁字路口、支路路口等场所，部署高清监控、车辆抓拍系统。

- 控格：为了缩小监控范围，依托辖区内主要道路，结合不同区块的管理定位，进行防控单元格划分，即分格建设，形成内部一个个独立的视频防控网格，实现由大到小（即由界到格）的分布式管控，一般在各单元格接壤处的主要道路出入口、十字路口、丁字路口、支路路口等场所部署高清监控、车辆抓拍，缩小对人员及车辆的管控与追踪范围。

- 守点：是指采用视频与非视频（门禁、道闸等）的技术手段，对村（社区）内重要部位进行点对点的管控，实现由格到点的监控，采集人、车的落脚点信息。一般在医院、学校等场所的人员出入口安装人脸抓拍机，实现对人员布控；在停车场、小区车辆出入口等场所安装车辆道闸系统，实现对进出车辆的信息采集、管控；在村（社区）人员通道安装人员通道系统，实现对进出流动人员信息的采集、管控；在村（社区）内单元门门口安装门禁系统，实现对进出房屋人员的信息采集、管控；在广场、服务中心等场所安装报警系统，实现紧急一键报警；在村（社区）内重点人员经常出入场所部署信息卡口，实现对人员信息的采集、管理。

- 联户：是指采用机顶盒、云监控、物联感知、无线传输等技术，24小时全天候保障周边和家庭安全。在家时通过机顶盒查看公共安全视频、关注周边异常情况，外出可随时查看家中老人、小孩的实时视频画面、接收紧急报警信息。

按照上述封圈、控格、守点、联户的设计思路，通过建设视频监控子系统、人脸抓拍子系统、车辆抓拍子系统、出入口子系统、单元门门禁子系统、信息卡口子系统、信息发布子系统、报警联防子系统和移动巡防子系统等几大前端子系统，构建立体化、智能化、围合化基础信息采集体系，编织出一张基层治安防控网络，确保对所有村（社区）出入人员、车辆等各种基层治安综合治理要素做到来有影、行有踪、去有迹。

1. 视频监控子系统设计

视频监控子系统是基层治安综合治理前端子系统的重要组成部分，分布在乡镇（街道）的各个角落，作为眼睛守卫着基层平安，其区域主要包含以下几类。

（1）重点场所及周边：包括学校、医院、娱乐场所等，在这些重点单位门口或者周界布设枪形摄像机、球形摄像机，根据现场光照情况选择带红外功能或者非红外功能的摄像机。

（2）公共区域：在一些人口密集或者案件高发的公共场所，如公园、广场、大型购物超市等，建议选用高清球机可以监控更大范围的目标场景。

（3）矛盾纠纷调处室：枪形/半球形摄像机录制矛盾纠纷调处室现场的画面及声音并

存档留用，球形摄像机用于远程实时了解调解处理的过程（或者远程视频会议调解）。

（4）村（社区）综治服务中心：摄像机录制村（社区）综合服务中心现场的画面及声音并存档留用。

（5）道路交叉口及路段：在十字路口、三叉路口、丁字路口或者重要的路段等布设高清枪形摄像机，对于较大的路口也可布设高清球形摄像机，记录过往的机动车、非机动车与行人。

（6）村（社区）出入口：在村（社区）出入口安装高清枪形摄像机，实现对村（社区）出入人员、车辆的24小时全天候监控覆盖，全面记录所有通行人员和车辆。

（7）楼道单元门：安装门禁视频系统，刷卡联动视频，全面记录所有进出人员，有效管控出入人员。

（8）其他：一些桥梁、隧道等也是路面监控系统的范畴，需要实时进行监控。

2. 人员出入口子系统设计

通过人员闸机设备来管理进出村（社区）的人员，所有进出人员均需刷卡认证后方可通行，同时可按需要进行人脸抓拍记录；外部来访人员则需由管理人员进行登记确认后发放临时通行卡，才可通过人员闸机进入。

人员出入口子系统由IC卡、感应读卡器、人员通道闸机、控制器、出入口管理软件及系统工作站等组成。设计选用网络型通道控制主机，控制器采用TCP/IP通信方式与上级管理层通信，支持联机或脱机独立运行，并可联动附近摄像机进行抓拍存储，人员出入口子系统接入基层治安综合治理平台，可实现设备资源、人员权限与配置的统一管理。下面介绍人员出入口子系统的组成部分。

（1）人员身份识别卡：通过随身携带的出入口控制卡（或身份证）实现对出入人员的身份识别。

（2）识别控制终端：由感应读卡器、通道控制主机、人员通道闸机等设备组成，主要应用于人员出入检测。当携带识别卡的人员经过识别区域时，由识别终端进行读卡识别，系统自动识别人员的身份并判断其出入权限，权限合法方可放行出入。

（3）图像抓拍系统：主要用于人员出入时的图像抓拍，当持卡者刷卡经过通道时，系统自动抓拍该人员的进出图像并自动存档，便于日后检查核对。同时还可对其他外部人员产生威慑影响，使外来人员不敢随意闯入。

（4）管理工作站和数据库：主要用于对出入口控制操作进行记录，供出入口控制管理人员进行数据查询和管理。在出入口保安室内设置系统工作站，在管理中心设置系统服务器。

3. 车辆出入口子系统

车辆出入口主要管控通行车辆的进出，记录过车信息，形成车辆进出行驶轨迹，为后续的管理提供翔实的数据记录。

前端子系统负责前端数据的采集、分析、处理、存储与上传；控制车辆进出主要是由电动挡车器模块、车辆识别模块等相关模块组件完成。

网络传输子系统负责完成数据、图片、视频的传输与交换，主要由光纤收发器、接入层交换机以及核心交换机组成。

后端平台管理子系统完成数据信息的接入、比对、记录、分析与共享。

4．人脸抓拍子系统

在重点场所或者主要通道设置人脸卡口，对各类重点场所进出人员进行人脸抓拍、人脸特征的提取和分析识别，可以帮助管理部门快速进行人脸检索、定位、黑名单布控，找出人员的活动轨迹，识别出嫌疑人员等。它是视频分析、运动跟踪、人脸检测和识别技术在视频监控领域的全新综合应用。

系统由前端人脸数据智能采集系统、中心人脸信息综合应用平台组成。通过本系统的部署，可以对进出人员、内部流动人员进行较好的管控和留底，并可在案件侦查和事件研判中发挥巨大作用。

针对具体人员卡口监控点位的实际情况，摄像机部署于监控立杆上，网络传输设备、光纤盒、防雷器、电源等部署于室外智能机箱上。

人脸抓拍子系统实现的功能包括如下几个方面。

1）人脸动态比对预警

支持导入户籍或常住地的吸毒人员、在逃人员和前科人员，以及其他本地管控人员的人像照片及信息（包含姓名、性别、身份证号、家庭住址、人脸照片等信息），实现对上述人员的提前布控（可按照时间、地点、布控等级、相似度报警阈值等信息，对人员进行布控）。系统可对前端抓拍的人脸与布控库进行实时比对，当抓拍人脸与布控库的人脸相似度达到设定报警阈值时，系统进行实时自动报警。

2）通过特征搜人

系统可对前端回传的抓拍数据进行建模、存储，建立海量人脸特征数据库，并支持根据性别、年龄段及是否戴眼镜等特征，以及抓拍时间、地点等信息对卡口抓拍人员进行快速搜索。

3）人像轨迹查询

输入一张人脸照片（证件照或治安监控截取的清晰人脸图片），可在海量人脸抓拍库中根据人像特征点比对算法检索出与其最相似的人员，按照相似度从高到低依次排列，并显示其被抓拍的地点与时间信息，从而帮助管理部门快速锁定其活动轨迹。

4）频繁出现人员分析

根据抓拍时间段、抓拍卡口位置，在海量人脸抓拍库中按照相似度条件进行碰撞比对，查找出该时间段、位置出现的相似人脸，从而分析活动异常的人员，以及时发现嫌疑人案前踩点会频繁出现等特征行为。

5）区域碰撞分析

对于指定的两个或两个以上区域范围，在海量人脸抓拍库中按照相似度条件进行碰撞比对，查找出设定时间内在上述多个区域抓拍卡口位置出现的相似人脸，从而快速确认锁定可疑人员，为连环案、类案等串并案分析提供关键线索。

6）身份鉴别确认

输入一张人脸照片（前端抓拍的人脸照片或治安监控截取的清晰人脸图片），可在静态人脸特征数据库中（通过导入常住人口库、暂住人口库的照片及人员身份信息建立）根据人像特征点比对算法检索出与其最相似的人员，按照相似度从高到低依次排列，帮助管理部门快速锁定不明人员的身份信息。

7）身份比对查重

系统支持针对常住人口库、暂住人口库、身份证库等进行人员信息的 $N : N$ 方式比对检索，找出重复办理身份证、户籍等人员的名单。

同时，系统可将普通案件嫌疑犯的人脸照片和在逃库中的在逃人员进行碰撞比对，帮助民警快速确认该嫌疑犯涉及其他案件的可能性；或针对全国在逃人员库进行人员信息的 $N : N$ 方式比对检索，为政法机关在逃清网等行动提供关联线索。

5. 车辆抓拍子系统

根据乡镇（街道）、村（社区）路网环境、治安形势特点及发案规律，采用科学合理的布点规划，结合"防控圈＋防控口"的布点模型，通过灵活配置卡口前端感知设备，织密基于车辆卡口的防控网，实现机动车辆、非机动车辆及行人的实时监控。

智慧监控单元负责完成道路断面的高清视频图像采集、编码、压缩及图像上传，同时完成对机动车的信息采集、识别、分类上传，包括车辆照片、车牌号码与车牌颜色等，主要由智慧监控单元、补光灯组成，其中，光纤收发器为传输网络组网设备。

智慧监控单元由低照度一体化高清摄像机组成，内置目标检测与特征识别算法，具备图像采集、机动车、非机动车以及人员检测、车辆特征识别等功能，支持 SD 卡前端存储。

车辆抓拍子系统实现的功能包括道路全断面视频监视、全天候高清视频录像、机动车通行记录抓拍、机动车车牌识别、视频标签自动叠加、录像视频及图片快速检索、图像防篡改功能及网络远程维护功能等。

6. 信息卡口子系统

信息卡口是一套集智能终端信息采集、虚拟身份采集、人员轨迹、真实身份研判、策略布控报警的大数据分析系统，部署精确化、监控网格化，形成一张天罗地网，网罗通过 Wi-Fi 的上网人员行为信息，构建人员身份信息库。信息卡口子系统基于物联网技术并与视频相互配合，为管理部门提供更多的研判和管控服务（网格化管理、集体事件人员批量锁定等）。

7. 报警联防子系统

在火车站、广场、学校、医院门口、医院楼道、商城门口、街道、景区、公共汽车站等场所安装一键报警柱和报警箱，通过有线或者 4G/5G 无线传输方式与管理中心进行通信，若报警位置有监控设备，报警发生时会通过预设方式自动调用视频或声音信息进行报警复核，并触发录音录像。

报警人主动触发报警按钮后系统自动弹出前端画面，联动前端设备在电子地图中确定具体位置（城市、街道、编码、安装地点），同时联动到警号产生报警，并与前端报警点实现双向语音对讲，在综合治理中心予以全程录像录音，为报警事件提供有力的证据。中心管理平台支持视频预览和回放功能。当中心管理平台查看到有异常现象时可对报警点进行威慑喊话，起到主动预防的作用以及对前端点位广播的功能。

8. 移动巡防子系统

网络管理员、志愿者、社区民警是基层治安综合治理工作的主要力量，主要从事开展群众工作、掌握社情民意、管理实有人口、组织安全防范、维护治安秩序、应急救助服务等工作。本系统提出的移动巡防就是将综合治理信息化应用从办公室的计算机上延伸到巡防力量层面上，从而提高移动巡防的工作效能。

移动巡防子系统主要包含两个模块：执法记录仪模块与智能终端模块，下面分别进行介绍。

（1）执法记录仪模块：利用执法记录仪终端实现执法现场的高清视频和音频取证，运用自动存储终端机实现影音资料的压缩和海量存储，通过中心应用管理平台实现各级应用管理以及音视频资料的远程调阅、各类数据的统计分析等综合应用功能。

（2）智能终端模块：集成对讲、拍照、录音等功能，减轻巡逻人员在接警与巡逻防控中的装备负担，并且使用方便。智能终端可内置 App 应用，通过与其他信息系统等内部系统的对接从而获取相应数据，实现移动业务如人员查询、业务办理等应用。

9. 信息发布子系统

广场、大厅、公园等公共区域需要进行各种不同信息的发布推送，让群众可以更直观、更容易地获取自己关注的信息，信息发布系统可以发布文字、视频、图片等内容。在公共区域的过道或者墙面设置信息发布一体机设备，同时进行政策宣传片、天气温度、滚动文字的播放，实现全方面多形式的信息发布体系。

信息发布系统是利用信息发布屏将文字、图片、视频等各类信息全方位展现出来的一种高清多媒体显示技术。作为一种迅速发展的综合性电子信息技术，信息发布系统能够使多种信息建立逻辑连接，并具有强大的交互性。

信息发布系统主要包括 3 个部分：管理平台、播放终端和传输网络，下面分别进行介绍。

（1）管理平台：管理软件安装于信息发布服务器上，称为管理平台，具有资源管理、播放设置、终端管理及用户管理等主要功能模块，可对播放内容进行编辑、审核、发布、监控等，并对所有信息发布屏进行统一管理和控制。

（2）播放终端：通过播放终端接收传送过来的多媒体信息，将画面内容展示在各种显示设备上，可提供较高质量的播放效果以及支持安全稳定持续播放。

（3）传输网络：是管理平台和信息发布屏之间的信息传递桥梁，可以利用已有的网络系统，无须另外搭建专用网络。信息发布系统支持 WLAN、LAN、Wi-Fi、4G/5G 等多种网络传输方式。

25.3.2 传输网络设计

1. 传输网络设计要求

基层治安综合治理平台包含视频、图片、数据等类型，并同时运行实时视音频查看 / 编码 / 传输、视音频存储、历史视频回放等业务，在提供用户更直观的体验及监控手段的同时，也给承载网络带来了巨大的压力。传输网络设计应满足以下要求。

1）信息传输延迟时间

当信息（视音频信息、控制信息及报警信息等）经由 IP 网络传输时，端到端的信息延迟时间（发送端信息采集、编码、网络传输、信息接收端解码、显示等过程所经历的时间）应满足下列要求。

（1）前端设备与信号直接接入综合治理中心相应设备间端到端的信息延迟时间应不大于 2s。

（2）前端设备与用户终端设备间端到端的信息延迟时间应不大于 4s。

2）网络带宽需求

结合项目实际需求，传输网络带宽设计应能满足前端设备接入（尤其是视频设备）、综合治理中心互联、用户终端接入综合治理中心的带宽要求，并留有余量。

视频设备接入线路应满足视频流数据传输的需求，同时考虑到网络传输过程中的开销，建议 130 万像素高清网络摄像机应提供 4MB/s 以上的接入带宽，200 万像素全高清网络摄像机应提供 8MB/s 以上的接入带宽（以上为 H.264 格式下传输带宽需求，若使用 H.265 编码技术，则可降低近一半的带宽要求）。

乡镇（街道）综合治理中心网络应满足区县级综合治理中心视频调用需求，建议至少达到千兆以上。

乡镇（街道）综合治理中心至辖区内村（社区）综合治理服务中心的桌面带宽应达到百兆以上。

3）网络质量要求

系统 IP 网络的传输质量（如传输时延、包丢失率、包误差率、虚假包率等）应符合以下要求。

- 网络时延上限值为 400ms。
- 时延抖动上限值为 50ms。
- 丢包率上限值为 1×10^{-3}。

■ 包误差率上限值为 1×10^{-4}。

由于组网规模较大，网络结构按三层结构设计。

（1）核心层的主要设备是核心交换机，一般位于区县综合治理中心，作为整个项目网络的大脑，核心交换机的配置性能要求较高。目前核心交换机一般都具备双电源、双引擎，故核心交换机一般不采用双核心交换机冗余部署方式，但是对核心交换机的背板带宽及处理能力要求较高。

（2）汇聚层设计为连接本地的逻辑中心，仍需要较高的性能与比较丰富的功能，主要设备是汇聚交换机。一般部署在乡镇（街道）综合治理中心，用于连接村（社区）综合治理服务中心和区县综合治理中心。

（3）接入层位于村（社区）综合治理服务中心，作为对村（社区）前端设备的接入。前端网络采用独立的 IP 地址网段，完成对前端设备的互联。前端设备资源通过 IP 传输网络接入综合治理中心进行汇聚。

2. 网络接入技术

由于各地农村发展差异大因此网络条件差别较大，网络接入技术有多种类型，下面分别进行介绍。

1）裸光纤专线接入

裸光纤专线接入即采用点对点裸光纤方式连接两端，这样的组网方式提供了纯粹物理层的链路连接，在接入品质及安全性方面拥有巨大优势。

在传输速率上，裸光纤专线接入方式不限速率，只要两端设备支持，理论上传输的速率没有上限（常用带宽速率如 100Mb/s、1000Mb/s、10Gb/s），用户也可以通过租用或使用自建光缆里面的纤芯来配置自己的业务，传输相应的业务数据。

基于点对点裸光纤专线接入方式（P2P）组建的以太网络，网络的覆盖范围取决于光纤两端的光收发设备（即光模块、光纤收发器），根据光缆类型、中心波长、传输带宽的不同进行选择，光纤两端的传输距离在 275m ~ 100km 不等。

典型应用场景为区县单位到地市单位之间的连接网络，其优势是带宽大、应用灵活、物理专线安全性高、可扩展性强，建设成本按需投入；劣势是自建裸光纤专线接入的物理线路建设成本高，因此建议租用运营商的物理光纤资源。

2）MSTP 专线

MSTP 专线属于广域以太网专线电路出租产品，是基于 MSTP 技术的以太网专线，可为用户提供 2 ~ 1000Mb/s 的多种带宽速率，构建于 MSTP 设备平台上，通过以太网接口为客户提供点对点或点对多点的数据专线业务。MSTP 专线基于 SDH 传输技术，为用户提供兼有 SDH 网络的高可靠性与以太网易用性的多速率数据传送功能。

通过 MSTP 专线可以协助用户构建专网，即实现地理位置分散的广域互连。由于各传送通道物理隔离，带宽也可以得到保证，同时也隔绝了外界侵袭的可能，能够提供绝对的安全性；并能灵活支持点到点、点到多点的组网方式。

典型应用场景为区县单位到地市单位之间的连接网络，两端互联距离超过100km的情况下，专线连接方式建议考虑使用MSTP专线。

MSTP专线的优势是传输距离长、带宽按需租用、兼顾网络的高可靠性与以太网的易用性、安全性高；劣势是带宽速率有限、租用成本高。

3）VPN接入

VPN即虚拟专用网，是一种基于因特网的专线传输应用，在公共网络中通过特殊的技术建立虚拟专用通信网络。VPN可以极大地降低用户组建专线的费用，只需要各分支机构出口设备与总部出口设备都支持该技术即可。

在VPN中广泛使用了隧道技术，有二层隧道技术、三层隧道技术，常用的隧道协议包括L2TP、GRE、IPsec、SSL VPN等。隧道技术简单的理解就是原始报文在A地进行封装并加密，到达B地后把封装去掉，解密还原成原始报文，这样就形成了一条由A到B的通信隧道。隧道技术包括了数据封装、传输和解封装的全过程。

VPN接入的典型应用场景为互联网公共区域视频资源到区县平台之间的网络连接，其优势是降低用户组建专线的费用并且安全性高，劣势是传输带宽受限于互联网的接入带宽，并且需要投入VPN设备。

4）无线移动网络接入

无线移动网络接入的接入资源采用无线移动通信网络，结合实际场景选择第四代移动通信技术（4G）或第五代移动通信技术（5G）进行数据传输。

无线移动网络接入适用于移动端的接入资源与平台端网络相连，上传数据到平台或使用平台的业务应用。

其典型应用场景为互联网公共区域移动视频资源到区县平台之间的网络连接。

无线移动网络接入的优势是接入灵活、可快速使用业务应用，劣势是安全性差、受限于运营商提供的网络环境，如信号、带宽等方面。

25.3.3　综合治理中心设计

（GB/T 33200—2016）《社会治安综合治理 综治中心建设与管理规范》要求，建设规模合理、层级清晰、功能定位明确的省（自治区、直辖市）、市（地、州、盟）、县（市、区、旗）、乡镇（街道）、村（社区）各层级综治中心，能纵向推动各层级综治中心运转规范、衔接有序、指挥高效，横向推动促进综治中心与本地区各相关部门资源整合、信息共享、协调一致。坚持预防为主，强化实战功能，突出工作实效，有效提高政府应对和处置各类突发事件、灾害事故的能力，全面提升城市应急指挥能力水平，使综合治理战线成为维护社会治安与社会稳定的一道防线。综合治理中心建设要求如下。

（1）区县综合治理中心视频应用建设要求：可以对同一层级以及部分下一层级的视频

信息集中存储、处理、应用、分发。视频信息存储时限为 1 个月，其中重点区域与重要部位的视频信息存储期限为 3 个月。为本级提供可视化图像资源与应用服务支撑，根据各部门公共安全视频监控使用需求，通过公共安全视频图像信息共享平台的权限设置，灵活划分图像资源和应用功能，向不同部门提供相应的视频图像资源及基础服务。通过综合治理视联网接入网关实现公共安全视频图像信息共享平台与综合治理视联网的对接。

（2）乡镇（街道）综合治理中心视频应用建设要求：设立监控研判室，为社会治安形势研判、社会治安状况实时监控提供专用场所，通过上层平台实现与综治视联网对接。

（3）村（社区）综合治理中心视频应用建设需求：设立视频监控室，与本地区公共安全视频监控进行联网，通过上层平台与综治视联网对接。

1. 区县级综治中心建设

区县综合治理中心是整个区县综合治理系统的中枢和核心，所有的前端设备、服务器及其属性、运行状态等信息均可在中心平台进行统一展现，并接受中心平台的统一调度管理。中心可将全区县公共安全视频图像按需调用到大屏幕上，为领导决策、城市管理、指挥调度与执法取证提供及时可靠的监控图像信息。同时，中心还能实现在视联网平台上的视频相关服务，如视频监控、远程培训、智能化监控分析、应急指挥、视频电话、现场直播、电视邮件、信息发布等，通过多种终端设备实现高清视频通信实时互联互通，也可以通过网络调用公共安全视频监控联网应用平台上授权的视频内容。

区县综合治理中心由综合控制系统、图像显示系统、多媒体音响系统、监控工位、会议席位、综合治理中心机房及必备的中心网络设备等组成，满足区县日常管理维护和应急指挥的需要。

在区县级综合治理中心按需配置 1 台视频综合平台，实现高清视频信号输出上墙、切换、控制、显示、大屏拼接等功能。

根据实际建设需求在区县综合治理中心设置 2 个监控工位（带操作台），采用一机双屏显示方式，可实现图像实时监控和电子地图信息同时显示，并可输出到大屏。每个监控工位配置一台主机和两台显示器，用于历史图像和实时监控和电子地图信息显示，实现前端设备的操控管理、图像调用与平台操作等功能。

区县综合治理中心部署模块化三层路由交换机作为平台交换机，采用冗余引擎和双机热备的方式，保障系统的可靠性。区县综合治理中心服务器通过千兆 UTP 连接到平台交换机端口，对于数据流量大的服务器，如流媒体转发服务器和存储服务器，可通过双网卡链路捆绑实现 2G 联网带宽。平台交换机与区县综治核心交换机使用多模光纤互联，如果核心交换机端口足够，建议采用双链路（或多链路）捆绑。

2. 乡镇（街道）综合治理中心建设

各乡镇（街道）根据当地视频监控业务需要开展综合治理中心的建设，统一管理辖区内所有视频资源。乡镇（街道）综合治理中心由解码控制系统、图像显示系统、监控工位及必备的中心网络设备等组成。

辖区内视频资源数量较多的乡镇（街道）可配置流媒体服务器，避免多个客户端请求同一路前端设备的音视频流时可能引起的网络拥塞，在保证音视频性能质量的前提下降低网络带宽的占用。

乡镇（街道）综合治理中心由解码控制系统、图像显示系统、音频多媒体接入、会议席位等组成，可以满足乡镇（街道）监控值班、矛盾纠纷调处、管理维护和应急指挥等日常需要。

为满足原系统接入和新建数字视频图像上墙显示和控制需要，以及对高清视频解码输出的需要，乡镇（街道）综合治理中心采用高清解码器，实现已建系统图像解码上墙显示、新建高清视频图像解码上墙显示等功能。

为满足乡镇（街道）视频会议及视频监控需要，乡镇（街道）综合治理中心监视墙设计采用 55 英寸液晶单元屏组成 2（行）×2（列）拼接大屏幕，单屏最大分辨率不小于 1920×1080，可满足两人同时操作使用需要，数量可根据分控中心面积尺寸、视频会议需求、辖区监控资源的规模、监控点的数量来设计，比例应协调。

乡镇（街道）多媒体音响系统主要用于实现远程语音对讲和指挥调度，对上级单位实现语音对讲，对辖下各移动车载、无人机和单兵进行远程调度等功能。

根据实际建设需求在乡镇（街道）分控中心设置 1 个监控工位（带操作台），采用一机双屏显示方式可实现图像实时监控和电子地图信息同时显示，并可输出到大屏。每个监控工位配置一台主机和两台显示器，用于历史图像和实时监控以及电子地图信息的显示，实现前端设备的操控管理、图像调用、平台操作等功能。

配备 1 台控制键盘，通过 TCP/IP 接口与高清解码器相连，方便值班人员通过控制键盘控制高清解码器将前端监控资源解码输出上墙显示以及模式切换。

3. 村（社区）综合治理中心建设

村（社区）综合治理中心建设矛盾纠纷调处室、综治服务大厅（可一室多用：群众接待室、视频监控室、心理咨询室）。

矛盾纠纷调处室主要设置音视频监控录音前端以及工作计算机，将音视频信号上传到乡镇综合治理中心存储，原则上本地不存储音视频。

村（社区）综合治理服务大厅有 IC 卡管理终端、人证合一系统以及监控终端等设备。IC 卡管理终端用于给门禁、出入口管理等发 IC 卡，人证合一系统用于采集身份证与验证查询身份信息。

25.3.4 平台设计

治安综合治理平台是一套集成化、数字化、智能化的平台，实现视频应用、视频配置、GIS 地图、网管应用、基层应用、简易卡口、智慧卡口、档案管理、人车布控、报警流转、机顶盒应用、多媒体交互、一卡通以及停车场等多个子系统的统一管理与互联互动，真正做到一体化、智能化的融合管理和应用。

治安综合治理平台包含基层业务子模块、视频子模块、门禁子模块、网管子模块、地图子模块、卡口子模块、停车场子模块、报警子模块、档案管理子模块和视频会议子模块，平台各个应用模块具备良好可移植性与伸缩性，适应未来应用动态升级的需要。

25.3.5　系统安全设计

前面在天网工程中对系统安全设计进行了系统介绍，这里不再重复。

雪亮工程以公共安全视频监控系统为基础，以县、乡、村三级综合治理中心为抓手，以信息化建设为支撑，大力推进覆盖城乡、延伸入户的公共安全视频监控联网工程建设，发挥"群众雪亮的眼睛"优势，动员各级各部门、社会力量和广大群众共同监看视频监控，共同参与治安防范，从而真正实现治安防控全覆盖、无死角。能够有效增强群众对社会治安的认同感和主体责任感，有效解决群众安全感满意度"最后一千米"的问题。

25.3.6　视图存储设计

雪亮工程覆盖范围广，前端视频点数多，因此要求存储系统容量大，稳定可靠，能够保存 7×24 小时持续写入的高清视频监控数据，保存时间为 30 天以上；并且能够充分适应后续快速高效的检索以及存储数据调用的负载压力。

系统架构采用分布式存储与集中式备份相结合的模式，即视频图像信息在村级存储，重点关注的视频图像上传至区县综治中心存储；前端存储采用 NVR 本地存储，中心备份存储采用云存储；分布式存储与集中式备份相结合的模式，有效减轻了基层传输网络的压力，既节约成本又有效扩大覆盖范围，为基层治安综合治理提供有力的保障。

1. 数据存储要求

在区县综合治理中心，部署云存储设备用于集中存储辖区所有前端监控点位的实时监控录像，保证所有监控点位 24 小时不间断存储至少 30 天的历史图像数据以及全区门禁视频刷卡联动录像，保存报警事件关联视频录像等。

同时在村（社区）综合治理中心部署 NVR 设备接入存储分布在各个应用场景的视频监控摄像机。

图片存储流程由卡口抓拍设备发起，前端卡口抓拍机获取图片后主动写入区县综合治理中心云存储中。写入完成后将云存储返回的 URL 地址上传至平台的接入服务器，由接入服务器写入数据库中保存，以满足基层治安综合治理的业务需要。建议图片信息存储周期要求每个点至少 6 个月时间。

非视图类数据存储，如采集业务数据、门禁刷卡记录等数据通过互联网或 VPN 网络直接写入区县综合治理中心平台数据库中进行集中保存。

2. 存储容量计算

1）视频图像存储容量计算

系统支持 130 万像素高清、200 万像素全高清图像的实时存储和管理，新建视频监控系统存储容量按照 1280×720(720P)/2Mb 码流；1920×1080（1080P）/4Mb 码流标准计算。

其存储空间计算公式为：单路实时视频的存储容量 (GB) ＝［视频码流大小 (Mb)×60 秒 ×60 分 ×24 小时 × 存储天数 /8］/1024

以一路视频图像在 7 天、15 天、30 天所需要的存储空间为例，如表 25.1 所示。

表 25.1　不同清晰度所对应存储空间要求对应表

视频规格	存储空间		
	存储天数 7	存储天数 15	存储天数 30
1280×720(720P)/2Mb 码流	147.65 GB	316.4 GB	632.8GB
1920×1080(1080P)/4Mb 码流	295.3 GB	632.8 GB	1265.6GB

2）图片存储容量计算

车辆图片信息采用 JPEG 编码格式，符合 ISO/IEC1544 ： 2000 规范要求，压缩因子不高于 70，200 万像素全高清摄像机输出的图片文件平均大小为 300KB，按单车道日均 200 辆车流量估算，每条车道的图片信息按不同存储时间的容量计算公式如下：

200 辆 ×0.3MB×1 车道 ×30 天 / 月 ×N个月 /1024 ＝ **GB

单个车道按不同存储周期的数据存储容量计算如表 25.2 所示。

表 25.2　单车道不同存储周期对应存储空间要求对应表

车道数	3 个月存储空间	6 个月存储空间	1 年存储空间
1 车道	5.27GB	10.55GB	21.10GB